2판 새로 쓴 **테이블 코디네이트**

new TABLE
COORDINATE

2판 새로 쓴 테이블 코디네이트

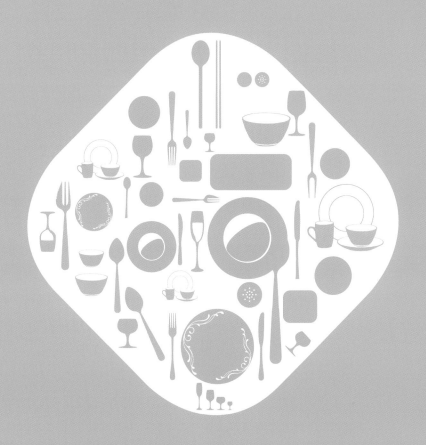

류무희 / 김지영 / 장혜진 / 황지희 / 오재복 지음

교문사

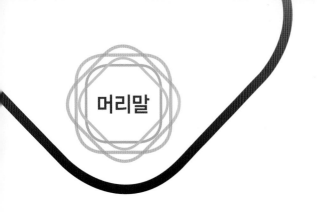

머리말

21세기 정보화시대를 사는 사람들의 생활수준은 단순한 의식주의 해결 차원에서 벗어나 사회적·문화적으로 더욱 세련되어지고 있으며, 생활 패턴도 급속하게 변화되고 있다. 그 중에서도 특히 '먹는다'는 행위는 단순히 배고픔을 해결하기 위한 1차원의 행동을 넘어서 식사공간을 좀 더 청결하고 아름답게 연출하는 것을 포함하게 되었다. 이는 단순히 무엇을 꾸미고 장식하는 방법에 그치는 것이 아니라, 건강하고 풍요로운 식생활을 위한 테이블의 연출로 즐겁고 편안하게 식사하며 대화할 수 있는 식공간(食空間)을 만들어 나가는 것이라 할 수 있다.

오늘날의 식공간은 안락함과 여유가 담긴 문화 공간의 기능은 물론, 삶의 쉼표가 될 수 있는 휴식의 공간 등 다기능의 역할을 지닌 복합 공간으로 변모되고 있다. 이러한 변화에 발맞추어 우리나라에서도 테이블 코디네이트에 주목하고 있으며 대중매체를 필두로 관련 책자들이 발간되고 있는 실정이다. 그런 만큼 이제는 기초적인 지식에서 한걸음 더 나아가 보다 전문적이고 체계적인 지식이 필요하다고 본다.

이 책은 저자들의 강의 경력과 지식을 한데 묶어 좀 더 구체적인 테이블 코디네이트의 자료로 활용하고자 시도되었다. 따라서 테이블 코디네이트의 중심이 되는 기본 요소와 함께 연출에 필요한 관련 내용 등을 폭넓고 깊이 있게 다루어 보고자 하였다. 특히 이 책에 소개된 대부분의 자료들은 저자들의 소장품을 연출한 것으로 편집에 있어 많은 어려움이 있었으나 테이블 코디네이트를 공부하고자 하는 학생이나 보다 전문적인 지식을 얻고자 하는 이들에게 유용하게 이용될 것으로 기대한다.

식공간연구회가 탄생되고, 〈새로 쓴 테이블 코디네이트〉가 세상에 나올 수 있도록 토대를 만들어 주신 경기대학교 관광전문대학원 식공간연출학 전공의 나정기 교수님과 바쁜 일정 속에서도 책을 완성시켜 주신 교문사의 임직원 여러분에게도 깊이 감사드린다.

2018년 8월
저자 일동

차 례

머리말 4

1 테이블 코디네이트 개요

1. 테이블 코디네이트의 의미 15

2. 테이블 코디네이트의 구성요소 16

3. 테이블 코디네이트의 역사 17

4. 감동이 있는 테이블 코디네이트 18
    테이블 코디네이트의 준비 18
    가정에서의 테이블 코디네이트 18

2 식공간 연출 기초이론

1. 디자인의 기본 요소 23
    선 23
    형 태 23
    공 간 23
    질 감 24

2. 공간 디자인의 구성요소 24
    바 닥 24
    벽 24
    천 장 25
    창 문 25
    문 25
    커튼과 블라인드 25

3. 식공간 디자인의 기본조건 26
    공 간 26
    색 채 27
    스타일 31
    휴먼 스케일 31

4. 공간연출의 원리 design principle 34

균형 balance 34
리듬과 반복 rhythm & repetition 35
강조 emphasis 35
조화 harmony 36
비례와 척도 propotion & scale 36
통일과 다양성 unity & variety 36

3 테이블
코디네이트
기본요소

1. 디너웨어 dinnerware 41

발달 배경 41
디너웨어의 분류 44
디너웨어의 보관 54
디너웨어의 연출 55

2. 커틀러리 55

발달 배경 55
커틀러리의 분류 60
커틀러리의 보관 67
커틀러리의 연출 69

3. 글라스웨어 70

발달 배경 70
글라스웨어의 종류 73
글라스웨어의 보관 77
글라스웨어의 연출 78

4. 린 넨 78

발달 배경 79
린넨의 종류 82
린넨의 보관 83
린넨의 연출 86

5. 센터피스   89

   발달 배경   90
   센터피스의 종류   90
   식탁화의 연출   94

6. 테이블 세팅   98

4 서양
식공간
변천사

1. 고 대   115

   그리스 시대   115
   로마 시대   121

2. 중 세   125

   중세 시대   125
   르네상스 시대   128
   바로크 시대   134
   로코코 시대   143

3. 근 대   147

   신고전주의 시대   147
   신고전 양식   147
   빅토리아 시대   155
   아르누보 시대   163
   아르데코 시대   168

4. 현 대   173

   모더니즘   173
   미니멀리즘   175
   포스트 모더니즘   176
   현대의 식공간   178

NEW TABLE COORDINATE

5 동양 식공간

1. 한 국　187

상차림 문화　187
상차림의 변천　188
상차림의 종류　190
식사예절　196

2. 중 국　197

상차림 문화　197
상차림의 변천　200
상차림의 종류　204
식사예절　206

3. 일 본　207

상차림 문화　207
상차림의 변천　207
상차림의 종류　210
식사예절　213

4. 아시아의 여러 나라　216

태국과 베트남　216
인 도　218

6 테이블 연출

1. 클래식 스타일(classic style)　227

이미지　227
식공간　228

2. 엘레강스 스타일(elegance style)　232

이미지　232

식공간   233

3. 캐주얼 스타일(casual style) 236
 이미지 236
 식공간 237

4. 모던 스타일(modern style) 240
 이미지 240
 식공간 241

5. 에스닉 스타일(ethnic style) 244
 이미지 244
 식공간 246

6. 내추럴 스타일(natural style) 250
 이미지 250
 식공간 252

7 차
TEA

1. 차의 역사 261
 중국 261
 유럽 262
 20세기 이후 263

2. 차의 분류 264

3. 홍차 기구 265
 티 포트 265
 잔과 소서 266

소도구   267

4. 홍차 만드는 법   269
스트레이트 티   269
레몬 티   270
밀크 티   271
아이스 티   271
티백   272
여러 가지 차   273

8 와인 WINE

1. 와인의 역사   279

2. 와인의 분류   280
색에 의한 분류   280
성질에 의한 분류   281
맛에 의한 분류   281
알코올 첨가 유무에 의한 분류   282
식사 시 용도에 의한 분류   282
저장기간에 의한 분류   283

3. 와인 시음하기   284
마시는 순서   284
유의 사항   285

4. 와인 보관법   285

참고문헌   288
찾아보기   298

NEW TABLE COORDINATE

1 테이블 코디네이트

개요

1 테이블 코디네이트 개요

테이블은 식사와 함께 서로 간의 커뮤니케이션이 이루어지는 중요한 공간이다. 아름답고 기능적이며 사람이 중심이 되는 테이블의 표현에는 여러가지 요소들이 작용하고 있다. 이러한 목적을 달성하기 위하여 테이블 코디네이트의 개념과 구성요소, 역사를 살펴보고 감동이 있는 테이블 연출방법을 알아보도록 한다.

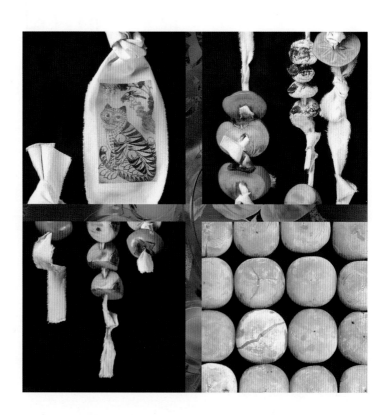

「감 Feeling」, 류무희

1. 테이블 코디네이트의 의미

테이블 코디네이트란 단순한 식탁연출만이 아니라 사람들이 모여서 이야기를 나누며 상호교류를 통한 장소를 만들어 나갈 수 있도록 하는 것이 중요한 목적이라 할 수 있다. 테이블 코디네이터^{table coordinator}는 요리와 함께 그릇, 꽃, 테이블 클로스에서 음악, 조명 등 식공간을 구성하는 여러 요소들의 조화에 의하여 총체적인 오감^{五感}에 영향을 미치는 공간을 창조해야 한다.

여기에는 이 공간을 연출해내는 사람의 감성과 주장, 생각이 표현되므로 테이블 코디네이트는 테이블 코디네이터가 가지고 있는 표현 활동의 하나라고 말할 수 있다.

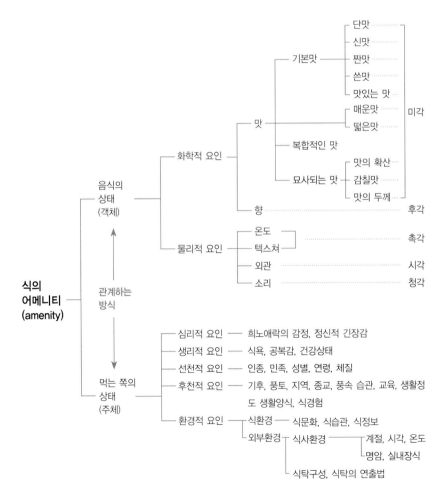

그림 1-1 **식의 어메니티의 구성요인**

테이블 코디네이트의 가장 중요한 본질은 사람이 중심이다. 아무리 멋진 식탁연출이라고 해도, 표현만을 목적으로 하는 테이블 코디네이트는 많은 사람들에게 공감을 줄 수 없는, 단지 하나의 그림으로서만 감상하게 되는 식탁에 머무르고 말 것이다. 그러므로 사람을 중심으로 하는 쾌적함인 어메니티amenity의 구성요인을 고려하는 것이 중요하다.

즉, 사람들과의 커뮤니케이션이 활발해지고, 서로의 이해가 깊어지며, 자신을 재발견하는 촉매로서의 기능을 맺도록 하는 것이다. 그러므로 테이블 코디네이터는 소재를 코디네이트하는 것뿐만 아니라, 공간과 사람을 연결하는 코디네이터가 되도록 노력해야 하며 그러기 위해서는 다양한 소재에 관한 지식을 쌓는 것과 동시에 코디네이터 자신의 내면을 들여다보고 연마하며 수양하는 자세 또한 중요하다. 상대를 배려하는 마음가짐에서부터 출발할 때 코디네이터는 감성이 느껴지는, 감동이 와 닿는 테이블을 창조하는 아름다운 사람이 될 수 있다.

2. 테이블 코디네이트의 구성요소

테이블 코디네이트에서 가장 기본적으로 생각해야 할 사항이 사람과 TPO이다. 사람을 중심으로 하는 시간, 장소, 목적이라는 기본 개념 아래에서 생각해본다. 식탁에 앉게 되는 사람들의 연령대와 성별, 지역에 따라 기호가 다르므로 상대방에 대한 정보가 필요하다. 젊은 사람들은 밝고 캐주얼하고 자유스러운 분위기를 좋아하는 반면, 나이가 많은 경우에는 차분하면서 편안한 느낌의 안정된 분위기를 선호한다.

그리고 식탁에 앉는 사람들의 관계에 의한 서열 및 직위 등에 따라 앉는 위치가 정해지므로 좌석을 배치하는 경우에는 상석과 하석의 구분이 필요하고 신혼부부인 경우에는 같이 앉게 되는 예외도 있으므로 이를 주의해야 한다. 또한 하루 중에서 언제 이루어지는 모임이냐에 따라 테이블 코디네이트의 성격이 결정된다. 아침식사인 경우에는 간단한 음식과 단순한 꽃장식, 점심이라면 보통의 음식과 함께 너무 긴장되지 않는 상차림, 저녁이라면 음식이 중심이 되는 격식있는 모임이 될 것이다. 식사하는 장소에 따른 분위기 연출은 식당이나 안

방, 리빙 룸, 야외와 같은 환경에 따라 식탁의 형태와 크기, 높이 등이 달라진다.

사람은 살기 위하여 먹는다고 하는 것처럼 매일매일의 활동에는 소요되는 만큼의 에너지가 필요하다. 이렇게 에너지를 보충하는 의미에서의 식사가 중심이지만 경우에 따라서는 생일이나 결혼기념일, 합격을 축하하는 의미에서의 목적에 적합한 분위기의 연출이 필요하다.

여유 있는 시간을 갖고 천천히 이야기를 나누며 충분한 식사시간을 갖고 싶을 때에는 편안한 좌석이 어울리고, 많은 사람들이 참석하여 장소와 서비스 인력이 충분하지 못할 경우에는 셀프 서비스 형식의 뷔페가 어울린다. 그러므로 식사시간대와 장소, 목적에 따라 모든 것이 달라지게 된다.

3. 테이블 코디네이트의 역사

테이블 코디네이트의 시작은 프랑스의 식탁예술에서 살펴볼 수 있다. 자기가 생산되고 크리스탈이 출현한 것은 18세기인 루이 15세의 시대이다. 이 시기에 퐁파두르Marquise de Pompadour, 1721~1764 후작부인을 중심으로 한 화려한 로코코 예술이 탄생하였다. 그리고 유럽 생활문화의 중심이었던 프랑스에서 식사를 하는 방인 살라망제salle-à-manger가 정해지고 식탁의 테이블 세팅이나 매너 등이 완성된 것은 루이 16세의 왕비 마리 앙투아네트Marie Antoinette, 1755~ 1793 시대였다.

18세기에 들어오면 식탁예술이 주목을 받게 되고, 여성의 교양으로써 중요하게 되었다. 미식美食을 자랑으로 여기는 프랑스에서는 요리만을 떼어서 생각하는 것이 아니고, 식탁예술과 함께 일체가 되는 것으로 오늘까지도 계속되고 있다.

그림 1-2 **마리앙투아네트**

4. 감동이 있는 테이블 코디네이트

가족을 대상으로 하는 테이블 코디네이트를 생각해 보면 가족 구성원들에게 감동을 줄 수 있어야 한다. 식탁의 장식은 그 사람의 문화, 교양을 나타낸다.

테이블 코디네이트의 준비

모임의 목적을 결정하고 그 날의 분위기를 이미지화한다. 이미지는 영혼의 빛으로, 영혼은 마음에 새로운 비전을 제시한다. 드라마틱한 생각을 가져보는 것도 큰 도움이 될 수 있으며, 조명, 음악에 대해서도 신경을 써 보는 것이 좋다.

가정에서의 테이블 코디네이트

마음에서부터 싹트는 진정한 접대의 필요성으로부터 출발하게 된다. 손님은 신이 내려온 것으로 생각하는 호스피탈리티^{hospitality}정신이 기본으로 되어 1990년대 접대의 경향은 호감을 담은 언어를 사용하고 좋은 표정을 짓는 것이다. 좋은 표정이란 좋은 생각과 연결되는 것이므로 긍정적인 사고가 중요하게 작용하고, 또한 겸허한 마음으로 접대하는 것을 잊어서는 안 되며, 초대된 손님의 행복을 책임지는 것이다.

매력이 있는 접대가 되기 위해서는 혼자 할 수 있는 능력의 범위를 알아야 한다. 이때는 멋있는 공간을 만드는 좋은 기회로 생각하고 자신과 가족 모두의 즐거움으로 여기도록 한다. 인테리어와 엑스테리어에 대한 배려 또한 필요하다. 여기에는 색채, 가구의 스타일, 정원의 화초, 베란다의 꽃 등에 대한 상식이 도움이 될 것이다.

손님이 도착하면 모든 손님을 똑같이 환대하도록 하며 타이밍에 맞는 서비스를 염두에 두도록 한다. 외투를 받는 것에서부터 계절에 맞는 음료와 함께 집안과 가족, 손님을 소개하고 좌석을 안내하며 식사 중의 식탁 위에 관한 필요한 상황을 재빨리 파악하는 것이 중요하다. 그리고 식사 중에는 즐거운 대화가 이어질 수 있는 화제를 생각한다.

품격 있는 접대는 준비하는 과정에서부터 시작되며 여기에는 초대한 측의 복장에 대해서도 세심한 배려가 필요하다. 지나치게 화려하거나 작업복 같은 복장은 피하는 것이 좋다. 이러한 복장은 초대받은 측에서 초라함을 느끼거나 위축되어 긴장할 수도 있고, 상대방을 불안하게 만들 수도 있다. 지나치게 튀지 않는 색깔과 청결한 느낌을 주는 복장으로 준비한다.

목적에 맞는 접대의 스타일을 결정한다. 서서 하는 스탠딩 파티, 뷔페 파티, 티 파티, 샌드위치 파티, 생일 파티 등이 있으며 초대되는 사람의 성별^{性別}, 연령을 참고한다. 또한 계절감을 살리는 것을 잊지 말아야 하며, 예산에 맞춘 메뉴가 되도록 하고 메뉴의 패턴화, 식기의 밸런스, 음료의 선택에 신중을 기한다. 이러한 것들이 어려울 경우에는 케이터링^{catering} 파티나 출장 요리사의 도움도 생각해 볼 수 있다.

초대 후 잘된 점과 잘못된 점을 체크하기 위한 마무리 단계가 필요하다. 모임의 준비에서부터 끝날 때 까지의 전반적인 상황에 관하여 노트에 기록하도록 한다. 시간표, 메뉴, 식기, 음식, 테이블 세팅, 식탁화 등을 되돌아본다. 이렇게 하나씩 점검하는 태도야말로 파티를 훌륭하게 마무리하는 방법이다.

NEW TABLE COORDINATE

2 식공간 연출
기초이론

2 식공간 연출
기초이론

디자인이란 인간이 좀 더 쾌적하고 아름다운 환경에서 삶을 영위하고자 하는 원초적 본능에서 유래하였고, 식공간 연출이란 식사하는 식공간을 아름답고 능률적이며 쾌적한 환경으로 창조하는 계획이요, 실행과정이며, 그 결과라 할 수 있다. 그러므로 식공간 연출은 식탁의 이미지를 가시화 할 수 있는 단계를 거쳐 실용성과 아름다움의 균형이 이루어지도록 노력해야 한다.

바람직한 식공간 연출은 테이블 코디네이트의 5대 기본 요소와 함께 공간연출의 요소가 종합적으로 조화를 이루었을 때 가장 이상적이라고 할 수 있다.

「Love is game」, 김지영

1. 디자인의 기본 요소

선

선^{line}은 점의 연결로서 일차원적 특성을 가지며 굵기에 따라 가는 선, 굵은 선으로 표현되며, 형태를 주위 공간과 분리시켜 윤곽을 드러나게 한다. 또한 방향성이 있어 우리의 감정이나 움직임에 영향을 미친다. 수직선은 야심, 동경, 지배, 우월감을 주고, 수평선은 휴식과 안정감을 준다. 사선은 동적이고 박력감을 주는 한편, 수평적 곡선은 부드럽고 편안한 느낌을 준다. 다양한 형태의 선은 상차림을 하는 식탁, 테이블클로스, 플레이스 매트, 그릇, 수저, 그 밖의 여러 소품에서도 찾아볼 수 있다.

형 태

형태^{form, shape}에는 액체와 고체가 있으며 이차원적으로 면적이나 평면으로 표현되는 공간적 형태가 있다. 실내 디자인에서 흔히 볼 수 있는 대표적인 공간적 형태에는 직선형, 각형, 곡선형이 있으며 이를 흔히 모양이라고 부른다.

직선형은 안정감이 있고, 명료·순수·견고·확실한 느낌을 주며 동적인 성질을 갖고 있고, 곡선형은 사각의 실내 환경을 완화시키고 자연스러운 느낌을 준다. 상차림에서도 이와 같은 세 가지 모양이 갖는 특성을 잘 활용하면 보다 차원 높은 심미성^{審美性}을 표현할 수 있다.

공 간

공간^{space, depth}은 실내 디자인의 가장 기본적인 요소로 길이, 폭, 깊이를 지니는 3차원적 요소이다. 우리는 바닥, 벽, 천장으로 둘러싸여 있는 공간 속에서 생활하며, 공간은 인간의 움직임에 따라 계속 변화한다. 모든 공간은 자체의 적정 규모를 지니고 각 공간별로 연결이 잘 되어야 한다. 상차림에서도 상을 차려 놓는 식당 공간과 식탁 그리고 식탁 위에 놓여지는 그릇들과의 연결 관계가 좋아야 한다.

질 감

질감^{texture}이란 형태의 표면상 특징으로, 모든 재료는 그 표면의 질감이 다르다. 질감의 표현은 보통 매끄러움, 거칠음, 부드러움, 단단함 등 네 가지로 분류된다.

질감이 우리 생활에 주는 영향으로는 첫째, 눈으로 보거나 만져서 느끼는 촉감을 통해 변화와 즐거움을 준다. 둘째, 빛의 반사에 따른 영향으로, 매끄러운 질감은 빛을 반사하고 거친 질감은 흡수한다. 셋째, 유지·관리 측면에서도 영향을 주어 표면이 거칠어 굴곡이 있는 질감은 청소가 어렵다. 끝으로 질감은 그 자체가 아름다움과 개성이 될 수 있다. 그러므로 이러한 질감의 모든 특성을 고려하여 상차림을 해야 한다.

2. 공간 디자인의 구성요소

미적인 면과 기능적인 면, 그리고 기술적인 문제들을 식공간에 도입하여 쾌적하고 유용하며 편안하게 즐길 수 있는 환경으로 만들어 가는 것이 바로 식공간 연출의 작업이다. 여기에는 식탁을 중심으로, 실내공간을 구축하는 바닥, 벽, 천장, 창호를 이용하여 보다 다양하고 입체적인 공간 활용을 할 수 있으므로 이들의 기초적인 공간 디자인의 구성요소들에 대한 의미를 살펴본다.

바 닥

바닥^{floor}은 실용 위주의 실내공간으로 시각적인 면에서 벽면보다는 약하지만 천장이나 벽과는 달리 인간이 직접 그 표면을 걸을 때의 촉감을 전달해 준다. 카펫류나 직물제품인 러그^{rug}의 활용으로 고급스럽고 편안한 효과와 덩어리로 보이게 되는 효과를 얻을 수 있다.

벽

벽^{wall}은 건축물의 기본적인 요소로서 실내에서 시선이 가장 먼저 닿는 곳으로 실내공간의 형태와 규모를 결정한다. 색을 바닥 마감색과 동일하게 처리하면 공간이 상대적으로 통일되어 넓어 보인다. 또한 벽은 외부 환경으로부터 인간을 보호하고 벽의 높이에 따라 심리적 변화를 가져올 수도 있다.

천 장

천장[ceiling]의 높이는 실내의 사용목적과 용도에 따라 달라진다. 주거공간에서는 불필요한 난방비를 절감하고 안락감을 주기 위해 낮게 디자인하고, 격식과 권위가 필요한 상업적인 공간의 경우에는 높은 디자인의 천장을 고려할 수도 있다. 그리고 실내공간의 수직적 규모를 결정하고 소리, 빛, 열 환경의 중요한 조절 매체로서의 역할도 하게 된다.

창 문

창문[window]이나 출입구는 벽에 부속되어 있으면서도 벽과는 전혀 다른 특별한 기능을 가진 인테리어 요소이다. 실내 창문의 크기, 형태나 배치를 결정하기 위해서는 창문을 통해 무엇이 보이는지, 실내에서 창문을 통해 경치가 어떻게 변화하는지를 염두에 두어야 한다. 일반적으로 창문의 하단은 바닥에서 80~90cm 정도의 높이로 사람들의 허리 부분에 위치하지만 공간을 확대하고자 할 때는 보다 큰 창문을 사용한다.

문

문[door]이나 출입구는 사람이나 가구, 그리고 물건의 출입과 다른 장소로의 이동을 가능하게 해준다. 방문의 방향은 언제나 방의 안쪽으로 열리는 것을 원칙으로 하고 있는데, 이는 문을 열었을 때 통로에 있는 사람의 안전성 문제 때문이다.

커튼과 블라인드

커튼과 블라인드[curtain & blind]는 빛의 조절뿐만 아니라 소리를 흡수하고 보온, 장식, 사생활 보호의 기능이 있으며, 무늬·색·디자인에 따라 다른 분위기를 연출하는 데 사용된다.

　일반적으로 넓은 공간에는 작은 무늬, 좁은 공간에는 큰 무늬를 선택하여 공간에 대한 강조를 한다. 그리고 밖에서 보았을 때 흰색의 커튼이 보이도록 한다.

3. 식공간 디자인의 기본조건

공 간

공간은 인테리어의 전부라고 할 수 있다. 식공간 연출자의 작업에 따라 공간 활용을 얼마나 유효 적절하게 배치했는지에 의해 내부 공간 활용도의 성패가 좌우된다. 다시 말해서 주체하기 어려운 넓은 공간은 심리적으로 불안감과 경외감을 줄 것이며, 답답함을 느낄 정도의 좁은 공간은 위축감과 열등감을 줄 것이다.

식공간 연출자는 이러한 공간을 대상으로 형태와 색, 패턴, 질감 등을 조직적으로 구성하여 공간에서 오는 불쾌감을 제거하고 평화로운 공간으로 만들어간다.

공간의 감각에 영향을 주는 요인은 다음과 같다.

- 색과 질감은 공간을 분리하고 새로운 분위기를 창조한다.
- 따뜻한 색과 부드러운 질감은 편안한 공간으로 유도한다.
- 차가운 색과 거친 질감은 심리적으로 불안감을 조성한다.
- 빛을 반사하는 재질은 공간이 확대되어 보인다.
- 혼탁하고 어두운 색은 공간을 좁아 보이게 한다.
- 가구의 위치나 장식물은 공간을 분리하거나 방향성을 제시한다.
- 수평적인 요소는 공간을 길어 보이게 하고, 수직적인 요소는 공간을 높아 보이게 한다.

시각적 감각

한정된 범위의 공간 안에서는 좁은 공간을 넓은 공간으로 연상하려는 심리적 요구가 있으며, 반대로 넉넉한 공간은 인간적이고 따뜻한 공간으로 조성하려는 경향이 있다. 이러한 공간들은 마감색의 대처로 가능하게 만들 수 있으며 패턴의 형태나 빛의 시각적 효과로 실제의 공간을 확대, 축소되어 보이게 하는 것이 가능하다.

인간이 시각적으로 느낄 수 있는 공간이나 물체의 지각요소는 색, 형태, 밝기이다. 색은 물체가 지닌 색과 배경색에 의해 공간의 현상을 감지할 수 있게 하며, 형태는 물체나 공간의 폭, 안 길이^{內長}, 높이를 시각적으로 감지하여 크기를 가늠할 수 있다.

청각적 감각

쾌적한 식사공간에서의 소리는 중요한 요소이다. 불쾌한 소리 환경은 사람의
신체 기관에 영향을 미치는 요인을 제공하므로 필요한 소리만을 효과적으로 들
을 수 있는 조용하고 쾌적한 환경을 만드는 지혜가 필요하다. 따라서 식공간의
상황에 맞는 배경음악인 B.G.M.^{background music}의 선택도 중요하다.

후각적 감각

내부에서 발생하는 냄새나 악취는 불쾌감을 조성한다. 예를 들면 화장실 냄새,
주방의 음식 냄새, 현관의 신발 냄새, 다용도실의 세제류 냄새, 담배 냄새 등 실
내에서 자체적으로 발생하는 냄새는 제거해야 한다.

색 채

색의 원리

색채는 식공간 연출의 중요한 요소이다. 빛의 가시 스펙트럼에 있어서 색채는
파장에 의해 결정된다. 가장 긴 파장인 빨강을 시작으로 주황, 노랑, 초록, 파랑
그리고 가장 짧은 가시파장인 보라색에 이른다.

　사물의 색 중 어떤 것은 흡수되고 어떤 것이 반사되는지는 표면의 색소에 의
한 것이다. 예를 들어 적색 표면이 붉게 보이는 이유는 파랑이나 초록의 빛은
흡수되고 스펙트럼의 빨강 부분은 반사되기 때문이다. 또한 검정색 표면은 모
든 스펙트럼을 흡수하고 흰색 표면은 모든 것을 반사한다.

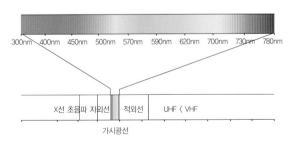

그림 2-1 **에너지 스펙트럼과 가
시광선**

색의 특성

우리가 날마다 색채를 보고 느끼는 요소에는 세 가지가 있다. 하나는 빛의 파장 자체를 나타내는 색상이고, 밝고 어두운 정도를 나타내는 명도, 색 파장의 순수한 정도를 나타내는 채도가 있다. 색의 필연적인 속성으로서 색의 3요소는 각각의 특성을 갖는다. 색상 간의 가장 큰 대비를 느끼게 하는 삼원색은 다른 색과 혼합할 수 없기 때문에 분명하게 느껴지며 삼원색 가운데 두 가지 이상의 색을 사용하는 색상의 대비는 모던한 분위기에 자주 사용된다. 색상대비가 강한 구성은 화려하고 시각적인 자극이 강하기 때문이다. 물체의 밝고 어두운 정도를 나타내는 요소가 명도인데 색채 사이의 명암의 차이를 분명하게 느낄 수 있는 경우를 명도대비라 한다. 강하고 선명한 분위기를 연출하고 싶을 때, 혹은 무겁고 차분한 느낌을 표현하고 싶을 때는 명도의 차이를 두어 표현한다.

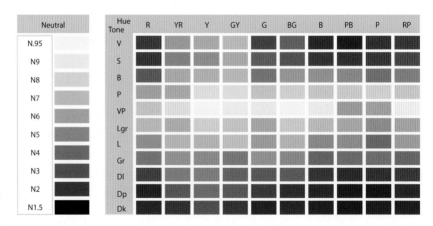

그림 2-2 **색상 & 색조(Hue&Tone)**
120 색체계

〈색체계에 사용되는 약자〉

색상(Hue)			색조(Tone)		
R : Red	YR : Yellow Red	Y : Yellow	V : Vivid	S : Strong	B : Bright
GY : Green Yellow	G : Green	BG : Blue Green	P : Pale	VP : Very Pale	Lgr : Light Grayi sh
B : Blue	PB : Red Purple	P : Purple	L : Light	Gr : Grayish	Dl : Dull
RP : Red Purple			Dp : Deep	DK : Dark	

색채의 공간감

색채는 공간의 시각적인 효과와 감성적인 느낌을 다양하게 변화시킨다. 또한 조명이나 주변에 따라 다르게 보이며 보는 사람에 따라 다르게 인식될 때도 있다.

흰색과 연한 색은 후퇴되어 보이며, 어두운 색과 무거운 색은 수축되어 보이거나 진출되어 보이는 효과가 있다. 색상의 한난 대비에 있어 따뜻한 색은 팽창 또는 진출되어 보이고 차가운 색은 수축, 후퇴되어 보인다.

커보이는 색

작아보이는 색

공간을 편안한 공간으로 유도하고자 한다면 명도와 채도를 중간 정도로 유지하고, 좁은 공간을 개방되어 보이게 하고 싶다면 명도를 높이고 한색계열의 색채를 사용하면 실제보다 더 시각적인 만족감을 느끼게 된다. 따뜻하고 밝은 색은 흥분, 생동감, 자극적, 편안한 느낌을 주고 따뜻하고 어두운 색은 강렬, 폐쇄, 단단, 무거운 느낌을 준다. 반면에 차고 밝은 색은 경쾌, 시원, 가벼운 느낌을, 차고 어두운 색은 어둡고, 무거운, 침울한, 시원한 느낌을 준다.

가벼운 색

무거운 색

가까워 보이는 색

색채의 적용

색은 불변하는 것이 아니라 빛의 조건과 인접한 색에 따라 다르게 인지되는 상대적 특성을 가지고 있다. 즉, 배경의 명도에 따라 밝거나 어둡게 되어 나타나는 것이다. 밝은 색은 어두운 색을 더욱 짙게 하고 어두운 색은 밝은 색을 더욱 밝게 돋보이도록 한다. 색의 특성과 이미지, 색이 주는 독특한 느낌을 이용하여 식공간 연출에 어떤 영향을 주는지 계획에서 항상 염두에 두어야 한다.

멀어 보이는 색

색채 이미지

색에 대한 이미지는 개인의 취향이므로 일반화시킬 수는 없지만 색이 가지는
고유한 특성으로 인하여 공감대를 형성하는 것이 중요하다. 난색 계열의 색 조
합은 따뜻한 이미지를 느끼게 하고 한색 계열의 색 조합은 차가운 이미지를 느
끼게 한다. 색이 전달하는 암시적인 배색 이미지를 참고로 식공간의 재료 선정
이나 공간의 변화를 줄 수 있다.

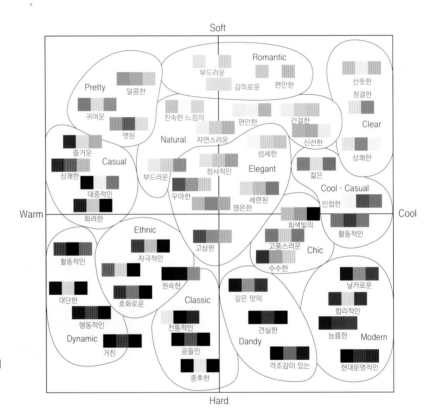

그림 2-3 **컬러 이미지 맵**

W.S(warm, soft): 예쁜, 캐주얼한, 사랑스런, 자연적인 이미지

W.H(warm, hard): 다이내믹한, 고상한, 클래식한 이미지

스케일의 중앙부: 우아한, 바랜 이미지

C.S(cool, soft): 사랑스런, 깨끗한, 시원한, 캐주얼한, 자연스런 이미지

C.H(cool, hard): 모던한, 멋진 이미지

NEW TABLE COORDINATE

스타일

식공간 연출 스타일은 그 식탁의 목적에 따라 혹은 식탁 주인공의 주된 취향이나 라이프스타일에 따라 결정되는 사항이다. 시대에 따라 나름대로 어떤 공통적인 정서를 나타내고 있으며 이러한 동일감정들을 분류하여 하나의 스타일로 표현하면 자신의 개성에 맞는 감각으로 식공간 연출에 적용할 수 있다. 대표적인 스타일로는 클래식, 엘레강스, 캐주얼, 모던, 에스닉, 내추럴, 한국 전통 스타일 등이 있다.

휴먼 스케일

휴먼 스케일^{human scale}이란 특정한 사물이 사람에게 주는 크기의 감각을 의미한다. 공간의 종류가 무엇이든 간에 인간은 공간 척도의 기준이 되므로 인체의 크기에 맞춰 내부공간의 모든 요소가 결정된다. 즉, 디자인하고자 하는 모든 것이

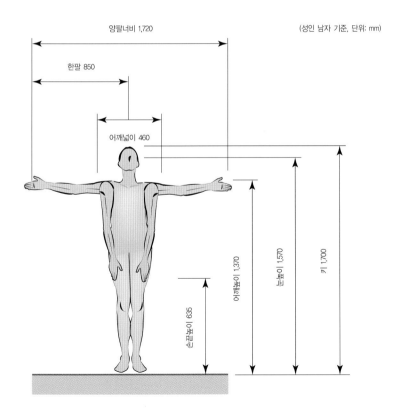

그림 2-4 **인체치수의 표준크기**

인간의 몸과 마음에 적절하게 맞아야 한다는 것이다. 미적인 관점에서만 디자인한다면 공간 사용자에게 불편함을 초래할 수 있으므로 식공간 연출자는 계획 당시부터 모든 것을 사용자의 환경에 적합하게 계획해야 한다. 실내공간의 넓이나 그 안에 있는 것들의 치수가 안전문제를 고려하면서 인간 활동에 지장이 없고 사용하는 데 불편함을 느끼지 않는다면, 스케일이란 측면에서 인간적이라고 할 수 있다.

인체치수

인체치수는 평균적 표준이 되는 인간의 척도이므로 가구설계는 인체치수를 근거로 제작된다(그림 2-4).

동작공간

동작공간은 사람과 가구, 사람과 벽, 사람과 사람의 관계를 고려하여 통과할 수 있는 최대한의 폭을 말한다. 사람과 벽 사이를 통과하는 데는 450mm, 정면은 600mm, 양측이 벽일 경우 800mm가 필요하며 두 사람이 왕래하는 데는 1,200mm가 최소한의 폭 넓이이다.

개인 식공간 personal table space

식사할 때는 적절하고 알맞은 공간의 확보로 쾌적하고 편안한 식사시간이 될 수 있도록 해야 한다. 여기에는 한 사람의 어깨폭 넓이인 46cm의 공간에 전체 식사 도구를 배치하도록 한다.

따라서 개인공간은 46×35cm의 크기가 기본이 된다.

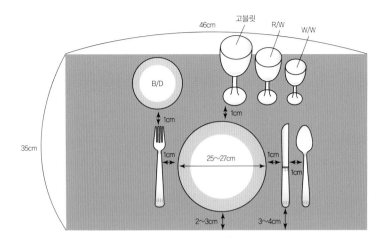

그림 2–5 **개인 식공간**

공유 식공간 public table space

식탁에서 여러 사람이 함께 식사할 때 움직이는 활동범위와 집기 등의 동작치
수에 따른 적정공간인 공유 식공간은 그림 2–6과 같다.

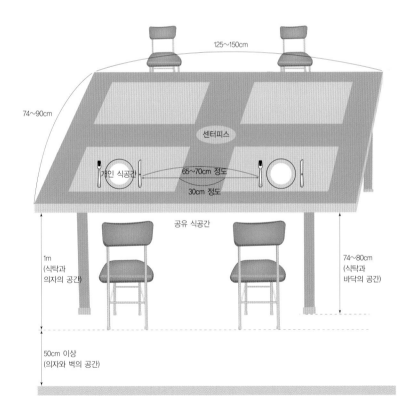

그림 2–6 **공유 식공간에 따른
적정공간**

표 2-1 **식탁의 기본적인 크기**

(단위 : cm)

구 분		2인용	4인용	6인용
사각형	가 로	65~80	125~150	180~210
	세 로	75~80	75~85	80~90
	높 이	74~80	74~80	74~80
원 형	지 름	60~80	90~120	130~150
	높 이	74~80	74~80	74~80

식탁의 크기

식탁의 유형은 여러 가지이며, 여유 있는 식사를 하기 위해 적절한 식탁의 크기를 알아 두는 것이 필요하다.

4. 공간연출의 원리 design principle

디자인의 원리는 디자인의 요소와 함께 디자인의 목적을 달성할 수 있게 한다. 디자인의 기초요소와 구성패턴의 적절하고 합리적인 배열을 위해서는 다음과 같은 조형의 원리가 필요하다.

균형 balance

균형이란 일정한 중심점에서 보다 양쪽이 서로 평형을 이루고 있는 상태를 말하며, 디자인에서 가장 중요한 원리이다. 그 특성은 구성의 중심을 강조하고 공간 및 배열체계의 전체를 다룬다. 완전한 균형은 정적이고 위엄을 만들어내지만 다소 단순한 원리로 이해될 수 있다.

균형에는 세 가지 유형이 있는데 대칭적 균형symmertrical balance, 비대칭적 균형asymmertrical balance, 방사선 균형radial balance이 그것이다. 대칭적 균형이란 양쪽을 거울에 비추듯이 똑 같게 배치시켜 균형을 이루는 것으로 거의 모두가 뚜렷한 평온과 안정 그리고 확실한 평정 등을 느끼게 해준다. 테이블 세팅은 식탁 위 식기류를 규칙적으로 배치하고 센터피스centerpiece에 시선을 집중시키는 대칭적 구조가 이에 속한다. 대칭적 구성은 동일한 요소들이 각각 한 쌍을 이루어 조합하는 것인 데 반하여, 비대칭적 구성은 서로 다른 요소들 간의 결합에 의하여 이루어지는 것으로 동양 문화권에서 많이 찾아 볼 수 있다. 비대칭적 균형은 대칭처럼 명확히 구분되는 것은 아니지만, 자연스러운 느낌을 주며 시각적으로 더 생생하고 활동적이다.

방사선 균형은 중심점을 기준으로 요소를 배열한 것으로 둥근 식탁이나 타원형 식탁에서 볼 수 있다. 방사선 균형은 둥근 식탁에 놓인 중앙부 장식과 함께 이루어지며, 타원형 식탁에서는 나선형 계단과 같은 비대칭적이면서 소용돌이형의 동적인 방사 균형이 이루어진다.

리듬과 반복 rhythm & repetition

리듬은 연속성, 재현 또는 율동의 조직이라고 정의된다. 리듬은 반복, 점진, 교체, 대조나 대비 등을 통해 단일성과 다양성으로 나타난다.

반복이란 선과 색, 질감, 패턴 등 어떤 주제를 정확하게 되풀이하여 규칙적인 리듬을 가지는 것으로 식탁 위에 놓인 그릇, 잔, 여러 소품에 의해 구성될 수 있다. 점진적 반복은 형태, 선, 색 등이 체계적으로 증가 또는 감소하는 정역진행 ^{正} ^{逆進行}의 변화로서 단순한 반복보다는 융통성이 있다. 교체란 주된 모티브와 그보다 약간 다른 모티브를 교대로 반복시키는 것으로 규칙적이거나 불규칙적인 리듬을 만들어내는 것이다.

대조나 대비는 갑작스런 변화를 통해 정반대의 분위기를 조성하는 것으로 자극적이고 동적인 효과를 준다. 간결한 식탁이나 그릇을 배경으로 하여 여러 색과 질감의 음식들을 차려 놓은 상차림은 강한 대비 효과를 낸다.

강조 emphasis

강조는 디자인에 주어지는 강세로서 균형과 리듬이 만들어지며, 크게 우세성 ^{優} ^{勢性}과 부수성 ^{附隨性}으로 설명된다. 특히 주의할 것은 디자인에 있어서 중요한 것 중의 하나를 강조하는 것이다. 강조가 없으면 단조롭고 밋밋하며 지루함을 느끼게 된다. 하지만 지나친 강조는 사람을 피곤하게 하므로 높이, 형상, 색채, 질감의 네 가지 요소가 골고루 응용되어야 한다.

조화 harmony

공통의 특성을 반복하게 되면 요소들의 배치에 통일성이나 시각적인 조화를 얻을 수 있게 되는 것으로 형태나 질감, 색, 재료 등이 서로 다르면서도 이 중 한 가지에 통일성을 주어 조화를 이루게 한다. 유사한 특성을 지닌 요소들을 너무 많이 사용하면 조화는 통일이라는 결과를 낳게 되지만 오히려 재미없는 구성이 되어 버린다. 반면 흥미를 유발하기 위하여 다양성이 극단적으로 사용되면 시각적 혼란이 야기된다. 그러므로 재료와 용도는 같게 하고 모양은 다르게 하여 다양성 가운데 단일성을 주어 조화를 이루게 한다.

비례와 척도 propotion & scale

비례와 척도는 사물의 크기와 관련이 있는 것으로, 비례는 전체에 대한 부분의 상대적인 관계를 뜻한다. 즉, 한 부분의 다른 부분이나 전체에 대한 관계를 말하며, 만족스럽거나 불만스러운 것으로 표현한다. 비율은 미를 판단하는 시각적인 안정감을 만들고, 우리에게 가장 친숙한 비례는고대 그리스 때 창안된 황금분할golden section ; 1 : 1.618…이다.

척도에 대한 디자인 원리는 비례와 관계된 것이다. 척도는 특히 물체의 크기에 대한 것으로, 사물을 다른 사물 또는 사물이 차지하는 공간이나 인체와 관련시켜 그 크기를 평가하는 것이다. 예들 들어 어린이를 위한 상차림에서는 그릇, 수저, 잔 등의 크기가 어른을 위한 상차림에 쓰여지는 것에 비교해 상대적으로 작다.

통일과 다양성 unity & variety

사용하는 식기나 소품의 형태, 질감, 색, 재료 등이 서로 다른 느낌이지만 공간을 구성할 때는 한 가지에 통일성을 주어 전체적으로 무리 없는 조화를 이루도록 해야 한다.

위의 여러 요소들을 고려하여 감동받을 수 있는 디자인을 완성하게 되며 좋은 디자인으로 평가받기 위한 요건으로는 합목적성, 심미성, 경제성, 독창성, 질서성, 합리성, 문화성, 친자연성 등이 있다.

NEW TABLE COORDINATE

3 테이블 코디네이트
기본요소

3 테이블 코디네이트 기본요소

테이블 세팅이라는 것은 식탁에 필요한 도구인 테이블 웨어를 식탁 위에 차려놓는 것을 말하며, 식탁 연출에 필요한 기본 요소에는 디너웨어dinnerware, 커틀러리cutlery, 글라스웨어glassware, 린넨linen, 센터피스centerpiece의 다섯 가지가 있다.

「기도」, 오경화

1. 디너웨어 dinnerware

식사를 할 때 사용되는 각종 그릇들을 총칭하는 말로, 식기 또는 차이나^{china}라고 한다. 디너웨어는 메뉴가 정해진 다음 각 코스별 메뉴에 맞게 가장 먼저 선택되는 것으로, 흥미로운 대화나 좋은 음식과 마찬가지로 성공적인 식사의 기초가 된다. 아주 경쾌한 것에서부터 색다른 분위기까지 종류는 다양하며, 디너웨어를 만드는 재질과 크기, 형태에 따라 용도를 다양하게 분류할 수 있다.

발달 배경

사람들은 아주 오래 전부터 흙으로 구워 만든 용기를 생활도구로 이용해 왔다. 이는 돌이나 쇠에 비해 가공이 쉽고 재료가 풍부하였기 때문이다. 토기가 처음으로 만들어지기 시작한 것은 유목민보다 일정한 곳에서 안정된 생활을 했던 농경민에 의한 것으로, 주변에서 쉽게 접하는 동물이나 과일 등을 본뜬 형태가 많았다.

기원전 약 10000년경부터 문명의 발생 지역인 중·근동 지방에서 도자기의 역사가 시작되었다. 이집트에서는 이미 기원전 5000년경에 색채 도기가 출현하였고, 약 2000년 후에는 가마나 물레 등도 발전하였다.

표면의 무늬가 반투명이고, 두드리면 경쾌하고 맑은 소리가 나는 자기의 소성법은 오랫동안 중국인만이 알고 있었고, 다른 나라에서는 토기나 도기만을 구워 사용하였다. 따라서 중국 자기는 중국만의 특산품으로서 다른 나라 사람들에게는 동경의 대상이었다.

18세기 이전의 유럽에는 이탈리아의 마욜리카^{Majolica}, 네덜란드의 델프트^{Delft[1]}, 프랑스 파이앙스^{Faience[2]} 등의 도기 및 석기질 도자기가 생산되고 있었으며, 자기^{磁器}와 같은 높은 수준의 고급제품은 중국과 일본으로부터 수입되면서 알려지게 되었다. 유럽인의 동양자기에 대한 선망과 경이로움은 점차 이와 유사한 제품을 자국에서 개발하게 되면서 산업과 경제발전에 커다란 도움이 된다는 생각으로 자기제품의 개발에 주력하게 되었다.

이러한 노력의 결과 아우구스투스^{Caeser Augustus} 대제에 의하여 1709년 독일의 뵈트거^{J.F Böttger, 1682~1719}가 유럽 최초의 자기를 개발하게 되었으며, 1710년 동부 독일

그림 3-1 **18세기 이전의 유럽 도기**　　　마욜리카　　　　　델프트　　　　　파이앙스

드레스덴^{Dresden} 부근에 마이센^{Meissen} 요^窯가 창설되었다. 뒤를 이어 오스트리아 빈^{Wien}, 프랑스의 세브르^{Sèvres}, 이탈리아의 리차드 지노리^{Richard Ginori} 등 유럽 각국에서는 경쟁적으로 도자기 가마를 개설하여 도자산업이 큰 발전을 보게 되었다.

영국에서의 도자산업 또한 유럽 대륙의 자기 개발에 영향을 받아 영국 나름의 독자적인 도자산업이 발달하게 되었다. 자기가 제작되기 시작한 것은 독일이나 프랑스에서 발견된 기술과 견본품이 수입되어 들어온 18세기 중반의 일이다. 1749년 본차이나의 개발과 웨지우드^{Wedgwood}, 로얄 돌턴^{Royal Doulton} 등의 명요가 탄생하여 영국도 도자산업이 발달하게 되었다.

유럽에서의 도자산업은 동양에 비하여 늦게 발달하였지만, 과학적인 분석과 끊임없는 연구로 당시에 일기 시작한 산업혁명에 의해 양질의 도자기를 생산하

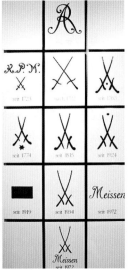

〉
그림 3-2 **1710년 유럽 최초로 성공한 자기**

〉〉
그림 3-3 **마이센(Meissen) 마크**

여 오늘과 같은 세계 일류의 명품을 만들어 내게 되었다. 17~18세기 이후 서양 식문화의 정착과 도자산업의 발달은 19세기 식민지를 중심으로 유럽 식문화의 세계화를 가능하게 하였고, 양식기의 세계적인 보급으로 오늘날과 같은 식문화와 식공간 연출의 기본을 이루게 하였다.

그림 3-4 **마이센 식기를 이용한 테이블 연출(Meissen dinner service)**

세브르

웨지우드

로알돌턴

그림 3-5 **유럽의 도자기**

디너웨어의 분류

재질에 따른 분류

토기

토기^{clayware}는 진흙 속의 광물이 용해되지 않고, 진흙의 질적 변화를 가져오는 600~800℃에서 구워진 것을 말한다. 유약을 바르지 않는 경우가 대부분이지만 간혹 소금 유약 등을 사용하는 경우가 있다.

석기

석기^{stoneware}는 고령토, 석영, 산화알루미늄, 장석을 섞은 2차 점토로 만든 강화도자기로 돌 같은 무게와 촉감을 가지며 일반적으로 1,000~1,200℃에서 구워진다. 굽는 동안 유리화되고 밀도가 치밀하며 단단해져 음식의 수분이나 기름기로 인해 변색되지 않는다. 몸체의 색깔은 짙은 붉은빛 갈색에서부터 밝고 푸르스름한 회색과 황갈색에 이르기까지 다양한 색상을 가지고 있다.

도기

찰흙에 자갈이나 모래를 섞어 반죽한 후 형상을 만들어 비교적 낮은 온도인 600~900℃에서 구운 용기이다. 두께가 있는 투박한 토기이나 착색이 쉬워 다양한 색과 무늬를 즐길 수 있다. 도기^{earthenware}는 대부분 붉거나 갈색이고 유약을 칠하지 않으면 습기나 공기를 통과시킨다.

자기

자기^{porcelain}는 카올리나이트^{kaolinite}를 주성분으로 하는 자토, 즉 고령석^{高嶺石}인 카올린으로 그릇을 빚어 약 1,300~1,400℃에서 구운 것으로, 모든 도자기 중에서 가장 단단하고, 실용적이며 우아한 자리에 잘 어울린다. 또한 이가 빠져 깨진 부분도 눈에 잘 띄지 않으며 만져도 부드럽다. 굽는 동안 자기의 재료인 고령토가 유기질로 변해 식기에 나이프 자국이 나지 않으며 금이 간 경우라도 음식의 기름이나 액체가 잘 스며들지 않는다. 반투명 자기는 격식 있는 식탁이나 약식의 식탁에 잘 어울리며 불투명 자기는 격식을 차리지 않아도 되는 모든 자리에 적합하다.

본차이나

자기보다 낮은 온도인 약 1,260℃에서 구워지며, 황소나 가축의 뼈를 태운 골회를 첨가시켜 만든다. 골회를 많이 첨가할수록 질이 좋아지며, 대개 고급품의 본차이나는 골회 50%, 고령토 30%, 장석 20%를 섞어 만든다. 크림색이 도는 흰색의 반투명 본차이나bone china는 격식의 식탁이나 약식 식탁에 어울리며, 불투명한 것은 약식 식탁에 잘 어울린다.

크림웨어

고령토가 첨가된 점토로 만들며 석기와 비슷한 구조를 가진 도자기로서, 마욜리카와 파이앙스보다 높은 온도에서 구워져 좀 더 단단하고 내구성이 있다. 구워질 때 약간의 노르스름한 색이 도는 밝은 크림색을 띠므로 크림웨어creamware라 이름 붙였으며, 이가 빠져도 눈에 잘 띄지 않는다. 우아한 자리에서부터 약식인 식사까지 다 어울리며, 이가 빠진 자리는 음식의 기름기가 스며들어 변색되기 쉬우므로 주의해야 한다.

마욜리카와 파이앙스

마욜리카와 파이앙스majolica & faience는 부드러운 점토로 만들어지며, 낮은 온도에서 구워진다. 가마에서 구워질 때 단단해지기는 하지만 자기화되지 않으며, 부서지기 쉽고 갈라지기 쉬워 일상적으로 사용하기에는 적합하지 않다.

식기로 사용할 경우 음식의 기름기가 스며들며 얼룩이 생기고, 음식의 산에 대한 내성이 없어서 변색되기 쉽다. 보통 밝은 색으로 채색되므로, 세팅 시에 개성과 매력을 더해준다.

기 타

옻나무에서 채취된 칠漆 혹은 나무로 된 용기 등에 옻칠을 한 것을 칠기라고 한다. 칠기에는 가죽이나 금속, 도자기 등에 칠을 입힌 것이 있으나 식생활 기구로는 대부분 목재 위에 입힌 것들이 많다. 칠은 열이나 방부성, 방습성이 매우 강하다. 은銀은 무독 무취의 무공해 금속으로, 독毒의 유무를 가리기 위해 많이 사용되었으며, 은으로 된 디너웨어는 광택이 고급스럽고 아름답다.

용도에 따른 종류

개인용 식기

- **접시 plate_** 옛날에는 음식들을 식탁 위에 바로 놓거나 볼 안에 놓았으며, 고고학적 발견물 들에서 돌, 설화 석고[alabaster], 청동으로 만들어진 접시가 발견되었다. 로마시대 노예들은 나무사발로 식사했던 반면, 왕족과 귀족은 금·은·유리·도기 접시를 이용하여 식사를 하였다.

중세에는 통밀가루, 호밀을 익혀 4일 동안 숙성시킨 후 둥근 모양이나 직사각형으로 잘라서 사용하였는데 이것을 트렌처[trencher]라고 불렀다. 여기에 음식이 담겨졌고, 트렌처의 두꺼운 껍질은 지금 테두리 있는 접시 디자인으로 발전되었다. 14세기 초에는 나무와 백랍[3/]으로 트렌처가 만들어졌고, 빵 밑에 놓고 사용하기도 하였다.

초기의 도자기 접시는 음식에서 나오는 즙을 담을 수 있도록 넓은 테두리와 깊게 파인 부분이 만들어졌다. 깊게 파인 부분과 둥근 테두리가 있는 접시는 16세기 이탈리아에서 유래하였다.

산업혁명 이전까지 접시는 큰 크기와 중간 크기로만 만들어졌으나 중산층이 성장하면서 생선, 굴, 디저트, 과일 등 특별한 음식을 담는 접시로 만들어지기 시작하였다. 19세기까지 접시의 크기는 사용되는 시간대에 따라 다른 크기가 사용되었다. 정찬을 위한 큰 접시, 점심식사를 위한 작은 접시, 아침식사와 오후 티를 위한 것으로 더 작은 접시가 있었으며, 19세기 중반까지 접시의 크기는 규격화되어 있었다.

그림 3-6 **나무로 만든 트렌처**

접시는 일반적으로 가장자리의 운두가 높고 바닥이 편평하며 납작한 모양을 가진 그릇의 총칭이다. 보통 디시[dish]와 플레이트[plate]로 불리는데 디시는 라틴어의 디스커스[discus, 원형 모양]에서 유래하였으며, 볼보다 깊이가 얕고 플레이트보다는 약 3.8cm의 깊이가 있는 접시이다. 접시는 음식을 담아내거나 그릇 밑에 받쳐 사용하기도 하며, 때로는 장식용으로도 사용되는 등 그 쓰임은 목적에 따라 다양하다. 우리나라에서는 주로 부식용 그릇으로 사용하고 있으나, 서구

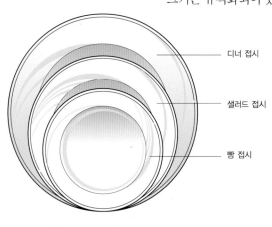

디너 접시

샐러드 접시

빵 접시

그림 3-7 **접시의 종류별 크기 비교**

문화권에서는 주식을 담는 식기의 대표적인 그릇의 형태이다. 접시의 종류
별 크기는 그림 3-7과 같고, 종류와 용도는 표 3-1과 같다.

표 3-1 **접시의 종류**

명 칭	형 태	크 기	용 도	비 고
서비스 접시 (service plate)		28~35cm	– 정찬이 시작되기 전에 커버 (cover)[4]의 중앙에 놓이며 색과 디자인으로 커버를 장식하는 역할 – 포멀(formal)한 식사에서는 음식이 서비스 접시 위에 바로 놓이지 않고, 메인 코스가 시작되기 전에 치워짐 – 디너 접시로 사용될 때는 프라임 립(prime rib) 같은 음식을 담을 수 있음 – 카나페, 쿠키, 샌드위치 등의 음식을 내기 위한 작은 플래터(platter)로 사용	– 플레이스 접시 (place plate), 세팅 접시 (setting plate), 언더 접시 (under plate) 라고도 함
디너 접시 (dinner plate)		25~27cm	– 메인 코스에 사용 – 세팅 시 1인의 위치 중심 – 메인요리, 스파게티, 스테이크, 전채요리, 샌드위치, 햄버거 등을 담는 데 사용	
런천[5] 접시 (luncheon plate)		23~24cm	– 과일이나 케이크 등을 먹을 때 나눔 접시로도 사용 – 격식이 있는 식사나 약식의 식사 모두에 쓰임	
샐러드 접시 (salad plate)		20cm 내외	– 샐러드를 담는 데 사용 – 샐러드가 메인 코스일 때는 디너 접시에 제공	– 격식 있는 식사에서 샐러드 접시는 메인 코스가 치워지고 난 후에 손님 앞에 놓이고, 샐러드는 플래터(platter)에 담겨져 손님에게 제공
크레센트 접시 (crescent plate)		폭 1.5~15cm, 길이 18~20cm	– 초승달 모양의 접시 – 샐러드, 채소, 소스 같은 것을 주로 담음 – 약식의 식사에 주로 사용	– 영국 디너웨어 회사에서 최초로 만듦

(계속)

명 칭	형 태	크 기	용 도	비 고
디저트 접시 (dessert plate)		18~21cm	– 격식 있는 식사와 약식의 식사에 모두 사용 – 대부분 화려하게 장식	
빵 접시 (bread plate)		15~18cm	– 소스나 고기 국물, 즙 때문에 빵과 버터가 젖는 것을 막기 위해 사용	– 빵은 경우에 따라서 접시 없이 그냥 테이블 위에 놓여지거나, 냅킨에 싸서 두기도 함
수프 접시 (soup dish)		지름 23~25cm, 테두리 2.5~5cm, 깊이 3.8cm 이상	– 가장자리에 테두리가 있는 넓고 얕은 볼 – 진한 수프를 담으며, 손잡이는 없음	
샌드위치 접시 (sandwich plate)		25~30cm	– 네모난 형태로 양쪽에 손잡이가 있음 – 샌드위치를 담아내기 위해 사용	

• **볼 bowl_** 안이 깊은 반구형半球形의 그릇으로 음식을 담거나 보관하기 위해 사용된다. 식탁에서 사용하는 볼[6]은 손잡이가 있는 것과 없는 것이 있다.

부이용 컵bouillon cup, 핑거볼finger bowl, 램킨ramekin은 받침접시와 같이 한 쌍으로 이루어져 있으나, 대부분 서비스 접시service plate 위에 놓는다.

볼의 종류와 용도는 표 3-2와 같다.

표 3-2 **볼의 종류**

명 칭	형 태	크 기	용 도	비 고
부이용 컵과 소서 (bouillon cup and saucer)		9.5cm	– 맑은 수프(bouillon)를 담는 데 사용 – 맑은 수프는 손잡이를 잡고 컵으로 마시거나 스푼으로 조금씩 떠 먹음	– 뜨겁고 맑은 수프의 온도와 젤리로 된 수프의 농도를 유지하기 위해 볼이 좁고 깊음
시리얼 볼 (cereal bowl)		14cm	– 샐러드나 파스타 등을 포크로 먹을 경우 사용 – 수프나 시리얼처럼 스푼으로 먹는 음식을 담는 데 사용 – 약식의 식사에만 사용	– 오트밀 볼이라고도 알려져 있음
핑거볼 (finger bowl)		지름 10cm, 높이 5~6cm	– 식후 신선한 과일을 먹은 후 손끝을 씻는 데 사용[7] – 격식 있는 식사를 제외하고는 잘 사용되지 않음	– 유리로 안을 채운 크리스탈이나 은으로 만든 얕은 용기를 사용하며 받침과 같이 나옴
램킨 (ramekin)[8]		지름 7~11cm, 깊이 4~5cm	– 측면은 수직이고, 작고 납작한 볼 형태 – 치즈, 우유, 크림으로 구운 요리[9]를 내는 용기	

그림 3-8 **탱커트**

• **컵 cup_** 인간은 자신의 손을 컵 모양으로 하여 음료수를 떠 마실 때, 새는 불편을 없애기 위해 마시는 용기를 개발하였다. 17세기까지 유럽인들은 음료수를 차게 마셨으나, 이후 세계무역의 영향으로 커피, 티, 초콜릿 같은 뜨거운 음료를 마시기 시작하였다. 차가운 음료는 고블릿goblet, 비커, 탱커드tankard[10/] 같은 긴 원통형 용기에 담았고, 뜨거운 음료는 작은 볼bowl 모양의 컵cup[11/]을 사용하였다.

유럽에서 최초의 찻잔tea cup은 중국에서 수입한 것으로 마시기 위한 것이 아니라 차의 견본을 측정하기 위해서 사용되었다. 차를 마시기 위해 맨 처음 사용했던 도구는 17세기 초반 동인도회사가 중국에서 수입한 작은 도자기잔이었고, 중국과 일본의 제품을 모방한 영국의 찻잔은 18세기 초 이후부터 석기, 토기, 도자기 등으로 만들어졌으며, 대개 중국 양식이거나 중국적 특색이 장식되었다.

초기의 찻잔은 크기가 작고, 손잡이가 없어 잔의 위, 아래 가장자리를 손가락으로 잡을 수밖에 없었다. 18세기에 다소 드물긴 해도 손잡이가 있는 찻잔이 있었지만 대체로 고가여서 부자들만 소유할 수 있었다. 그러나 산업혁명으로 대량생산이 가능해지면서 손잡이 있는 찻잔을 일반적으로 사용하게 되었다.

초기 커피, 티, 초콜릿은 비싼 상품이었으므로 부자들만 접할 수 있었으며, 컵의 크기는 상당히 작았다. 19세기에 이르러서야 컵의 크기가 커졌으며, 오늘날의 컵은 여러 크기로 각기 다른 용량으로 만들어진다.

컵의 크기는 음료의 농도와 음료를 내는 시간으로 결정되며, 큰 컵과 머그는 아침 식사와 점심식사 시에 뜨겁게 마시는 커피, 티, 코코아를 마실 때 사용된다. 작은 컵은 에스프레소와 같은 짙은 음료, 농도가 짙은 핫 초콜릿, 알코올로 만든 독한 음료를 내는 데 사용된다.

그러나 크기에 상관없이 컵과 머그는 음료를 약 3/4 정도만 채우고, 데미타스 컵demitasse cup은 반만 채운다. 머그를 제외한 모든 컵은 받침접시가 있다.

표 3-3 **컵의 종류**

명 칭	형 태	크 기	용 도	비 고
머그[12]/ (mug)		지름 8cm, 높이 9cm	- 원통형 용기 - 아침식사와 점심식사에 뜨겁 게 마시는 커피용 컵 - 커피, 티, 코코아 등 묽은 음료 를 마시기 위한 컵	
티 컵 (tea cup)		지름 8~9.5cm, 높이 4.5~5.6cm	- 홍차를 마시기 위한 컵 - 홍차의 색과 향을 즐길 수 있 도록 하기 위해 컵의 윗부분 이 넓고 높이가 낮음	
커피 컵[13]/ (coffee cup)		지름 6.3cm, 높이 8.3cm	- 열을 보존하고, 커피의 맛과 향을 유지하기 위해 커피 컵 은 실린더 모양을 하고 있음	
데미타스 컵 (demitasse cup)		높이와 지름 약 5.7cm	- 격식 있는 식사 후에 알코올 의 효과를 떨어뜨리고, 소화 를 촉진하기 위해 나오는 에 스프레소 등의 진한 커피를 마실 때 사용함	- 프랑스에서 처음 만들어졌으며, 데미타스는 '반 컵(half cup)' 이 라는 의미를 가 지고 있음
브렉퍼스트 컵(breakfast cup)		지름 11.4~ 14.6cm 높이 8.2cm	- 많은 양의 커피를 마시기 위 한 컵	- 19세기 초 커피 에 대한 요구가 높아져 두세 배 의 용량을 가 진 컵이 사용되 었음

서브용 식기 serveware [14]/

서브용 식기는 식사에 접대되는 음식을 담는 것으로 처음에는 속이 빈 나무, 나무껍질로 만들었고, 고대에는 귀족 연회를 위해 금, 은, 설화 석고로 만들어졌다. 18세기의 전형적인 연회는 100개 이상의 그릇을 내는 세 개의 코스로 구성되고, 메뉴는 수백 개의 서브용 식기가 필요하였다. 18세기 중엽까지 뚜껑이 있는 서빙용 식기는 음식을 따뜻하게 유지하기 위해서 워밍 스탠드[warming stand]와 함께 만들어졌으며, 19세기 초에는 러시아식[à la Russe] 정찬 접대가 소개되었다. 이는 하인이 서브용 식기인 플래터[platter]와 볼[bowl]을 사용하여 손님에게 접대하는 방식이었다. 서브를 위해서는 볼[bowl], 음료 용기[beverage pot], 굽 달린 접시[compote], 물주전자

pitcher, 서빙용 접시platter, 소금 · 후추통salt and pepper dispenser, 트레이tray, 튜린tureen[15/] 등의 식기가 필요하며, 할로웨어hollowware로 부르기도 한다.

표 3-4 **서비스용 식기의 종류**

명 칭	형 태	크 기	용 도	비 고
서브용 볼 (serving bowl)		지름 20~23cm	- 얕은 서브용 볼은 아스파라거스, 과일, 롤빵과 같은 딱딱한 음식을 내는 데 사용함 - 깊은 서브용 볼은 으깬 감자(mashed potato), 밥, 파스타, 크림으로 된 부드러운 음식에 사용함	
커버드 베지터블 (covered vegitable)		지름 20cm	- 익힌 야채 요리를 내는 데 사용하며 뚜껑이 있음	
티 포트 (tea pot)		지름 16cm, 높이 13cm	- 티를 넣어 우려내고, 서브하기 위해서 사용되는 포트 - 둥근 모양의 티포트는 티의 점핑(jumping)을 좋게 하여 맛있는 티를 우려냄	- 17세기에 티는 비싼 제품이었으므로 티 포트는 1인분을 담을 수 있는 크기로 만들어졌고, 약 8~10cm 높이를 가진 모양이었음
커피 포트 (coffee pot)		지름 13cm, 높이 23cm	- 크고 좁은 실린더 모양으로 이는 커피 찌꺼기가 바닥까지 가라앉을 공간과 커피가 위까지 떠오를 공간을 주기 위해서임 - 커피를 따를 때 커피 찌꺼기를 막기 위해서 커피 포트의 주둥이는 몸체의 위쪽에 위치함	- 크고, 좁고, 실린더 모양을 한 터키의 주전자에서 유래되었음
초콜릿 포트 (chocolate pot)		지름 10cm, 높이 20cm	- 실린더 모양을 하고 있으나, 커피 포트보다 약간 작은 크기 - 손잡이는 고리 형태가 아니라 직선으로 되어 있으며 나무로 만든 경우가 많음 - 손으로 다루기 쉽도록, 손잡이는 주둥이에서 직각으로 위치함	- 17세기 말에 소개되었음 - 핫 초콜릿은 컵이나 머그로 마시며, 초콜릿 포트는 좀처럼 쓰이지 않음

(계속)

명 칭	형 태	크 기	용 도	비 고
데미타스 포트 (demitasse pot)		높이 약 18cm	- 실린더 모양의 커피 포트로 크기가 작음 - 데미타스 커피를 서브하기 위해 사용됨	
콤포트 (compo-te)		지름 20cm	- 굽이 달린 접시 - 사탕이나 얼린 과일을 내기 위해서 격식 있거나 약식의 식사에서 사용됨	- 19세기에 큰 굽이 달린 접시는 격식을 차린 식탁 장식에 사용되었음
플래터 (platter)		지름 23~61cm 이상	- 보통 손잡이가 없으며 깊이가 얕은 대형 접시 - 둥글거나 타원형 또는 직사각형 모양 - 격식 있는 연회에서는 생선 코스, 앙트레 코스, 메인 코스, 샐러드 코스, 디저트 코스를 내는 데 사용 - 약식의 연회, 뷔페에서는 가니시(garnish)가 둘러진 고기 코스 또는 과일 조각, 야채, 샌드위치, 케이크, 쿠키 등과 같이 차가운 음식을 담기 위해 사용	
소스와 그레이비 보트 (sauce and gravy boat)		장축 22cm, 높이 10cm, 240mL	- 소스나 그레이비를 따로 낼 때 사용 - 격식 식사에서는 서빙하는 사람에 의해 제공됨 - 약식 식사에서는 테이블 위에 올려놓고 사용	
트레이 (tray)16/		38~99cm 로 다양	- 격식 있는 식사에서는 샐러드, 치즈, 디저트뿐만 아니라, 메인 코스를 내는 데도 사용 - 약식 식사에서는 빵, 롤빵, 쿠키, 샌드위치와 같은 마른 음식을 내기 위해 사용 - 냅킨으로 싸둔 커틀러리를 담거나 식탁을 정리할 때 사용	
튜린 (tureen)17/		3L 내외	- 뚜껑 달린 움푹한 그릇 - 뚜껑과 양옆에 손잡이가 있는 손님 접대용 큰 볼 - 큰 것은 스프, 스튜, 펀치, 등을 내는 데 사용 - 작은 것은 소스, 고기국물, 야채를 담는 데 사용	

디너웨어의 보관

디너웨어는 유약의 종류, 디자인에 금속 제품이 사용되었는가의 유무, 식기 세척기에 사용 가능한가, 아니면 손으로 세척해야만 하는가에 따라 보관방법이 달라진다. 상회칠한 장식이 있는 디너웨어는 음식의 산에 약하고, 식기세척기를 이용하여 건조시키는 동안 마모되기 쉽다. 그러므로 이런 장식이 있는 디너웨어는 사용하자마자 닦아야 한다. 사용하는 동안 나이프의 날에 긁히지 않도록 한다. 음식 부스러기는 종이 타월로 닦아주고, 굳은 얼룩은 물에 담가 불린 후 닦아낸다.

씻을 때 따뜻한 중성세제를 풀어서 흠집이 나지 않도록 부드러운 천이나 스펀지로 닦고, 경질 자기가 아닌 경우에는 물에 오래 담가 두게 되면 수분을 흡수하여 갈라지거나 깨지기 쉬우므로 주의한다. 말릴 때도 상처가 나지 않도록 부드러운 천으로 닦아서 말리도록 한다.

금속 장식이 있는 디너웨어를 전자레인지나 오븐에서 사용하게 되면 금속 사이에서 불꽃 방전을 유발하여 장식에 자국이 남거나 얼룩이 생길 수 있다. 금속으로 장식된 디너웨어는 손으로 닦아주는 것이 오랫동안 보관할 수 있는 방법이다.

디너웨어를 쌓아서 보관할 경우 바닥면의 테두리에는 유약이 발라져 있지 않기 때문에 종이 타월이나 종이 냅킨, 천 조각 등을 사이사이에 끼워서 보관한다. 그리고 크기나 모양이 다른 디너웨어를 쌓아두면 용기의 무게 때문에 깨질 수 있으므로 같은 크기와 모양의 물건을 쌓아두는 것이 좋으며, 플레이트의 경우에는 선반 안에 세워서 보관하면 사용하기 편리하다. 컵의 테두리는 가장 손상되기 쉬운 부분이므로, 쌓아올려 보관하기보다는 고리로 된 훅^{hook}에 손잡이 부분을 걸어서 보관한다.

디너웨어의 연출

격식 있는 상차림은 우아하고 세련된 연회의 전형이며 외교행사, 결혼기념일 행사, 공동연회, 기금모금, 요리연회와 같이 의식 행사를 위해 준비된다. 격식 있는 상차림은 크리스탈과 은제품, 자기제품, 화려한 꽃꽂이, 거대한 촛대, 화려한 식탁 장식을 하며, 네임 카드를 놓고, 고급 요리와 와인이 나오는 여러 코스의 식사에서 손님이 속도를 맞출 수 있도록 메뉴를 준비한다.

자기 같이 부드러운 표면은 은, 크리스탈, 놋쇠, 칠기, 섬세한 조직의 린넨과 잘 어울린다. 도기와 같이 거친 표면을 지닌, 무거운 테이블 웨어는 복고적인 전통미와 자연미를 강조하며 두꺼운 유리, 나무, 굵은 조직의 린넨과 잘 어울린다. 투박한 느낌의 사기류 식기는 가격이 저렴하고, 관리가 용이하여 특히 어린이들이 있는 가족이 사용하기에 적합하다.

2. 커틀러리

커틀러리^{cutlery}는 나이프, 스푼, 포크 등 우리가 식탁 위에서 음식을 먹기 위해 사용하는 도물류, 금물류의 총칭이다. 커틀러리 혹은 플랫웨어^{flatware}, 실버웨어 ^{silverware}라고 부르기도 한다.

발달 배경

스푼

인류 역사상 최초의 식사도구는 스푼^{spoon}[18/]이며, 조개껍데기가 그 원형이라는 사실에는 이견이 없다. 동그랗게 오므린 손의 모양에서 시작된 스푼은 조개나 굴, 홍합의 껍데기 등을 이용하다가 원형, 타원형, 달걀형의 접시에 손잡이가 달린 형태로 변화한다. 또한, 접시에 손가락이 적지 않고, 음식을 먹기 위해 손잡이가 추가되었다. 손잡이는 보통 접시의 가장자리에 수평으로 붙어 있지만, 때로는 둔각이나 고대의 심풀룸^{simpulum}에서 볼 수 있는 것처럼 수직으로 붙은 경우도 있다.

브릴리앙 사바랭^{Brilliant Savarin}은 "인간이 불을 사용하게 된 것은 요리를 해야 할 필요성 때문이었고, 인간이 세상을 정복하게 된 것은 불을 사용했기 때문이었다."라고 하였다. 이처럼 불의 발견은 요리사에 있어 매우 중요한 역사적 사건으로 꼽는다. 더불어 조리도구의 필요성이 대두되면서, 스푼은 뜨거운 음식을 젓기 위해 절연체인 나무로 만들게 되었다.

스푼 제작에 주물 방식이 도입되면서 그 모양도 자연에서 찾았던 초기의 형태에서 점차 벗어나 유행에 따라 자유롭게 발전하기 시작한다. 스푼의 모양은 14~20세기까지 정삼각형에서 타원형으로, 긴 삼각형으로 그리고 달걀형과 타원형으로 변화했지만, 기본적인 조개의 형태에서 크게 벗어나지는 않았다.

형태면에서 식탁용 나이프와 포크는 동반자로서, 때로는 견제의 대상인 경쟁자로서 일종의 공생관계를 유지하며 진화한 데 반해 스푼은 비교적 독립적으로 발전해왔다. 스푼의 전성기는 융성한 식탁문화에 맞춰 다양한 형태로 제작되었던 19세기 후반을 꼽을 수 있다.

스푼의 발달사는 수프를 먹는 관습의 변화와 관계가 있다. 초기에는 여럿이 먹는 수프 그릇에 입을 대고 마시거나 국자로 먹는 등 공동 스푼으로 사용하였다. 1560년경의 자료에는 좀 더 발달된 단계로 "독일인들 사이에서는 손님 각자에게 개인의 스푼을 제공하는 것이 관례"라고 언급한다. 1672년의 기록에는 "여럿이 먹는 수프에 직접 입을 대고 마시는 것이 아니라, 자기 접시에 조금씩 따라서 특별히 스푼을 이용한다. 그러나 다른 사람들이 썼던 스푼을 넣은 수프를 먹기 꺼려하는 사람들이 있으므로, 냅킨으로 잘 닦아서 사용해야 한다."라고 덧붙였다. 여기에서 상류층에 의해 수용된 수프 먹는 방식이 단계적으로 정착되고 있음을 확인할 수 있다. 즉, 누구나 자신의 개인 접시와 개인 스푼을 소유하게 되고, 수프는 특별한 도구로 분배되었다. 결과적으로 식사예절은 사회생활의 필요에 상응하는 새로운 양식을 띠게 된 것이다.[19]

나이프

나이프knife는 취식도구 가운데, 비교적 일찍이 등장한다. 그러나 초기의 나이프는 개인 소유의 취식도구라기보다는 조리도구의 성격이 강했으며, 무기나 연장 등의 역할을 동시에 취하는 다목적 용도였다.

중세의 식탁에서만큼 나이프가 대접을 받던 시기는 일찍이 없었다. 심지어

〈
그림 3-9 **중세 군주의 식사 장면**
(나이프 서비스는 우두머리격인 군주
의 옆에서 시동이 하였고, 식탁 위에
는 아직 등장하지 않았다)

《
그림 3-10 **요크, 글로스터, 아일랜드
의 공작들과 식사하는 리처드 2세**
(장 드 우미브랭, 「영국 연대기」에서
발췌한 세밀화를 보면 개인별로 나이
프가 지급된 것을 볼 수 있다)

격식을 차려야 하는 특별한 자리에서는 양손에 나이프를 하나씩 들고 식사하는
것이 세련된 식사법으로 간주되기도 하였다. 오른손잡이인 경우, 왼손에 쥔 나
이프로 고기를 고정시키고, 오른손의 나이프로 먹기 적당하게 고기를 썰어 나
이프 끝으로 찍어 먹었다. 오늘날 포크의 역할을 담당한 왼손용 나이프가 반드
시 뾰족할 필요는 없었고, 따라서 물렁한 음식이나 얇은 고깃점을 담아 운반할
수 있도록 끝이 뭉툭한 것도 있었다. 포크가 보급되면서 점차 고기를 자르는 용
도 외에는 특별한 쓸모가 없는 왼손의 나이프는 사용하지 않게 되었고, 잇따라
오른손 나이프의 기능에도 변화를 가져왔다.

　이처럼 포크의 등장은 나이프의 형태 변화에 중요한 작용을 한 것으로 보인
다. 또한, 나이프의 날이 둥글한 형태로 발전하면서, 무기로 남용될 수 있는 위
험도 감소시켰다.

포 크

포크^{fork}는 건초 등을 끌어올리는 용도의 도구로 두 개의 갈래로 만든 것이 원조
였다. 고대 이집트인들은 청동으로 만든 제의용^{祭儀用} 포크^{ceremonial fork}를 신성한 제
물을 바치기 위한 종교적 연회에서 사용하였다. 조리도구용 포크는 그리스, 로
마 시대에도 존재하였는데, "그리스 요리사는 끓는 가마에서 고기를 꺼낼 때 쓰
는 … 살코기 포크를 가지고 있었다. 이 주방기구는 손과 흡사하게 생겼는데, 손

가락이 화상을 입지 않도록 보호해주었다."라고 기록되어 있다. 포크처럼 생긴 고대의 도구 가운데 쇠스랑과 삼지창도 있지만, 당시만 해도 포크는 식사와는 전혀 무관한 물건이었다. 즉, 뜨거운 불에서 음식을 조리할 경우에 한하여 필요에 의해 만든 조리도구이었다.

두 갈퀴two-pronged 포크는 주방에서 고기를 고정시켜 썰거나 담기에 이상적이었다. 고기 위에서의 이동이 자유로웠고, 잘라낸 고깃조각을 커다란 주방용 오븐에서 접시platter로 옮길 때에도 요긴하게 사용하였다. 결국 주방용 포크는 고대 이후로 본질적인 변화 없이 현재까지 그 형태를 유지하고 있다.

이에 비하여 주방용 포크에서 원형을 차용한 초기의 식탁용 포크는 일련의 변이과정을 겪어왔다. 포크의 사용이 빈번해지면서 드러나게 된 단점들을 개선하기 위하여 그 형태를 수정한 것이다. 식탁용 포크 역시 초기에는 긴 일직선의 두 갈래 모양이었다. 갈래가 길수록 당시의 일반적인 육류조리법이었던 로스트roast한 고기를 좀 더 단단히 고정시킬 수 있었기 때문이다. 그러나 시간의 경과에 따라 긴 갈래longish tines 포크는 다이닝 테이블dining table에서 식기류tableware가 주방용구kitchenware와는 차별이 되어야 했으므로 무용지물이 되었다. 결과적으로 17세기부터는 식탁용 포크의 갈래가 주방용 도구의 갈래보다 현저하게 짧고 가늘어졌다.

음식을 단단하게 고정시키기 위하여 포크의 두 갈래 사이가 어느 정도 떨어져야 했고, 이 결과 갈래의 간격은 규격화되기에 이르렀다. 하지만, 작고 부드러운 음식은 갈래 사이로 빠져나가 여전히 문제였다. 즉, 포크가 완두콩이나 곡물 등의 음식을 자를 때, 간격이 넓은 두 갈래의 포크는 비실용적이었다. 따라서 17세기 말에서 18세기 중엽에 완두콩처럼 부드러운 음식을 뜨기 위해 포크의 측면이 약간 휜 모양으로 변화하였고, 마지막 해결책으로 갈래를 하나 더 달게 되었다.

18세기 초에 이미 독일에서는 현재와 같은 네 갈래 포크가 사용되었으며, 19세기 말에 이르러 네 갈래의 디너 포크four-tines dinner fork는 영국에서도 일반화되었다. 이것은 비교적 표면적이 넓지만, 입에 넣기 번거로울 정도는 아니었다.

커틀러리 가운데, 가장 늦게 식탁 위에 오른 포크에 관해서는 아직도 의문이 남아 있다. 물론, 기독교 정신으로 무장되어 있던 서구사회에서 창조주가 빚은

그림 3-11 **포크를 사용하기 시작한 초창기의 그림**
(몬테 카시노 수도원 제공, 11세기 이후의 세밀화)

손가락을 쓰지 않고, 다른 도구를 사용한다는 발상은 피조물의 본분을 망각한 것이라는 자괴감 섞인 인식 때문이었다는 해석이 일반적이다. 그런가 하면, 음식물을 자르는 기능은 물론, 신체 수호의 목적까지 훌륭하게 수행한 나이프나 뜨거운 국물을 먹기 위해 필연적으로 고안하였을 스푼과 비교할 때, 포크가 반드시 필요하지는 않았을 것이다. 반대로 손가락으로 음식을 먹는 것이 비위생적이라는 점은 포크 등장의 당위성을 부여한다. 식탁의 동석자들과의 접촉을 통하여 질병에 감염될 위험이 있었기 때문이다.

서양 식탁에 있어서 커틀러리는 쓰임의 목적상 다양한 연출에 제약을 받기 마련이다. 그럼에도 불구하고, 테이블 코디네이트에 있어서 없어서는 안 될 핵심 구성요소이며, 세계의 문화권을 삼분하는 주요한 기본 잣대이다. 커틀러리 문화권과 수식手食 문화권 그리고 저식箸食 문화권으로 분류하는 것이 그 대표적 예이다.

커틀러리가 식탁에 올려진 사건은 서양조리법의 획기적인 발달을 의미한다. 사람들이 식탁에 앉아서 개인용 취식도구를 사용하여 음식물을 섭취하면서부터 결과적으로 다양성이 풍부한 식사가 가능했기 때문이다. 수식시대의 음식은 한 입에 먹기 쉬운 크기로 미리 작게 잘라서 준비되거나 적당한 크기로 잘 뭉쳐지도록 눌러 만들 수밖에 없었으므로, 조리법에 있어 제약이 심하였다.

표 3-5 **커틀러리의 기원과 분류**[20]

종류	유래	형태에 의한 분류	특징
스푼 (spoon)	- spon: '평평한 나무 토막'의 뜻인 앵글로 색슨어 - cuillére(불어): 조개류인 고동을 먹던 도구에서 유래	- 주 기능인 볼이 정삼각형 타원형 → 긴 삼각형, 달걀형, 타원형으로 변화되었음 - 특별한 형태의 스푼: 소금, 감귤류	- 인류 역사상 최초의 식사도구 - 테이블 스푼은 수프의 발달과 관련이 깊음 - 티 스푼은 기호 음료의 유행과 연관됨
나이프 (knife)	- knif: '한꺼번에 누르다' 혹은 '자르다'의 중세 영어	- 주 기능인 날의 끝이 뾰족한 것 동시에 찍어 먹는 기능도 함 - 평평한 것 → 동시에 음식물을 얹어 입으로 옮기는 역할 → 식탁 포크의 등장 이후 자르는 역할만 수행함	- 조리도구의 성격, 무기나 연장 등의 다목적 용도로 출발함 - 목적에 따라 조리용과 식탁용으로 나뉨
포크 (fork)	- furca: 건초용 포크 (pitch fork)	- 주 기능인 갈래가 두 갈래 → 세 갈래 → 네 갈래로 변화되었음 - 17세기부터 식탁용 포크가 조리용보다 갈래가 짧고, 가늘어졌음	- 그 목적에 따라 제의용, 조리용, 식탁용으로 나뉨

커틀러리의 분류

재질에 따른 분류

은과 은도금

은silve 제품은 금보다 가벼워서 손에 쥐는 제품의 제작에 적합하지만, 순수한 은은 너무 무르기 때문에 구리와 합금silver plated하여 제작한다. 구리는 열전도성이 좋고, 부식되지 않아 각종 식기류나 기구의 제작에 적합하다.

은은 금속재료들 가운데 열과 전기의 최고 양도체이다. 따라서 은은 급변하는 온도에 의해 물성이 변하지 않고, 순간적인 조절력이 뛰어나다. 즉, 차거나 더운 음식 모두 입으로 옮기는 커틀러리 제조용 금속으로서 최상의 조건을 구비하였다.

순은 나이프는 '스테인리스 스틸' 또는 '순은'의 날 가운데 사용의 목적에 따라 선택하여 제조한다. 물성이 강한 스테인리스 스틸의 날은 디너 나이프나 스테이크 나이프, 카빙 나이프처럼 날카로운 날이 필요한 나이프의 제작에 적당하다. 또한 톱니 모양의 끝을 가진 나이프로 뾰족한 끝과 약간 휜 좁은 날의 형태로 제조하는 과일 나이프도 대표적인 예이다. 과일의 산에 의해 날이 부식될 가능성 때문에 과일용 포크와 더불어 은을 선호한다.

은제품의 커틀러리는 그 특성상 소수의 계층만이 향유할 수 있는 특권이었고, 곧 부의 상징으로 여겨졌다. 녹청[礫靑, patina][21]이 생긴 커틀러리를 보유한다는 것은 오래된 가문, 즉 귀족의 가문이라는 의미를 암시하였다.

금도금 은과 금 전기도금

금도금 은[vermeil]의 장점은 은제품에 비해 무게는 가벼우면서, 내구성과 변색에 강한 커틀러리의 생산이 가능하다는 것이다. 강도를 강화하기 위해 은, 구리, 니켈, 팔라듐 등의 물질과 합금하여 사용하는데, 이 금속이 갖는 특유의 물성은 다양한 디자인의 제조에는 용이하지만, 너무 물러서 입에 넣는 커틀러리의 제작 용도로는 비실용적이다. 쉽게 부식되지 않는 장점을 살려 염분이나 산과 접촉이 빈번한 견과류 스푼[nut spoon]이나 소스 국자[sauce ladle] 등의 서브웨어[serveware], 소스 국자의 내부 도금에 사용하기도 한다. 금 전기도금[gold electroplate]은 은도금의 제조법과 비슷하다. 쉽게 변색되지 않고, 오염의 우려가 적어 실용적이다.

스테인리스 스틸

강철[steel]은 두 종류 이상의 금속을 합금한 것으로, 스테인리스란 '기타의 금속에 비해 얼룩[stains]이 적게 든다'는 뜻이다. 양질의 스테인리스 스틸[stainless steel] 커틀러리는 품위[grade][22]와 압연[rolling][23]으로 만드는데, 이 과정에서 제품 각 부분에 서로 다른 두께를 첨가할 수 있다. 즉, 스푼이 구부러지는 것을 막기 위하여 손잡이의 기저 부분에는 높은 품위를 주고, 볼 부분은 입에 넣기 편하도록 끝이 약간 가늘어진 형태로 제작 가능하다.

이 금속은 단단하고, 윤이 나며, 위생적이고, 녹슬지 않는 것이 장점이다. 과일이나 채소, 유기화학 물질로부터 나오는 산과 오염에 강해 내산성·내열성이 크고, 영구적이다.

20세기 초의 스테인리스 스틸이 발명되기 전까지 사용된 탄소 강철의 나이프 날은 근본적으로 샐러드 맛의 변화를 일으키지는 않았으나, 섬세한 양상추의 잎을 변색시켰고, 산성의 샐러드 드레싱에 닿을 때 칼날이 부식되는 단점이 있었다. 유럽인들은 나이프의 금속성이 양상추의 풍미를 해친다고 믿었고, 그 대안으로 은이나 은도금 제품의 커틀러리일지라도 끝 부분은 뿔이나 동물의 뼈를 이용하여 손잡이를 장식하곤 하였다.[24]

기 타

백랍제품은 미세한 긁힘에도 약한 단점이 있는 반면에 반면에 물성이 부드러워 수선이 용이하다. 이 외에도 나무와 뿔, 플라스틱 등의 다양한 재질로 커틀러리를 제작한다.

용도에 따른 분류

커틀러리는 사용대상에 따라 개인 도구와 공동의 도구로 나눌 수 있다.

과학 발달의 혜택으로 새로운 식재료가 끊임없이 등장하고, 기존의 기구 사용으로 인한 불편을 해소하려는 욕구는 특별한 취식도구의 개발로 이어진다. 대표적인 예로 찬 음료용 스푼iced-beverage spoon, 레모네이드 스푼lemonade spoon, 아이스크림 소다 스푼, 아이스 티 스푼iced-tea spoon[25]을 들 수 있다. 이 스푼들은 커틀러리의 스푼 세트 가운데 작고 오목한 볼과 가장 긴 손잡이의 도구로 아이스 티나 아이스 커피처럼 얼음이 담긴 찬 음료 잔에서 설탕을 젓기 위해 사용한다. 약식의 식사에 적당한데, 격식을 차린 연회에서는 물, 와인, 데미타스가 일반적인 차례이므로, 찬 음료를 위한 도구는 불필요하기 때문이다. 최근에는 손잡이 부분이 비어 있어hollow handles 음료를 마실 때 빨대로 사용할 수 있는 실용적인 디자인도 있다.

캐비아 스푼caviar spoon의 탄생 배경은 17세기 루이Louis 14세와 러시아 황제의 식탁에서 철갑상어 알이 특별 메뉴로 준비되었을 때이다. 캐비아는 금과 은은 물론 기타의 금속과 접촉하면 풍미가 떨어지기 쉬운 특성 때문에, 동물의 뼈나 진주, 조개로 만든 스푼을 이용한다.[26]

한편 20세기 후반, 프랑스의 레스토랑에서는 맛있는 소스를 먹기 위해 소스 스푼sauce spoon을 고안하였다. 이 스푼의 발명은 이전에 접시에 담긴 소스를 빵으로 찍어 먹어야 했던 수고를 덜어주었다. 소스 스푼은 깊이가 얕은 접시에서 효과적으로 사용할 수 있도록 볼 부분이 평평하며, 소스를 잘 담을 수 있도록 볼의 한쪽 면에 홈이 패어 있는 것이 특징이다.

표 3-6 **용도에 따른 커틀러리의 분류**

사용 대상	명 칭	형 태	용 도	기 타
개인 도구	테이블 스푼 (table spoon)		– 오목한 타원형으로 수프를 쉽게 담을 수 있음 – 식생활의 간편화에 따라 종류별로 스푼을 갖추는 일은 드물어졌고, 일반 가정에서는 다용도 스푼, 즉 플레이스 스푼 (place spoon)이 선호되고 있음	– 초기의 수프용은 약간 둥글납작한 형태 – 초기 무화과형의 스푼이 17세기에는 타원형화되었음 – 18세기에 볼 채 들고 마시던 관습이 소멸하고, 스푼으로 먹는 방법을 받아들였음 – 19세기, 다양한 종류의 스푼으로 발전하였음
	디저트 스푼 (dessert spoon)		– 둥근 끝은 부드러운 디저트를 자를 때 사용함 – 뾰족한 끝은 단단한 디저트를 자를 때 사용함	– 좁은 날과 둥글고 뾰족한 끝이 특징임 – 격식, 약식에 사용함
	데미타스 스푼 (demitasse spoon)		– 에스프레소를 마실 때 설탕을 넣고 젓는데 사용함	– 데미타스 전용은 약 9~10cm로 격식의 상차림에서 사용됨
	아이스 크림 스푼 (icecream spoon)		– 아이스크림이 코스식 상차림에서 디저트로 제공될 때 사용함	– 아이스크림 전용은 작은 삽의 형태 – 접시에 제공되는 얼린 디저트용으로 사용되므로 약식에 적당함
	자몽 스푼 (grapefruit spoon)		– 자몽의 과육을 쉽게 뜰 수 있도록 가장자리에 톱니가 있는 뾰족한 끝과 자른 과육을 쉽게 담을 수 있도록 볼 부분이 큼	– 그레이프나 오렌지처럼 과육이 잘라진 형태의 과일이나 복숭아처럼 연한 과육(pulp)을 가르는 데사용됨
	수박 스푼 (watermelon spoon)		– 수박의 씨를 발라낼 수 있도록 볼의 끝 부분이 창의 모양으로 뾰족함	– 특별한 과일용으로 제작된 제품
	멜론 스푼 (melon spoon)		– 부드러운 멜론을 먹기 쉽도록 볼 부분이 올록볼록함	
	티 스푼 (tea spoon)		– 티 컵의 크기에 맞게 생산됨	– 유럽에 차가 소개된 1615년경 등장하였음

(계속)

사용 대상	명칭	형태	용도	기타
개인 도구	테이블 나이프 (table knife)		– 메인 디시용으로 고기 가 쉽게 잘리도록 날카 로운 날을 지니고 있음	– 가장 긴 나이프 – 격식, 약식에 모두 사용함
	생선 나이프 (fish knife)		– 은이나 은도금으로, 날 의 끝은 무디고, 면적은 넓어 생선요리를 먹기 에 편리함 – 생선에서 가시를 골라 접시에 옮길 때 용이하 도록 제작되어 있음[27]	– 1870년경 유럽인들은 생 선 나이프와 생선 포크 를 고안하였음 – 비대칭의 형태가 특징 – 테이블 나이프에 비해 날의 면적은 넓고, 길이 는 짧은 편임 – 격식, 약식에 사용함
	스테이크 나이프 (steak knife)		– '커틀러리'의 대명사격 으로 날카로운 끝부분 과 두꺼운 고기를 자를 수 있는 톱니 모양의 날 을 함께 갖고 있음	– '고기'라는 특별한 이 미지를 가지므로, 초기 나이프의 특징인 뾰족 한 끝의 형태가 보존되 어 있음 – 격식 있는 상차림에서는 디너 나이프로 쉽게 자 를 수 있는 고기를 접 대하는 것이 예의이므 로 약식의 식사에서만 사용됨
	디저트 나이프 (dessert knife)		– 좁은 날과 칼 끝이 둥글 고 뾰족함 – 과일용은 약간 휜 좁은 날의 형태로 끝부분이 톱니 모양	– 약 19.5 cm – 격식, 약식에서 디저트 포크와 함께 사용함
	버터 스프래더 (butter sprader)		– 날의 끝은 둥글고, 끝부 분으로 갈수록 약간 넓 어짐	– 약 12~14cm – 코스가 간소한 점심식사 와 약식의 식사에서 중 요한 역할을 담당
	테이블 포크 (table fork)		– 유럽식이 미국식보다 1.2cm 가량 더 짧음[28]	– 약 17cm – 격식, 약식에 모두 사용함
	생선 포크 (fish fork)		– 생선을 고르는 지레 장 치의 역할을 하기 위해 왼쪽의 갈래가 넓음	– 생선요리에 곁들여 나오 는 레몬에 의해 부식될 염려가 있어 갈래는 은 으로 만듦

(계속)

사용 대상	명 칭	형 태	용 도	기 타
개인 도구	디저트 포크 (dessert fork)		– 샐러드 포크와 비슷하지 만, 약간 좁음	– 18세기인들은 메인 코 스를 식탁에서 치운 뒤, 디너 포크를 레스트 (rest) 위에 놓고 디저트 코스를 준비하였으나, 18세기 말엽에 디저트 포크의 등장으로 사용 하지 않게 되었음
	페이스 트리 포크 (pastry fork)		– 샐러드 포크보다 좁고, 약간 더 짧음 – 베어낼 때 지레작용을 도울 수 있도록 왼쪽 갈 래에 종종 V자형의 눈 금을 새기기도 함	– 약 12~14cm – 비대칭 갈래 모양임 – 두 가지의 디저트 도구 가 제공되는 격식 있는 식사에서는 쓸모없으므 로, 약식의 식탁에서만 사용됨
	달팽이 포크 (snail fork)		– 껍질에서 달팽이를 꺼내 기 쉽도록 두 개의 길고 뾰족한 갈래가 있음	– 격식을 차린 식사에서 달팽이요리는 껍데기를 손질하고, 소스의 풍미 를 살릴 수 있도록 동 그랗게 파인 접시에 담 아 제공됨 – 약식의 상차림에서는 달 팽이가 껍데기 채 서빙 되는데, 이때 금속집게 나 냅킨으로 감싸 껍데 기를 고정하고, 다른 손 으로 달팽이 포크를 이 용함
공동 도구	샐러드 서빙 스푼 과 포크 (salads serving spoon & fork)		– 샐러드를 버무려 개인 용 접시로 옮겨 담을때 사용함	– 두 가지 도구를 집게처 럼 이용해야 할 때도 활 용함
	카빙 나이프와 포크 (carving knife & fork)		– 프라임 립(prime rib)이 나 호박, 수박, 야채 등 을 자르는 데 사용함	– 나이프는 30~36cm 길이 – 작은 것은 스테이크 세 트(steak set)로 두꺼운 음식을 자르는 데 쓰임

(계속)

사용 대상	명 칭	형 태	용 도	기 타
공동 도구	서빙 스푼 (serving spoon)		- 튜린 등 공동의 식기에 서 음식을 옮기는 데 사 용함	- 중세 역사가들은 긴 손 잡이의 서빙 용구가 청 결의 요구에서 비롯되 었다고 주장함 - 18세기 초까지 조리법의 경향은 수프와 스튜가 주류였고, 따라서 서빙 스푼은 필수 도구였음
	샌드위치 서버 (sandwi- tch server)		- 페이스트리 서버(pastry server), 파이 서버(pie server)로도 활용됨 - 접대하기 용이하도록 갈 래가 넓음	- 약 22~30cm 길이
	케이크 서버 (cake server)		- 자른 케이크를 쉽게 뜰 수 있도록 날이 삼각형 모양임	- 케이크를 잘라서 개인 접시로 옮길 수 있도록 한쪽 면에 갈래가 있기 도 함
	슈가 텅 (sugar tong)		- 설탕을 집고 들어올리는 데 사용되는 집게 - 통감자, 롤, 페이스트리, 와플 같은 음식 서빙용 으로 활용됨	- 텅은 '깨물다' 혹은 '함 께 깨무는 사람'이라는 의미의 덩크(denk)에서 유래
	수프 레 이들 (soup ladle)		- 크림 소스나 수프를 옮 겨 담을 때 필요함	- 약 17cm - 서브용 국자 가운데 가 장 큼
	그레이비 레이들 (grave ladle)		- 오목한 볼의 형태로 충 분한 양을 담을 수 있음	

소금 스푼^{salt spoon}은 소금과 밀접한 관계가 있다. 18세기의 유럽인들은 크고 훌륭한 홀에서 가족, 손님과 함께 하인의 시중을 받는 것보다 작고 개인적인 방^{dining room29/}에서 은밀한 식사를 즐기는 것을 선호하였고, 손가락으로 소금을 집는 대신 작은 스푼으로 뿌리는 행동이 세련되었다고 여겼다. 후에 작은 껍질이나 작은 삽 또는 하트^{heart}처럼 다양한 형태로 등장하는 이 스푼은 소금으로 인해 부식되는 것을 방지하기 위해 안쪽의 오목한 볼을 금도금하였다. 오늘날, 소금 용기는 격식 있는 식사 또는 우아한 약식의 연회에 어울린다. 소금 스푼은 사용 전과 후에 소금 용기 안에 되돌려 놓는 것이 예의이다.

그림 3-12 **캐비아 스푼**

생활양식의 구조적인 변화를 가져온 산업화 이후, 가정에서의 점심식사가 사라졌다. 일터에서 간단히 먹는 식습관의 정착으로 사양길에 접어든 런천 나이프^{luncheon knife} 역시 디너 나이프로 대체되었다. 이 나이프는 길이 20~22cm 가량으로 런천용 접시의 크기와 균형을 맞춰 제작된다. 격식, 약식의 식사 모두에 사용하는데, 비교적 무딘 날로 만들어 부드럽게 조리한 음식을 가르는 용으로 적당하다. 현재는 식생활 간소화로 런천의 의미가 사라졌지만, 과거에는 일반적인 식사형태였다.

커틀러리의 보관

선택 요령

커틀러리는 적당한 무게감과 균형이 무엇보다 중요하다. 지나치게 가벼운 식사도구는 균형감이 부족하므로, 쥐었을 때 안정감이 있는 것으로 한다.

명품의 커틀러리는 깊이 있고, 훌륭한 조각의 장식에 의하여 가늠된다. 전체적으로 포크의 날은 대칭을 이루어야 하고, 가장자리는 둥글며, 모든 면이 빛나야 한다. 또한 손잡이의 폭이 적당하여 쥐었을 때 손목을 내리 누르지 않아야 한다. 특히 나이프는 폭이 적당히 넓고, 음식물을 부드럽게 자를 수 있는 단면이 중요하고, 핸들과 맞닿은 부분은 자연스러워야 한다. 또한, 나이프는 적당히 휘어서 음식물을 운반하는 데 용이해야 한다. 스푼은 한 입에 넣을 수 있는 크기로 한다.

보관 요령

순은이나 은도금한 것들은 잘 변하지만, 금도금의 은, 금도금, 스테인리스 스틸, 백랍 제품들은 비교적 보관하기가 쉽다. 제품의 변색은 더운 공기, 먼지, 햇빛에 의해서 일어나는데, 탄소와 황화물을 담고 있는 더운 공기는 은의 표면을 변화시키고, 변색을 가속화시킨다. 커틀러리를 잘 보관하기 위해서는 다음의 주의사항을 지켜야 한다.

변색의 속도를 줄인다

열 또는 햇빛과 더운 공기로부터 멀리 떨어진 곳에 보관한다. 겨울에 난방기구를 사용할 경우 각별히 주의한다. 특히 연기가 나는 난로는 창문이 닫혀 있을 때보다 더욱 변색하기 쉬운 환경을 만든다.

은 제품은 매일 사용하는 것이 좋다. 자연스러운 변색을 유지하기 위해서 6개월 정도 관리하면 윤이 나기 시작한다. 은제품의 커틀러리는 변색 예방용 백에 보관한다.

변색 방지용 천을 사용하는 것도 좋은 방법이다. 단, 천에 있는 입자들은 물에 닿으면, 떨어질 우려가 있으므로, 젖지 않도록 주의한다. 플라스틱 제품에 은을 보관하는 것은 피한다. 습기가 있는 플라스틱 백은 은의 표면에 닿아 쉽게 부식시킨다. 또한, 신문지로 은을 포장하여 보관해서도 안 된다.

올바른 세척을 한다

순은은 거품이 이는 뜨거운 물에서 헹구는 것이 좋다. 매우 부드러워서 자동세척기의 건조를 위한 열에도 장식이 상할 수 있기 때문이다. 또한 움푹 패인 부분은 흠집이 나거나 긁히기 쉽고, 말릴 때 습기가 남아 있으면, 표면에 에칭으로 새긴 마크들이 떨어지기 쉽다. 약알칼리성 세제는 은에 해로우므로, 표백제가 없는 가벼운 세제가 적당하다. 고무 매트 위에서 은을 세척하면 안 된다. 고무는 은의 표면을 흐리게 하는 황을 함유하고 있기 때문이다.

또한 은과 스테인리스 스틸을 함께 세척하는 것은 피한다. 전기분해 반응이 일어나 은의 이온이 분리되어 스테인리스로 옮아가고, 은 제품에는 작은 구멍이 생긴다.

은은 쉽게 긁힌다. 품위 있는 녹청을 만들기 위해서는 원을 그리면서 닦거나

이리저리 닦는 것보다는 세로 방향으로 길게 닦는 것이 좋다. 또한 은의 갈라진 틈들은 자주 손질하는 것이 좋다. 깊이 조각된 장식의 우묵한 부분은 오래된 칫솔처럼 매끄러운 브러시로 광택을 주며 관리한다. 뜨거운 비눗물로 씻고, 더러움을 제거한 다음, 부드러운 천으로 닦아야 표면이 긁히지 않는다.

은 담금 용액은 사용하지 않는 것이 좋지만, 포크 갈래 사이를 닦는 데는 효과적이다. 더운 물에 지나치게 오래 담그는 것은 나이프의 날과 손잡이의 분리를 가져올 수 있으므로 주의한다.

그림 3-13 **갈변 방지 처리가 된 보관함**

부식을 방지한다

황과 산은 달걀, 감귤류 등의 과일, 마요네즈, 겨자, 샐러드 드레싱, 소금, 식초, 신문지, 플라스틱, 고무 제품 그리고 은 용기에 진열된 꽃 등에 의해 부식된다.

은 식기는 사용 뒤에 반드시 뜨거운 비눗물에서 헹구는 것을 권장한다. 가벼운 세제를 사용하되, 밤새 담가 놓으면 물 속의 염화물에 은이 파일 수도 있으므로 피하도록 한다.

은 볼 또는 꽃병은 더욱 세심한 관리가 필요하다. 소금과 소금기를 함유하는 공기로부터 보호해야 한다. 따라서 소금을 담았던 그릇은 사용한 즉시 비우는 것이 좋다. 사용 후에는 부식되는 것을 막기 위해서 축축한 스펀지로 내부를 깔끔하게 닦아내는 것이 중요하다.

커틀러리의 연출

전체적으로 조화로운 테이블 연출을 위해서는 커틀러리의 장식이나 금속의 색, 질감이 식탁 위의 그릇이나 유리 잔의 디자인 요소들과 얼마나 잘 어울리는가가 매우 중요하다. 예를 들어 부드럽게 휜 모양의 커틀러리는 둥근 형태의 식기와 어울린다. 휘어지면서 곧은 줄 패턴의 그릇을 사용한다면, 커틀러리는 선을 강조한 제품을 선택하는 것이 좋다. 식탁 연출의 균형을 위해 둥근 라인의 제품과 선을 강조한 디자인의 비율이 일반적으로 2 : 1 정도가 적당하다.

단순한 식기와 글라스웨어에는 장식성이 강한 커틀러리를 매치하여 강조하는 것을 추천한다. 단순한 커틀러리에는 장식이 훌륭한 식기와 스템웨어를 매치하여 강조하는 것이 효과적이다.

커틀러리의 질감은 그릇과 유리잔의 질감과 어울리도록 선택해야 한다. 은이나 금 도금처럼 값비싼 금속의 질감들은 부드럽고, 매끄럽고, 광택이 있고, 투명한 자기류와 꼼꼼한 조직의 린넨류와 반짝이는 크리스탈과 잘 어울린다. 즉, 화려하고, 격식을 갖춘 상차림에 적합하다. 반면 값이 비교적 싼 도금한 금속, 합금 즉 스테인리스나 주석 같은 종류는 표면이 불투명한 식기와 무거운 유리 그릇 그리고 성기게 짠 린넨류 등과 어울린다. 즉, 반짝이는 금속과 윤기가 없는 마무리의 제품이 적절하게 조화를 이루어야 아름다운 연출이 된다.

3. 글라스웨어

발달 배경

플리니^{Pliny}에 따르면, 유리^{glassware}는 기원전 3500년 페니키아 선원들에 의해 우연히 생산 되었으며, 유리가 로마에 유입된 것도 이들 페니키아 선원에 의해서였다. 이들은 지중해 주변 국가들과 교역할 때 공급품을 담는 용도로 유리 콘테이너를 사용했던 것으로 알려졌다.

BC 50년에 유리를 부는 대롱이 발명되면서 입으로 불어서 만드는 유리의 생산이 가능해졌다. 이 과정은 당시 시리아의 식민지였던 시돈^{Sidon}에서 발전되었는데, 유리 제조자는 우묵한 파이프의 끝에서부터 액화된 유리를 불어서 부풀게 했고, 이 방법은 오늘날까지도 이어지고 있다. 파이프를 부는 방법은 유리의 역사상 가장 중요한 획기적인 발명이다. 그것은 부의 축적으로 이어졌고, 저렴하고도 실용적인 도구들의 대량생산으로 평민들도 사용할 수 있었다.

중세 초기 동안에 유리 제품은 매우 비싼 필수품이었고, 단순하고 조잡한 형태로 만들어졌다. 그 후 이슬람의 유리 제조업자들이 새로운 모양을 만들고, 에나멜로 장식하는 기술을 습득함으로써 중동이 새로운 유리 발달의 중심지가 되었다.

이슬람 유리 제조공들의 업적 가운데 가장 큰 것은 유리 제품에 광택이 나도록 한 것이다. 금속성 소금을 유리의 표면에 칠한 다음 가마에서 다시 불을 지피게 되면, 유리는 금속성 물질과 재를 흡수하여 은이나 금색의 빛을 내는 금속으로 얇게 싸여지는데, 이는 보는 각도에 따라 다양한 빛을 띠게 된다.

유럽 유리

서로마 제국이 망한 다음 북 유럽과 영국에서는 지역적 스타일들이 발전하게 되었다. 5세기와 10세기 사이에 유리의 발달은 미미하였으나, 유리공장들은 대부분 산림이 우거진 지역에 위치하여 연료를 구하기 쉬웠으며, 이는 기술을 유지할 수 있도록 해주었다.

13세기 중반에 유리를 만드는 기술은 베니스에서 고도로 발달하였다. 1255년까지 보석이나 병, 거울, 렌즈, 창유리와 같은 다양한 제품들은 길드 시스템에서 생산되었다. 그러나 나무로 만든 유리 공장의 용광로는 시민들의 삶을 위협하기 시작했다. 1291년 11월 8일에 공화정의 총독과 의회는 용광로들이 도시 안에서 작동하는 것을 금지했고, 유리 공장들은 도시 외곽에서 떨어진 이웃 섬인 무라노로 옮겨갔다. 또한 유리공장이 다른 곳에 세워지는 것을 막았고, 새로운 유리 기술의 비밀을 유지할 수 있었다.

14세기경에 베니스의 숙련공들은 크리스탈로^{cristallo}를 발명했는데, 크리스탈로는 바릴라^{barilla: 소다灰}에 의해 생성되는 노란빛의 갈색 재 때문에 흐릿하게 만들어졌으나, 상대적으로 투명한 유리였다. 오늘날의 표준 유리처럼 맑지 않았지만, '물처럼 맑은 것'으로 여겨졌다. 불순물들을 감추기 위해 색은 첨가되지 않았고, 크리스탈로의 투명함으로 인해 에나멜이 장식되었던 유색 유리의 수요는 감소되었다.

크리스탈로의 발견으로, 베니스는 사치품인 유리의 주요한 원산지가 되었다. 1454년, 베니스는 유리 제조업자들이 다른 나라로 이민을 가면 사형에 처한다는 내용을 담은 조항을 선포함으로써 독점권을 유지할 수 있었다. 그러나 유리 제조업자들은 뇌물의 유혹에 굴복했고 네덜란드와 영국, 프랑스, 독일, 보헤미아, 오스트리아, 스페인으로 도망쳐 이민간 사람들은 베니스의 유리 제조기술을 가르쳤다. 그 결과로 프랑스어로 '베니스풍'의 뜻인 파숑 드 베니스로 불리는 우아하고, 흐르는 듯한 형태의 유리를 만들어냈다.

17세기에 유리의 구성에 있어서 커다란 변화가 생겼다. 하나는 보헤미아에서 가성칼리 석회유리^{potash-lime glass}가 탄생한 것이고, 두 번째는 영국의 납 크리스탈의 발명이다. 베니스의 크리스탈로는 소다의 재와 지중해 주변에 위치한 바다로부터 수출된 알칼리를 띤 모래를 사용했다. 그것은 북유럽에서는 매우 비

쌌고 얻기도 쉽지 않았다. 대체물로 북쪽의 유리 제조업자들은 알칼리 재료로 내륙의 산림을 찾았고, 너도밤나무, 오크, 짚, 돌진, 고사리 등은 칼륨 탄산염을 함유했기 때문에 이들의 재를 사용하기 시작했다. 산림이 풍부하고, 모래와 망간, 석회 같은 미네랄 자원이 풍부한 보헤미아는 유리산업이 발달할 수밖에 없는 환경이었다. 공장들은 왕실과 귀족들의 후원을 받았고, 그들의 광대한 소유지에 유리공장들을 세울 수 있도록 독점권을 갖도록 했다.

영국 크리스탈

영국 유리산업의 발달은 1575년에 베니스의 유리 제조업자인 자코모 베르젤리니Giacomo Verzelini에게 21년 동안 유리를 만들 권리를 허락했던 엘리자베스 여왕 1세의 공이 크다. 이것은 그가 베니스풍 유리를 만드는 기술을 영국의 유리 제조업자들에게 가르치겠다는 약속에 따라 이행되었으며, 그 스타일은 100년 동안 영국 유리산업을 지배했다.

조지 라벤스크로프George Ravenscroft는 1673년에 베니스의 크리스탈로의 대체물을 찾다가, 플린트 글라스flint glass, 납유리를 발견하게 된다. 그는 크리스탈로의 주요 성분이었던 모래와 소다 재 대신에 납과 재를 태워서 썼다. 그러나 알칼리의 비율이 높아짐으로 인해 생긴 불균형은 크리즐링crizzling이라고 불리는 미세한 금의 일종인 유리 찌꺼기를 만들었고, 이것은 유리의 점차적인 파괴를 가져왔다. 라벤스크로프는 납 대신에 모래를 대체했고, 용매제로 산화납을 썼다. 그 결과 1676년에 크리스탈로보다 납 크리스탈이 투명해졌다.

그림 3-14 **영국의 크리스탈**

아일랜드 크리스탈

1745년에 영국은 유리의 무게에 따라 세금을 부가했다. 아일랜드 유리의 제조업에는 세금이 제외됐음에도 불구하고, 아일랜드 유리를 영국으로 수출하는 것이 금지되었다. 그러나 아일랜드와 영국 사이에 자유무역이 1780년에 세워졌고, 5년 동안 유리공장은 코르크Cork, 벨패스트Belfast, 더블린Dublin, 뉴리Newry, 워터포드Waterford에 설립되었는데, 그 공장들은 희미한 블러시 그레이blush grey 색이나 스모키한 톤을 띤 납 크리스탈을 생산했다.

1825년경에 영국의 유리 제조업자들에게 높은 비용을 부과하자, 아일랜드 크리스탈 산업은 기울기 시작했고, 유리산업에 과도한 세금이 징수되어 영국과 아이랜드의 협력관계에 종말을 가져왔다. 비록 세금이 1845년에 폐지되었지만, 아일랜드 크리스탈을 만드는 공장들은 더 이상 회복되지 않는 상태로 기울어져 가고 있었다.

그림 3-15 **아일랜드 크리스탈**

미국 유리

미국의 유리산업은 18세기 후반 산업화의 시대까지는 뿌리내리지 못했다. 유리산업에 있어서 작은 진전은 19세기 말엽에 이르러 기계화가 산업을 안정시켰고, 20세기에는 세계적으로 유리산업을 이끌었다.

글라스웨어의 종류

글라스류는 테이블에 놓는 식사중에 제공되는 음료용 글라스와 식전·식후에 제공되는 음료용 글라스로 나누어진다.

글라스는 술의 종류에 따라 크기나 형태가 달라진다. 크게 나누면 중간의 손잡이 부분이 가는 줄기처럼 생긴 스템웨어stemware와 위, 아래의 크기가 비슷하거나 아래로 갈수록 약간 좁아지는 텀블러tumbler가 있다. 보통 스템웨어는 물, 와인, 샴페인, 코냑 등을 마실 때 쓰며, 텀블러는 칵테일이나 음료수잔으로 쓴다.

그 밖에 특수한 것으로 리큐르 글라스, 칵테일 글라스, 브랜디 글라스, 위스키의 온 더 락스용으로서 올드 패션드 글라스 등이 있다.

또 식탁용의 유리 제품으로서 디켄터decanter나 피쳐pitcher 등도 있다.

스템웨어 글라스는 볼bowl과 스템stem, 베이스base로 만들어진 것으로 마시기 위한 용기이다. 스템웨어의 목적은 물이나 아이스 티, 와인 등 차가운 음료를 서브하기 위하여 볼에 담긴 내용물이 데워지지 않고 차갑게 음료를 제공할 수 있도록 해준다.

고블릿goblet은 보통 물을 담을 때 쓰이는 글라스로 튤립형이며, 레드와인 글라스는 용량이 크고 너비가 넓으며 글라스 입구가 안쪽으로 더 오므라져 있다. 이는 레드와인의 향기가 밖으로 나가지 못하도록 한 형태이다. 공기의 접촉을 원활하게 하여 보다 높은 향기를 끌어내고 색을 통해 시각적인 검증을 받기 위하여 커다란 글라스를 사용한다. 화이트와인 글라스는 외부 온도의 영향을 덜 받고 차가운 상태로 와인을 즐길 수 있게 하기 위해 적은 용량의 글라스를 사용한다.

샴페인 글라스 중 소서saucer형은 거품이나 향기를 즐기기는 부적합하지만, 파티에서 한번에 많은 글라스를 운반하기에 편리하고, 안정감 있는 형태이다. 플루트flute형은 샴페인의 거품을 유지하고 향기를 빠져나가지 못하게 하기 위해 입

림(rim)

볼(bowl)

스템(stem)

베이스(base)

그림 3-16 **글라스의 부분 명칭**

구가 좁다. 브랜디 글라스^{brandy glass}는 몸체 부분이 넓고 글라스의 입구가 좁은 튤립형의 글라스로 나폴레옹 잔이라고도 불린다.

명 칭	형 태	크 기	용 도
고블릿 (goblet)		300mL	– 물을 담거나, 칵테일 중 롱 드링크에 사용되며 그 밖에 맥주, 비알코올성 음료에 이용되고 있음
레드와인 글라스 (red wine glass)		180mL	– 적포도주용으로, 커다란 글라스를 사용함 – 실온으로 마시는 적포도주는 백포도주와 달라서 따뜻해지는 것을 피할 필요가 없기 때문임
화이트와인 글라스 (white wine glass)		150mL	– 백포도주용으로 한 번에 적은 양이 들어가는 작은 글라스를 사용함
샴페인 글라스 (champagne glass ; saucer)		135mL	– 스파클링 와인(sparkling wine)용으로 파티에서 피라미드 상태로 쌓거나 행사장의 건배용으로 사용함
샴페인 글라스 (champagne glass ; flute)		150mL	– 스파클링 와인용으로 거품을 오랫동안 유지하고, 육안으로 즐길 수 있음
칵테일 글라스 (cocktail glass)		120mL	– 칵테일의 기본 글라스로 얼음이 들어가지 않는 경우 주로 사용함
브랜디 글라스 (brandy glass)		300mL	– 브랜디용의 향이 밖으로 퍼지지 않도록 하기 위한 것으로 글라스의 크기와는 관계없이 30mL 정도 따르는 것이 일반적임

표 3-7 **글라스웨어의 종류**

(계속)

명 칭	형 태	크 기	용 도
셰리 와인 글라스 (sherry wine glass)		90mL	– 세리나 포트 와인을 마실 때 주로 사용되는 글라스
리큐르 글라스 (liqueur glass)		50mL	– 식후의 술로 즐기는 경우가 많은 리큐어 전용의 글라스로 스트레이트 잔이라고도 불림 – 코디알(cordial) 글라스라고도 함
필스너 (pilsner)		180mL	– 맥주용 글라스로서 여러 가지 형태가 있음 – 가장 널리 사용되는 글라스는 길고 좁은 형태의 글라스
저그 (jug)		500mL	– 맥주용 글라스
텀블러 글라스 (tumbler glass)		200mL~	– 칵테일에 있어서 알코올과 비알코올성을 혼합한 롱 드링크(long drink)나 비알코올성 칵테일, 여러 가지 과일 주스, 청량음료 등의 사용범위가 넓은 글라스임 – 하이볼류의 칵테일에 쓰이기 때문에 하이볼 글라스라고도 부름
올드 패션드 글라스 (old fashioned glass)		240mL	– 올드 패션드 칵테일을 비롯하여 각종 온더락스 스타일의 칵테일과 위스키를 마실 때 사용되는 글라스임
샷 글라스 (shot glass)		30mL	– 위스키와 스피릿(spirit) 등을 스트레이트로 마실 때 사용하는 작은 글라스

(계속)

명 칭	형 태	크 기	용 도
디캔터 (decanter)	와인용 브랜디용 위스키용	720mL	– 디캔터는 마개 있는 식탁용 유리병으로, 연 대가 오래된 고급 적포도주의 쌓인 침전물을 제거하기 위해 사용됨

글라스웨어의 보관

글라스는 구입 못지않게 손질에도 신경써야 한다. 세팅할 때나 치울 때 제일 마지막으로 취급하는 것이 바로 글라스웨어이다. 기름기 있는 손이나 행주가 닿으면 뿌옇게 변한다.

테이블에 세팅하기 전에 미지근한 물로 다시 한 번 씻어서 행주로 닦으면 광택이 난다. 사용 후에도 곧바로 닦아야 언제까지나 맑고 투명한 느낌을 유지할 수 있다.

세척할 때도 가장 마지막에 닦아야 깨뜨릴 염려가 없다. 중성세제를 푼 미지근한 물에 글라스 전용 스펀지 혹은 브러시로 깨끗하게 닦고 미지근한 물로 헹군 후 물기를 뺀다. 물로만 닦으면 오물이 남아 있거나 물기가 잘 제거되지 않아 물방울 흔적이 남게 되므로 주의한다. 장식이 있는 부분이 더러워졌을 때는 털로 된 브러시 등에 식초 혹은 레몬과 소금을 혼합한 것을 묻혀서 문지르면 더러운 것이 떨어진다.

세척 후는 천을 깔아놓은 쟁반에 올려놓아 어느 정도 물기가 빠지면 마른 행주로 닦는다. 보풀이 일어나지 않는 얇은 마 소재의 행주를 사용하면 윤기를 내기 쉽다. 이때 글라스를 맨손으로 잡지 말고 글라스에 행주를 씌워 그 부분을 잡아 닦아야 지문 등이 남지 않고 빛이 난다.

유리제품의 수명을 길게 하기 위해서는 보관에 주의하여야 한다. 자주 사용하지 않는 유리제품은 덮개로 덮어두거나 기름기 있는 부엌에서 멀리 떨어져 있는 장에 보관하도록 한다.

크리스탈 유리는 완전히 건조시킨 후에 보관한다. 유리잔이 축축하고 따뜻할 때는 습기가 표면에 모여 제거하기가 불가능하기 때문이다. 스템웨어의 볼은 위쪽을 향하도록 보관한다. 볼을 아래쪽으로 향하게 보관하면, 선반 악취와 함께 습기가 안쪽에 모일 뿐 아니라 스템웨어의 가장 약한 부분인 림^{rim}이 상하기 쉽기 때문이다.

또한 유리는 직사광선, 난방장치의 분출구, 에어컨의 바람에서 멀리 보관한다. 직사광선에 보관하게 되면 유리에 빛이 통과하여 균열이 생기게 되고, 심한 온도변화는 유리를 팽창 혹은 수축하게 만든다. 따라서 균열을 피하기 위해서는 온도변화를 최소화 시켜주고 볼과 볼 사이에 간격을 주어 팽창과 수축이 가능할 수 있는 충분한 공간을 두도록 한다.

글라스웨어의 연출

격식을 갖춘 상차림에서 글라스웨어는 같은 디자인으로 통일하도록 한다. 즉, 고블릿과 와인 잔을 세팅할 때는 같은 장식으로 조화시키고, 표면의 광택도 같도록 한다. 반짝거리는 디너웨어와 은기는 크리스탈과 함께 사용하도록 한다. 색 유리잔은 유약을 바르지 않은 도기와 광택이 없는 커틀러리와 함께 사용한다.

얇은 크리스탈은 보통 크기의 정교한 디너웨어, 커틀러리와 함께 조화시키고, 큰 유리잔은 무거운 도기나 거친 커틀러리와 조화시킨다.

4. 린 넨

식사할 때 사용되는 각종 천류를 총칭하는 말로 식공간에서의 린넨$^{linen30/}$은 테이블클로스, 언더 클로스, 플레이스 매트, 냅킨, 러너, 도일리 등이 있으며, 테이블 린넨이라고도 한다.

발달 배경

고대의 고사프^{Gausape}로 알려진 다용도의 언더 클로스는 한 면은 거칠고 다른 한 면은 부드러운 소재로 만들어졌으며, 소파에서 기댄 자세로 식사하던 로마인들이 냅킨, 수건 또는 시트로 사용하였다. 15세기 프랑스의 왕 메로비어스^{Merovaeus}는 오늘날과 같이 식탁 앞에서 의자에 앉아 식사하였는데, 이때부터 테이블클로스는 사치품으로 발전하였다. 초기 식탁은 두 개의 가대와 올려놓은 판으로 구성되어, 올려놓는 판의 덮개로 보드 클로스^{borde cloth}가 사용되었다. 16세기에 귀족들이 딱딱한 식탁을 사용하기 시작하면서 그 덮개를 테이블클로스^{table cloth}로 불렀다.

최초의 냅킨은 스파르타인의 아포마그달리^{apomagdalie}라고 불렀던 밀가루 반죽 덩어리 형태였다. 이 반죽은 작은 조각으로 잘라 식탁에서 사용하였고, 이후에는 조각난 빵으로 만들어져 식사 시에 이용하여 손을 닦았다.

고 대

로마인은 고사프라는 천을 사용하였는데, 거친 소재와 부드러운 소재의 양면으로 냅킨, 수건, 시트의 다목적 용도로 활용하였다. 이 시기의 부유층은 린넨 보관을 위해 조각한 수납장을 소유하고 있었다.

고대 로마에서 수다리아^{sudaria}와 마프^{mappe}라고 알려진 냅킨은 크기가 작은 것과 큰 것의 두 종류였다. 그 중 작은 천인 '손수건'이라는 의미의 라틴어 수다리

그림 3-17 **린 넨**

엄^{sudarium}은 주머니 크기의 천으로, 지중해의 더운 기후에서 식사하는 동안 이마의 땀을 닦기 위해 사용되었다. 마파^{mappa}는 누워서 먹는 음식으로부터 옷 등을 보호하기 위해서 긴 의자의 끝 위에 펼친 큰 천이었으며 입을 닦는 데도 사용하였다. 각 손님에게는 개인 마파가 제공되었는데 떠날 때 연회에서 남은 음식을 마파에 쌌고 이 관습은 오늘날 식당의 '도기 백$^{doggy\ bag}$'으로 이어졌다.

15~16세기

15세기 이탈리아의 '라벤나^{Ravenna}'라는 천은 아름답게 짜인 직물로 제단 장식용이나 수도원의 식사에 사용하였다. 또한 부의 상징으로 금, 은사로 자수 장식한 실크 테이블클로스가 등장하였다. 일반적으로는 푸른 줄무늬나 양식화된 무늬로 양끝이 마디가 있는 술 장식의 아마 테이블클로스를 사용하였다. 르네상스 말기에는 단순한 상차림을 보완하기 위하여 린넨폴드^{linenfold}라는 큰 주름의 백색 테이블클로스를 사용하였으며, 후에 튜터 왕조, 영국 시골 저택과 미국의 대저택에서 사용하였다.

중세 봉건사회의 영주와 손님들이 사용한 테이블클로스는 여러 겹으로 덧씌워져 있어 한 코스의 식사가 끝날 때마다 걷어내고 사용하였으며, 디저트는 테이블클로스 없이 접대하거나 또 다른 천을 제공하였다. 덧씌운 천은 순수함과 종교적 신성함을 표현하기 위하여 백색으로 사용하였으며, 시골에서는 맨 위의 천은 여러 색의 줄무늬, 격자무늬, 체크무늬를 사용하였으며, 언더 클로스는 더 어두운 색을 사용하였다.

중세 초에는 냅킨을 사용하지 않았으며 손등, 옷, 빵조각 등으로 손과 입을 닦았다. 후에 다시 예의를 강조하여 식탁에는 약 150×120~180cm의 세 개의 천이 놓였다. 첫 번째 천은 코치^{couch}라고 하였고 주인의 자리 앞에 세로로 놓였다. 두 번째 천은 '천 위에'라는 의미의 수나프^{surnappe}라고 불리는 긴 수건으로 코치 위에 놓았으며 존경하는 손님을 위한 플레이스 세팅$^{place\ setting}$을 표시하였다. 세 번째 천은 식탁의 끝에 장식 끈처럼 걸리는 공동의 냅킨[31]이었다.

냅킨은 중세 연회에서 의식[32]의 한 부분이었다. 이 관습은 지위가 높은 손님으로부터 공간을 구별하였다. 접은 냅킨은 커버의 왼쪽에 놓이고 펼쳐지는 끝은 주인을 향했다. 스푼은 또 다른 냅킨으로 싸고, 세 번째 냅킨은 첫 번째와 두 번째의 냅킨 위에 놓았다. 세정식을 위한 물이 오염되지 않았다는 것을 증명하기 위해서 부인이나 컵을 운반하는 사람은 주인의 손을 닦은 수건에 키스를 하고 왼쪽 어깨 위에 수건을 늘어뜨렸다.

16세기까지 냅킨은 식사를 세련되게 하는 데 그 의미가 있었으며, 여러 크기로 만들어 다양한 행사에 사용되었다. 냅킨이라는 의미의 영어 디아퍼diaper는 작고 반복적인 다이아몬드 모양의 무늬로 짜여진 면이나 린넨 천이었다. 서비에트serviette는 식탁에서 사용되는 큰 천이다. '서비에트 드 콜라티온serviette de collation'은 서서 식사하는 동안 사용되는 더 작은 냅킨이다. 오늘날 칵테일 냅킨이 사용되는 방식과 비슷하다. 나무판이나 벽에 걸리는 공용 수건인 투아일touaille은 빵을 담기 위해 식탁 위에 놓이거나 제단 위에 장식용으로 사용되었다.

17〜19세기

17세기 초는 테이블클로스가 재산품목으로 일반 가정에서는 40개 이하를 소유할 수 있었고, 왕족과 귀족은 사용하지 않더라도 많은 린넨과 천을 소장할 수 있었다. 고가의 동양융단은 초기에는 다마스크 린넨으로 덧씌워 보호하였으나 후에 아름다운 장식을 즐기기 위해 제거하였다. 왕족의 테이블클로스는 다마스크 린넨으로 다마스크스 세공으로 짜여진 양면을 모두 쓸 수 있는 실크 또는 린넨 직물로 중세 십자군 전사들에 의해 유럽에 소개되었으며, 값비싼 다마스크 린넨의 대용으로 유사품이 사용되기도 했다.

17세기까지 냅킨은 평균 약 87.5×12.5cm 크기로 손가락을 사용하여 먹는 사람에게 적당한 크기였다. 냅킨은 테이블클로스 폭의 약 1/3이 일반적이었으나, 포크가 17세기에 귀족에게 받아들여짐으로써 냅킨의 사용이 줄어들었다.

18세기 초의 테이블클로스는 일시적으로 인도의 칼리커트Calicut에서 짜여진 화려한 무늬로 된 밝은 옥양목을 사용하기도 하였으나, 식탁의 반사되는 표면을 중요하게 여겨 아무것도 덮지 않은 식탁을 선호하기도 하였다. 윤이 나는 자기제품, 반짝이는 크리스탈과 은이 놓인 광택이 나는 식탁은 전기가 없는 시대에 눈을 만족시켜 주었다. 18세기 말에는 산업혁명과 스팀 기계의 발명으로 직물산업이 기계화되어 하얀색 테이블클로스가 대량 생산되어 모든 사회계층에서 포크를 사용하고 식사가 위생적으로 바뀌었으며, 냅킨의 크기도 75×90cm

그림 3-18 **베리공의 식탁**

로 작아졌다.

냅킨은 식탁 위에 놓이는 천에서 하인의 왼팔 위에 늘어뜨리게 되었다. 호텔의 지배인, 연회를 관리하는 사람은 직무와 직위의 상징으로, 그의 왼쪽 어깨로부터 냅킨을 늘어뜨리고 낮은 지위의 하인은 왼팔 위에 세로로 냅킨을 감았다. 이 관습은 18세기까지 이어졌다.

19세기에는 대량 생산된 테이블클로스에 대한 반대 욕구로 다시 고급의 수공품 테이블클로스가 등장하였으며, 여러 개의 테이블클로스를 사용하는 프랑스식 접대, 하나의 테이블클로스만 사용하는 러시아식 접대, '사고를 대비한 천'을 테이블클로스의 끝에 마련하는 빅토리아식 접대로 테이블클로스 사용의 특징이 나타났다.

20세기 이후

20세기는 1960년대 합성섬유의 발전으로 테이블클로스의 자유로운 사용이 가능해졌으며, 더 이상 꿰매 쓰거나 가족의 유언으로 물려주는 귀중품이 아닌 소모품으로 간주되었다. 오늘날은 장식적 부속품으로 바^{bar}의 소음을 낮추는 역할도 겸용하게 되었으며 짚, 대나무, 갈대로 된 부채, 담쟁이넝쿨과 같은 자연 재료를 사용하는 추세이다. 간소한 식탁은 테이블클로스를 사용하지 않는데, 아무 것도 덮지 않는 식탁은 나무, 유리, 대리석, 칠기와 같은 표면 재질의 아름다움을 강조하게 된다.

현재 냅킨은 다양한 크기로 만들어진다. 여러 코스를 위한 큰 크기, 간단한 메뉴를 위한 중간 크기, 애프터눈 티$^{afternoon\ tea}$와 칵테일을 위한 작은 크기 등이 있다.

린넨의 종류

식공간에서의 린넨의 종류는 언더 클로스, 테이블클로스, 플레이스 매트, 냅킨, 러너, 도일리 등이 있다. 그 형태, 용도, 소재 등은 표 3-8과 같다.

언더클로스는 테이블클로스 아래에 깔아 식기의 미끄럼을 방지할 수 있으며, 접시 · 커틀러리 · 글라스를 내려놓을 때 소음을 흡수하여 사일런스 클로스^{silence}

^{cloth}라고도 한다. 언더 클로스와 테이블클로스, 두 장의 클로스를 겹쳐 놓으면 포근하고 따뜻한 분위기 연출에 도움이 된다.

테이블클로스는 '테이블 세팅'에서 언더 클로스 위에 깔아 전체적인 분위기의 중심 역할을 하며 색상, 무늬, 디자인에 따라 다양한 분위기를 연출할 수 있다. 일반적으로 정찬에서는 흰색이 원칙이나 파스텔 톤이 점차 선호되며 다양한 무늬나 짙은 색으로 독특한 개성의 연출이 가능하다. 크게 약식과 정식으로 나눌 때 엷은 색, 올이 가늘수록 정찬용이며 짙은 색, 체크나 줄무늬의 올이 커질수록 약식의 성격을 표현한다.

플레이스 매트는 상차림에서 불규칙한 외관, 옆 좌석과의 분리감을 제공하며, 많은 테이블웨어가 놓이는 식탁에서는 일반적으로 사용하지 않는다. 10명 미만의 식사자에게 팔꿈치를 놓을 자리를 제공하고 다양한 소재, 색상, 모양으로 캐주얼한 분위기를 연출할 때 사용한다. 테이블클로스, 식기의 색, 모양 등의 부조화 시 매트가 융화시키는 역할을 한다.

테이블 러너는 테이블클로스의 윗면이나 아무 것도 없는 식탁 위에 놓이는 좁고 긴 원단으로 15세기에 테이블클로스를 오염에서 보호하기 위해서 같은 원단으로 만들어 사용했고, 19세기에는 테이블클로스의 대안으로 사용되었다. 테이블클로스보다 취급하기가 쉽고, 플레이스 매트보다는 약간 더 장식적이다.

린넨의 보관

린넨은 손질과 보관에 따라 수명이 달라진다. 손질을 잘한 린넨은 청결로 인해 요리를 더욱 돋보이게 한다. 원단을 상하게 하는 주름과 중앙을 벗어난 주름을 피하기 위해서 테이블클로스의 폭과 같은 길이의 원통 모양의 보관용 막대에 말아서 보관한다.

테이블클로스를 반으로 접어서 더 작은 원통을 사용할 수도 있다. 다리미로 주름을 펴기 위해서 식탁의 끝에 다리미 대를 가져와서 다리는 경우, 식탁 위에서 원단을 당기거나 열에 견디는 판으로 식탁을 덮고 테이블클로스를 다림질한다. 다림질하는 동안 원단이 더러워지는 것을 피하기 위해 바닥에 시트를 깔아둔다.

공기 중의 연기나 내용물에 손상되는 것을 막기 위해 하얀색, 담갈색, 아이보

표 3-8 **린넨의 종류**

명 칭	형 태	용 도	기 타
언더 클로스 (under cloth)		– 테이블클로스를 부드러운 분위기로 연출하기 위하여 또는 늘어뜨림으로써 호화스런 느낌을 만들어주기 위한 목적으로 사용함 – 보이지 않는다고 적당히 깔면 세팅 후 테이블클로스의 효과를 감하므로 구김 없이 반듯하게 움직이지 않도록 식탁의 뒷면에 핀, 테이프를 이용함 – 원탁은 언더 클로스의 각이 식탁의 다리 사이에 오도록 고정시킴 – 테이블 크기보다 5~10cm 큰 것으로 테이블클로스보다는 짧음	– 펠트지, 오래된 모 담요, 솜털 같은 흰색 원단, 또는 솜을 덧댄 비닐을 사용 – 두툼한 천으로 미끄럽지 않으면 무엇이든 좋음 – 양면이나 한 면이 방모사, 방수성이 좋은 비닐 코팅지, 방음재 식탁은 알루미늄박과 면, 플란넬을 사용함
테이블 클로스 (table cloth)		– 더블 테이블클로스는 두 장을 엇갈려 연출하는 경우로 위의 것만을 세탁하면 되므로 실용적이며 색과 무늬의 다양함을 추구할 수 있어 경제적임 – 프린트한 면 클로스는 야외 피크닉이나 친구의 생일 파티 등의 격식 없는 자리에 사용하면 실용적이며 활달한 분위기를 연출함 – 일반적으로 식탁 높이의 반 정도, 테이블 크기보다 60~70cm 큰 것을 사용 – 정찬에서는 테이블 끝에서 바닥으로 50cm 정도, 일반 가정의 경우 30~35cm, 뷔페식당이나 연회식탁에서는 바닥까지 늘어뜨림	– 린넨[33/]이 가장 격식 있는 소재이며 면, 폴리에스테르, 옥사블, 비닐 등은 캐주얼한 분위기를 연출함 – 현재 레스토랑이나 호텔 등에서 많이 사용되고 있는 클로스는 면 100%나 면과 마의 혼방이 대부분이며, 최근에는 다루기 편리한 소재의 클로스가 증가하고 있음
플레이스 매트 (place mat)[34/]		– 플레이스 매트와 식탁 끝의 배열은 식탁이 마무리되는 방법에 따라 다양함 – 작은 플레이스 매트는 혼잡한 식탁에서 공간을 넓히고, 뜨거운 것의 패드 역할을 하며, 식탁 위의 아름다움을 강조함	– 정찬용에서는 보통 사용하지 않으나 자수, 레이스, 린넨 등으로 연출한 매트는 우아한 분위기를 표현함

(계속)

명 칭	형 태	용 도	기 타
플레이스 매트 (place mat)		– 세팅을 할 때는 되도록 글라스까지 매트 안에 들어올 수 있도록 하고 테이블클로스 위에 배치하는 경우에는 테이블클로스의 색, 식기의 색과 조화를 생각해 플레이스 매트의 색과 모양을 정함	– 모슬린 또는 손수건, 린넨과 같은 얇고 비치는 직물로 만들어지지 않는 한 직물로 된 플레이스 매트는 언더패드[35/]와 분리시킴
냅 킨 (napkin)		– 우리나라의 식생활에서는 품위 있는 식사에만 사용됨 – 생활수준의 향상에 따라 점차 사용빈도가 높아지고, 식탁 위에서 장식의 효과도 내나 정식에서는 직접 입가의 더러운 것을 닦는 용도로 청결해야 하므로 장식용 접기는 피해야 함 – 접은 냅킨은 데커레이션으로 반드시 해야 하는 것은 아니나 전체적인 식탁 위의 균형을 위해 높이를 조절하나 일반적으로는 단순하게 연출함	– 테이블클로스와 같은 소재로 준비함 – 식기의 색에 맞추어 색과 소재를 선택하기도 함 – 식사의 형태에 맞춰서 냅킨의 크기를 선택 하며, 한 번 접은 것은 청결을 위해 다시 접지 않도록 함
러 너 (runner)		– 현재 테이블 러너는 자유로운 방법으로 사용되며, 식탁 중앙 아래에 장식을 위해 놓거나, 자리를 제한하기 위해서 식탁을 가로질러 놓거나, 테마를 전달하기 위해 사용함 – 캐주얼한 곳에서는 보다 자유롭게 세팅할 수 있음 – 무늬가 있는 테이블클로스에는 무늬가 없는 러너를, 무늬가 없는 테이블클로스에는 무늬가 있는 것이 잘 어울림	– 실크소재는 호화로운 분위기를, 부적은 아시아적인 느낌을, 무늬를 넣은 양탄자인 태피스트리는 포멀한 느낌을 연출함 – 수공품은 전원풍의 분위기를 강조할 수 있어 특별한 무늬, 색과 함께 테이블의 주제를 결정함
도일리 (doily)		– 주로 접시 위, 겹쳐진 자기, 칠기 사이에 둠 – 접시와 접시 사이에 마찰이나 부딪치는 소리를 방지하는 역할을 함	– 레이스나 자수로 되어 있음. – 세팅한 도기나 칠기 등의 사이에 도일리를 겹쳐서 깜

리색의 테이블클로스는 손세탁이 가능한 산성이 없는 푸른 화장지에 보관한다. 비닐봉지는 습기를 가두기 때문에 린넨의 보관에는 곰팡이와 변색의 원인이 되므로 적합하지 않다. 잘 사용하지 않는 린넨을 장기간 보관할 때는 주름지는 것을 막기 위해 세탁 후 다림질하지 않는다. 오염된 린넨을 그냥 보관하면 시간이 지날수록 제거하기 힘들기 때문에 주의한다.

린넨의 연출

테이블클로스

테이블클로스의 늘어뜨린 부분은 식탁 윗면과 테이블클로스의 가장자리 사이의 거리이고, 그 치수는 식탁의 크기와 원단의 무게에 따라 다르다. 일반적으로 크기가 큰 식탁은 길게 늘어뜨리고, 작은 식탁은 짧게 늘어뜨린다. 그러나 길게 늘어뜨린 모양은 식탁의 외관을 작게 보이게 하거나, 짧게 늘어뜨린 모양은 빈약하게 보이게 할 수 있다.

식사용 식탁은 보통 높이가 74~80cm이다. 격식 있는 식사에서 테이블클로스의 늘어진 부분은 길이가 약 25~37.5cm로 화려함을 연출한다. 이 늘어뜨린 부분은 식사하는 사람의 무릎 위에 놓이게 되고, 냅킨이 무릎 위에 올려지기 전에 식탁 아래에 끼워 넣어진다. 격식 있는 식사가 여러 식탁에서 제공될 때, 금속으로 만든 다리를 가진 접는 식탁이 대여되고, 바닥까지 닿는 테이블클로스로 덮인다. 격식 있는 점심식사의 메뉴는 격식의 정찬보다 가볍기 때문에, 테이블클로스의 늘어뜨리는 부분은 약 45cm 정도이다. 작은 식탁에서 제공되는 약식의 정찬은 격식의 연회보다 편안하므로, 테이블클로스의 늘어짐은 조금 더 짧게 하여 약 25cm가 된다. 그러나 예외도 있는데 일반적으로 늘어뜨린 모양이 우아하게 늘어지는 모양으로 보이는 레이스 테이블클로스인 경우처럼 원단에 따라 달라진다. 음식이 놓여진 뷔페 식탁에서는 바닥까지 늘어뜨리는 것이 일반적이다. 테이블클로스의 길이를 산출하기 위해서는, 식탁의 길이와 너비, 늘어지는 모양, 겹친 자리의 넓이, 가장자리의 허용오차를 측정한다.

냅킨

냅킨은 입과 손을 닦는 데 사용되며 모양과 크기는 연회의 형식, 냅킨의 위치, 색깔, 접는 법, 무늬, 냅킨 고리가 제공되는지 아닌지에 의해 결정된다. 대부분의 냅킨은 정사각형 모양이며, 큰 냅킨은 약 55×55cm~65×65cm이고 여러 코스의 식사에서 사용된다. 중간 크기의 냅킨은 약 45×45cm~50×50cm이고 간단한 식사에서 사용되며, 약 35×35cm~40×40cm 크기의 냅킨은 점심식사에서 사용되며, 더 작은 30×30cm 냅킨은 에프터눈 티타임이나 티포트의 깔개로 사용된다. 칵테일을 위한 냅킨은 15×15cm, 23×23cm가 사용된다. 이 크기는 작은 전채요리 접시 아래에 알맞고 칵테일 유리잔 주위에 두르기도 한다. 일반적으로 약 30×30cm~55×55cm의 크기가 뷔페나 한 접시 메뉴의 식사에서 무릎에 펴 사용된다.

러너와 도일리

러너인 경우 평균적인 플레이스 세팅에서는 약 35~42.5cm의 너비이고, 끝으로 늘어뜨리는 길이는 37.5cm이다. 도일리의 크기는 10×10cm의 정사각형이나 원모양을 많이 사용하고 그 외에도 크기나 모양은 다양하다.

린넨 연출법

테이블클로스는 탁월성, 시각적인 중량, 색깔, 조직, 무늬의 다섯 가지 디자인 요소로부터 장식적인 효과와 독창성을 표현한다. 탁월성은 유행하는 디자인 요소를 말한다. 올바른 테이블클로스는 디너웨어와 실내장식의 주된 색깔, 무늬, 조직을 강조한다. 시각적인 중량은 방의 비율과 관계가 있다. 큰방에서는, 상차림이 허전하게 보이지 않도록 크면서 꽉 찬 느낌이 들게 연출하고, 작은방에서는 밝고 경쾌한 무늬가 있는 테이블클로스로 표현한다.

 색은 테이블웨어를 변화시키지 않고 상차림의 분위기를 바꿀 수 있다. 보통 정찬에서는 하얀색, 아이보리색, 담갈색으로 연출하고 파스텔 톤도 가끔 쓰인다. 디너웨어와 테이블클로스의 바탕색을 일치시킬 필요는 없다. 비슷한 색일 경우 연속감을 주기 위해 냅킨의 색을 테이블클로스의 색에 맞춘다. 약식 식탁

연출은 다양한 색조를 사용한다. 일반적으로 밝은 색은 평온함을, 짙은 색은 세련됨을, 대비되는 색은 자극적이며, 금속성을 띤 색은 화려하고, 파스텔, 하얀색, 회색을 띤 하얀색은 우아함을 나타낸다.

린넨의 조직은 격식 있는 식탁을 표현할 때는 부드러운 조직을 사용한다. 자기제품, 크리스탈은 다마스크 린넨과 같이 광택 나는 공단으로 짜여진 테이블클로스와 어울린다. 이중으로 짜인 다마스크 린넨과 같이 무게감을 가진 테이블클로스는 불투명한 자기제품과 무거운 난간기둥 모양의 스템웨어와 어울린다. 레이스와 같이 얇고 비치는 테이블클로스는 반투명의 자기제품과 얇은 크리스탈의 섬세한 조직과 어울린다. 부드러운 짜임은 자기제품, 본 차이나, 백색 경질 도기, 반 자기제품, 은제품, 은접시, 스테인리스 스틸에 적합하다. 느슨하게 짜인 무거운 직물은 도기, 석기, 백랍의 플랫웨어와 같이 거친 조직과 어울린다.

린넨의 무늬는 격식 있는 식사에서는 작고 은은하게 연출한다. 다마스크 린넨의 테이블클로스는 고전적인 하얀색의 자카드 직이나 원단과 어울리는 같은 색의 수를 놓은 린넨으로 표현한다. 약식의 식사에서 시선을 사로잡는 벽지와 대담한 무늬의 벽지로 치장된 식당이라면 장식을 강조하기 위해서 한 겹으로 된 테이블클로스를 사용할 수 있다. 그러나 페인트칠이 된 벽으로 장식되거나 은은한 디자인의 벽지를 바른 벽, 작은 크기의 무늬로 장식된 의자를 가진 방에서는 단순한 무늬로 짜여진 테이블클로스를 사용하여 상차림을 강조한다. 야외의 상차림에서도 같은 개념이 적용된다. 꽃이 가득 핀 정원에서는 단색의 원단을 사용하여 꽃의 아름다움을 강조한다. 꽃이 조금 핀 정원에서는 무늬가 있는 테이블클로스가 시선을 끈다.

상차림의 분위기는 냅킨의 색에 의해 변한다. 격식 있는 식탁에서는 반대되는 색보다는 하얀색, 아이보리, 담갈색, 또는 파스텔의 색조로 테이블클로스의 색과 조화되어야 한다.

격식 있는 식탁에서 사용하기 위해 선택된 냅킨은 정교하게 장식되지 않는다. 무늬가 없거나 간단한 짜임을 특징으로 한다.

약식의 식사에서 반대의 색으로 된 냅킨은 편안함을 제공하며, 시선을 끌기 위해 격자무늬, 점무늬, 꽃 모양 무늬, 줄무늬 등의 다른 무늬를 사용하기도 한

그림 3-19 **테이블클로스의 길이**

다. 그러나 다양한 무늬를 통일하기 위해서 디자인은 단순하게 한다.

격식 있는 연회에서는 완벽하게 설치된 커버의 공간을 확보하기 위해서, 냅킨은 접대용 접시 위 중앙에 놓인다. 이것은 식사하는 사람에게 냅킨을 가깝게 가져오게 하기 위해서이다.

약식인 식사에서 냅킨은 주인이 선택하는 어느 곳에 어떻게 놓든 상관없다. 접시의 중앙에, 포크의 왼쪽에, 접시 위에, 접시의 아래에, 빵 접시의 위에, 와인 잔 안에, 의자 위에 늘어뜨려서, 뷔페에서 접시류 둘레를 감거나, 용기 안에 장식적으로 배열한다.

종이냅킨은 가족 식사, 소풍, 바비큐, 아이들의 파티, 대규모의 뷔페, 칵테일 파티에서 편리하게 사용할 수 있다. 종이냅킨은 두 겹으로 사용하면 한 장으로 사용할 때보다 물을 더 잘 흡수한다. 식사 후에는 얼룩진 냅킨은 뭉쳐서 놓기보다는 느슨히 접어서 식탁 위에 놓는다.

5. 센터피스

테이블 중앙의 퍼블릭 스페이스^{public space}에 장식하는 물건이나 꽃을 총칭하여 센터피스라 부른다. 프랑스어로 미류 드 타블^{milieu de table}로 비교적 큰 형태의 장식을 지칭한다.

센터피스^{centerpiece}의 역할에 있어서는 소재에 있어서 그 계절의 느낌을 살릴 수 있어야 하며, 일정한 높이보다는 높낮이를 줌으로써 역동감을 주는 것이 좋다. 안정된 느낌으로 식탁의 분위기를 살릴 수 있어야 한다.

대부분의 경우 생화를 사용하나, 과일이나 채소로 응용한 것을 사용하여 개성적인 형태, 향기를 느낄 수 있다. 예를 들어 유리제품에는 건조 파스타나 넛

맥류을 넣고 꽃과 조화를 이루게 한다든지, 저녁식사에는 캔들과 캔들 스탠드로 장식한다. 또는 꽃과 캔들을 같이 응용하여 사용하기도 한다. 캔들의 높이나 스탠드의 소재에 따라 격식을 표현하기도 한다.

발달 배경

역사적으로 센터피스의 역사는 러시아에서 식습관에 따라 중앙 공간을 채우기 위한 목적으로 당시 귀중한 향신료나 조미료 등을 식탁 중앙에 장식함으로써 재력의 과시와 부의 상징으로 그 역할을 하였다. 당시의 귀한 향신료 소금, 후추, 설탕이며 과일은 포도나 오렌지 등을 그릇에 담아 장식하였다.

당시 프랑스에서 사용되었던 센터피스로는 뚜껑이 있는 수프볼인 슈페리에 soupiere, 촛대인 샹들리에 등의 호화로운 것들이 많았으며 일반적으로는 채소를 담은 그릇, 사기로 만든 귀여운 인형이나 작은새, 향신료가 들어 있는 네프 스탠드nef stand 등이 있다.

테이블에 있어서 센터피스가 차지하는 범위는 일반적으로 테이블의 1/9를 넘지 않는 범위로 한다. 센터피스의 높이는 대화에 방해가 되지 않도록 하여 마주 앉은 상대가 가려지지 않도록 한다.

센터피스의 종류

피기어

피기어figure는 식사의 화제성이나 계절감을 표현하여 식탁에서의 대화를 자연스럽게 유도하여 손님과 호스트 사이에서 대화의 소재를 만드는 장식물이다. 식기나 글라스, 커틀러리 이외의 식사에 관련된 것과, 도자기, 은제품, 크리스탈로 만든 꽃이나 동물, 작은 새 등의 작은 장식품으로 식사에 전혀 관련되지 않는 것들도 있다.

네프

14세기경에서 궁에서 처음 등장한 선박 모양의 용기로 식탁에 처음 등장하였다. 당시에는 소금을 넣는 통으로 사용하였으며 이 네

그림 3-20 **여러 종류의 센터피스**

그림 3-21 **네 프**

프^{nef}가 놓인 장소를 경계로 상석, 하석으로 나뉘지기도 하였다. 그 후, 향신료를 넣거나, 자물쇠를 채워 왕후귀족들이 사용할 커틀러리를 넣어두거나, 간단한 냅킨 등을 넣는 등 그 사용방법도 변화되었다.

17세기 이후 네프는 본래의 성격에서 벗어나 호화롭고 화려한 장식적 요소가 상당히 강한 센터피스로서 식탁에 있어 최고로 중요한 '권력의 자리'를 상징하는 것으로 발전하였다. 나폴레옹 1세 시대^{1804~1815}의 네프는 호화로움의 극치에 달하게 되었다. 그 정점에 달했으며 초호화로운 물건이 되었다. 그 후 자연스럽게 식탁에서 자취를 감추고, 18세기 경부터 식탁 위에 슈르투^{surtout}라 불리는 물건이 센터피스로 등장하였다. 이것은 네프에 비해 실용적이며 향신료를 넣거나, 캔들 스탠드, 과자 케이스 등의 하나의 피스로 다양한 역할을 하였다.

네임 카드와 네임 카드 스탠드

네임 카드^{name card}와 네임 카드 스탠드^{name card stand}는 손님이 앉아야 될 자리를 정해 두어야 할 때 사용된다. 가족이나 적은 인원이 착석한 경우라도 카드 스탠드를 사용하면 색다른 즐거움을 주기도 한다. 식물의 잎을 카드 대신으로 사용하여 매직펜을 이용하여 기입하거나 과일이나 채소를 카드 스탠드로 이용하여도 좋다.

냅킨 링 또는 냅킨 홀더

가족들의 식사에서 냅킨은 자신의 머릿글자를 표시한 냅킨 링 또는 냅킨 홀더^{napkin rings or napkin holder}에 넣어 사용되었으며 주로 은으로

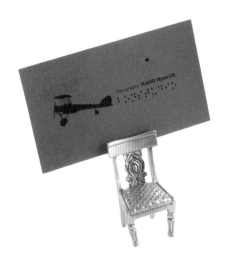

그림 3-22 **네임 카드 스탠드**

만들었다. 원래의 목적은 다시 사용할 수 있도록 냅킨을 구분하는 목적으로 만들어졌다.

오늘날 약식에서는 세팅의 장식적인 효과로 은이나 목재, 색상, 형태의 다양함으로 자주 사용되고 있다. 리본이나 생화, 솔방울을 이용하여 독창적인 것을 사용하여도 좋다. 격식 있는 식사에서는 일반적으로 사용하지 않는다.

그림 3-23 **냅킨 링과 냅킨 홀더**

솔트 셀러와 셰이커, 페퍼밀과 셰이커

격식 있는 식사와 약식에서 다르게 사용된다. 소금이 솔트 셀러^{salt cellar} 안에 들어 있을 때에는 소금 스푼을 이용하여 음식에 뿌린다.

솔트 셰이커^{salt shaker}는 원래 솔트 셀러 안에서 소금이 눅눅해지는 것을 막기 위해 만들어 졌다. 이러한 용기는 약식에서만 사용된다. 대부분의 사람들은 후추보다 소금을 더 많이 사용하므로 페퍼 셰이커보다 오른손에 더 가까운 위치

〉
그림 3-24 **솔트 셀러와 솔트 세이크**

〉〉
그림 3-25 **솔트 밀 & 페퍼 밀**

에 놓는다.

페퍼 밀pepper mill은 후추를 갈아주는 용기로 격식 있는 식사나 약식에 모두 사용된다. 은이나 크리스털 페퍼 밀은 호화로운 식사에 적당하고 나무나 아크릴, 에나멜, 도기, 자기 같은 재질은 약식의 식사에 적당하다.

레스트

레스트rest는 테이블 위에 커틀러리를 세팅할 때 사용되는 도구로 격식 있는 식사에서는 가급적 피해서 사용된다. 캐주얼한 테이블 세팅에 주로 많이 사용되며, 주문한 요리가 끝날 때까지 같은 커틀러리를 사용할 수 있는 장점으로 런천 세팅에 많이 사용된다.

그림 3-26 **레스트**

캔들과 캔들 스탠드 candle & candle stand

캔들링을 한다는 것은 식사를 곧 시작한다는 의미로 주로 서양식 상차림에 많이 사용하고 있다. 사용 시 유의점은 식사 중에 초가 녹아 없어지지 않도록 2시간 이상 사용할 수 있는 것을 선택하도록 한다.

초를 밝힘으로써 음식의 잡내와 소음을 줄일 수 있다. 테이블의 크기에 따른 초의 개수는 정해져 있지 않다.

그림 3-27 **캔들과 캔들 스탠드**

클로스 웨이트

테이블클로스의 사방에 무게 있는 장식품인 글로스 웨이트cloth weight를 사용함으로써 테이블클로스가 움직이는 것을 방지한다. 특히 바람에 흩날리는 것을 방지하기 위해 야외의 세팅에서는 반드시 필요하다.

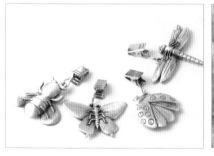

〉
그림 3-28 **클로스 웨이트**

〉〉
그림 3-29 **클로스 웨이트를 단 테이블클로스**

식탁화의 연출 table flower arrangement

식탁에 장식하는 센터피스로 화기나 오아시스에 꽂는 것만이 식탁화가 아니라 식기나 클로스에 직접 꽃이나 녹색의 잎사귀를 장식하는 것, 또는 테이블에 꽃잎을 뿌리는 것 등도 플라워 어렌지먼트에 속한다.

꽃의 형태와 역할

라인 플라워 line flower

- **특징_** 스파이크 타입이라고도 하며 한 가지에 길고 가늘게 꽃이 붙어 있다. 줄기에 운동감이 있어 확장 효과가 크다.

- **역할_** 아웃라인을 꾸며 어레인지먼트의 바깥선을 강조한다. 보는 사람의 시선을 중심으로 이끌고 간다.

- **대표적인 꽃_** 글라디올러스, 용담, 개나리, 금어초, 보리, 스톡stock

매스 플라워 mass flower

- **특징_** 라운드 타입이라고도 하며 둥글고 볼륨이 있는 꽃, 작은 꽃이나 다수의 꽃잎이 모여 한 덩어리의 꽃을 이루고 있다. 꽃잎이 몇 장 떨어져도 전체적인 형태는 변하지 않는다. 주로 줄기 하나에 꽃이 한 송이 붙어 있다.

- **역할_** 어레인지먼트의 중심과 흐름을 이룬다. 전체적인 골격을 만들며, 보는 이의 시선을 중심으로 이끌고 간다.

- **대표적인 꽃_** 카네이션carnation, 마리골드marigold, 장미, 수국, 국화, 아네모네anemone, 거베라gerbera, 마가레트magarete

필러 플라워 filler flower

- **특징_** 하나의 줄기에 또 많은 작은 줄기가 달려 거기에 작은 꽃이 많이 붙어 있는 것으로 풍성한 느낌을 준다.

- **역할_** 라인 플라워나 매스 플라워의 조화를 돕고 어레인지먼트의 빈 공간을 없애주고, 꽃과 꽃을 연결하는 역할을 한다. 전체적인 이미지를 부드럽게 한다. 어레인지먼트의 단점을 보완하며 전체에 볼륨을 내는 효과가 있다.

- **대표적인 꽃_** 안개꽃, 미모사, 작은 국화

폼 플라워 form flower

- **특징_** 꽃의 형태가 확실한 개성적인 꽃이 많다. 어느 쪽에서 봐도 그 모양이 달라 개성적이고 아름답다. 다른 형태의 꽃들보다 돋보이게 어레인지한다.

- **역할_** 어레인지먼트의 중심부분을 이루며 역동적인 느낌을 준다.

- **대표적인 꽃_** 난, 호접난, 카트레아cattleya, 아이리스iris, 카라cara, 백합

식탁화 기본 스타일

돔형 dome style

볼을 반으로 자른 형태로 귀여운 느낌의 어레인지먼트이다.

그림 3-30 **돔 형**

다이아몬드형 diamond style

어떤 각도에서 보아도 다이아몬드의 형태를 가지고 있으며, 특히 측면이 부채
꼴이 되도록 꽂아준다.

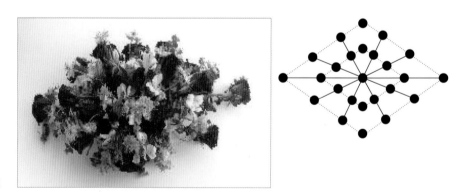

그림 3-31 **다이아몬드형**

프론트 페이싱형 front facing style

기본적인 형태, 삼각형의 변의 길이를 바꾸는 것으로 여러 가지 스타일을 즐길 수 있는 어레인지먼트이다.

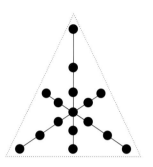

그림 3-32 **프론트 페이싱형**

호리존탈형 horizontal style

옆으로 퍼지는 형태로 똑바른 줄기를 직선으로 꽂는 스타일이며, 개성적인 테이블 위를 장식하는 데 최적의 형태이다.

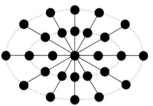

그림 3-33 **호리존탈형**

6. 테이블 세팅

테이블 세팅은 식탁의 분위기를 연출하여 즐겁고 편안한 식사를 제공하기 위해 테이블을 꾸미는 것이다. 동시에 식사의 편의성을 제공하기 위한 기본 준비 작업이다.

테이블 세팅 전 점검 사항

- 테이블 및 의자가 제대로 놓여있는지, 흔들리지는 않는지 확인한다.
- 세팅에 필요한 기물이나 냅킨 등을 확인한다.
- 센터피스의 꽃이 시들지 않았는지 확인한다.

테이블 세팅 순서

- 테이블 위에 언더 클로스^{undercloth}를 편다.
- 테이블클로스를 편다. 테이블클로스는 세탁 후 다림질을 한 다음 수평으로 부채를 접듯이 접은 후 수직으로 접어둔다. 사용할 때는 그림 3-35 같이 테이블클로스의 수평으로 접힌 부분이 식탁의 중앙에 길게 펼쳐지도록 한 다음 접은 부분을 손으로 조심스럽게 당긴다.

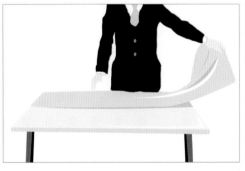

그림 3-34 **테이블 위에 언더 클로스를 펴는 모습**

- 서비스 접시나 디너 접시를 놓아 개인 식사 공간의 중심을 잡는다.
- 커틀러리를 놓는다. 포크는 서비스 접시의 왼쪽에 놓고, 나이프는 오른쪽에 놓는다. 나이프의 날은 서비스 접시를 향하게 한다. 수프 스푼은 나이프의 오

NEW TABLE COORDINATE

른쪽에 놓는다. 커틀러리의 종류와 수는 메뉴의 구성에 따라 달라진다. 일반적으로 디너 테이블 세팅 시 커틀러리는 서비스 접시의 왼쪽으로는 세 가지, 오른쪽으로는 네 가지를 놓는다. 디저트, 치즈용 커틀러리는 서비스 접시 위쪽에 놓는다. 디저트 포크는 손잡이가 왼쪽으로 향하게 하고, 디저트 스푼은 디저트 포크 위로 평행되게 놓는다.

- 빵 접시를 포크 위쪽에 놓고, 버터 나이프는 날이 왼쪽을 보도록 하여 빵 접시에 올려 놓는다.
- 글라스를 놓는다. 메뉴 구성에 따라 글라스의 종류가 정해지며 테이블이 좁을 때는 다이아몬드 형으로 놓기도 한다. 테이블 세팅 시 글라스의 수는 4개를 넘지 않는 것이 좋다.

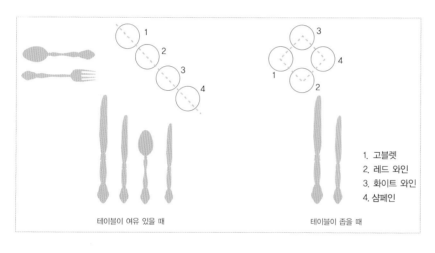

테이블이 여유 있을 때   테이블이 좁을 때

1. 고블렛
2. 레드 와인
3. 화이트 와인
4. 샴페인

그림 3-35 **글라스의 위치**

- 센터피스를 놓는다. 센터피스의 위치는 테이블의 종류와 세팅 인원에 따라 달라질 수 있다.
- 냅킨을 놓는다. 냅킨은 입과 닿는 부분이므로 너무 복잡하게 접기보다 간단하게 접어서 사용한다. 서비스 접시를 사용하지 않을 경우 냅킨을 놓아서 기준을 삼기도 한다.
- 그 외 피기어류를 놓는다.

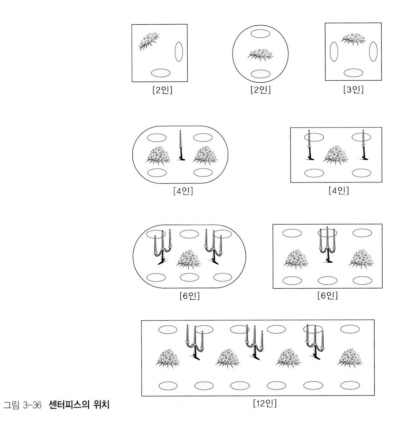

[2인] [2인] [3인]

[4인] [4인]

[6인] [6인]

[12인]

그림 3-36 **센터피스의 위치**

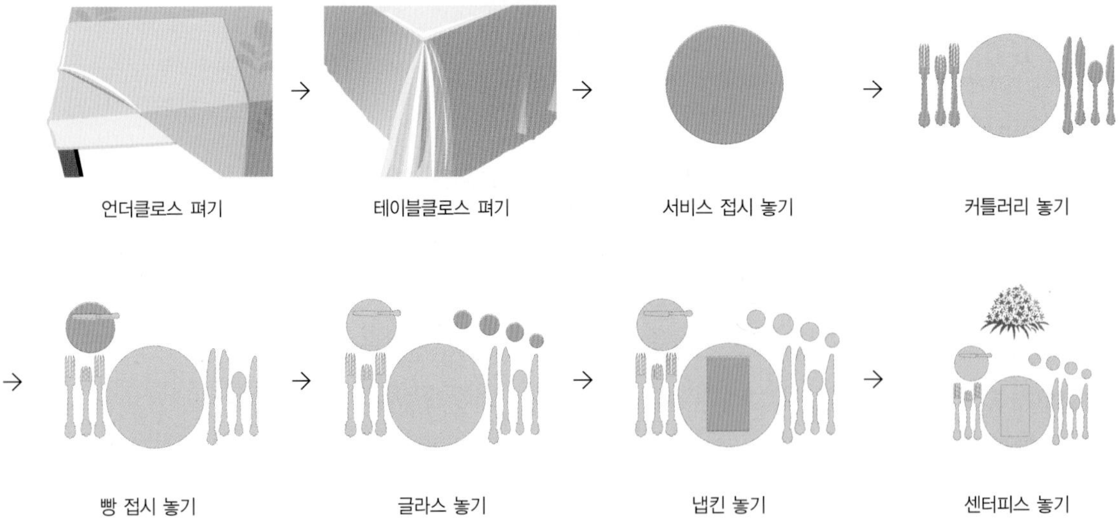

언더클로스 펴기 → 테이블클로스 펴기 → 서비스 접시 놓기 → 커틀러리 놓기

→ 빵 접시 놓기 → 글라스 놓기 → 냅킨 놓기 → 센터피스 놓기

그림 3-37 **테이블 세팅순서**

테이블 세팅의 예

브랙퍼스트 테이블 세팅 Breakfast table setting

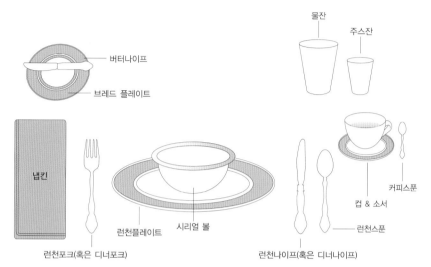

물잔

주스잔

버터나이프

브레드 플레이트

냅킨

런천포크(혹은 디너포크)

런천플레이트

시리얼 볼

런천나이프(혹은 디너나이프)

런천스푼

컵 & 소서

커피스푼

브랙퍼스트 테이블

브랙퍼스트 테이블 세팅의 예

런치 테이블 세팅 Lunch table setting

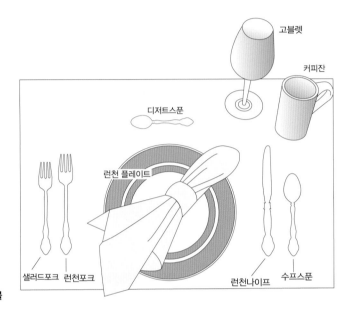

고블렛

커피잔

디저트스푼

런천 플레이트

샐러드포크 런천포크

런천나이프 수프스푼

캐주얼(casual) 런치 테이블

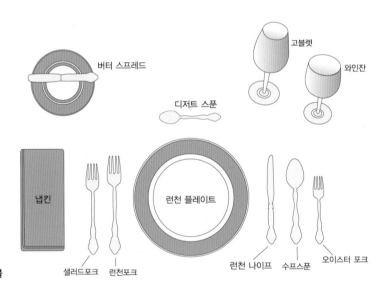

버터 스프레드

고블렛

와인잔

디저트 스푼

냅킨

런천 플레이트

샐러드포크 런천포크

런천 나이프 수프스푼

오이스터 포크

포멀(formal) 런치 테이블

런치 테이블 세팅의 예

디너 테이블 세팅 Dinner table setting

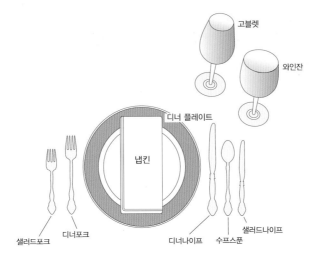

고블렛
와인잔
디너 플레이트
냅킨
인포멀(informal) 디너 테이블
샐러드포크
디너포크
디너나이프
수프스푼
샐러드나이프

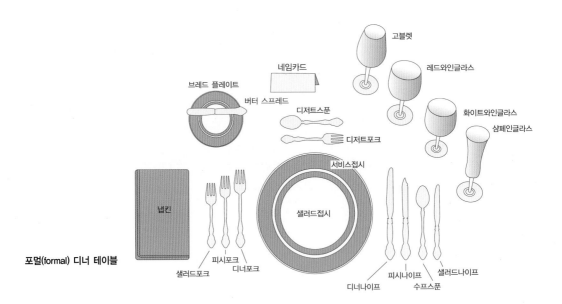

고블렛
네임카드
레드와인글라스
브레드 플레이트
버터 스프레드
화이트와인글라스
디저트스푼
삼페인글라스
디저트포크
서비스접시
냅킨
샐러드접시
포멀(formal) 디너 테이블
샐러드포크
피시포크
디너포크
디너나이프
피시나이프
수프스푼
샐러드나이프

포멀 디너 테이블 세팅의 예

냅킨 접기

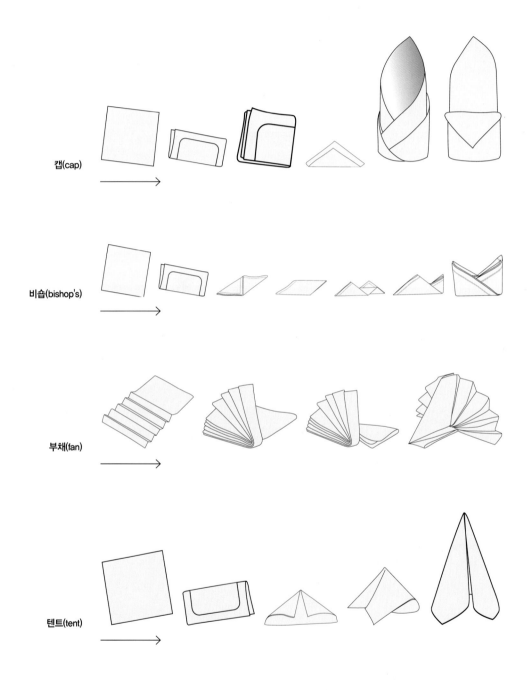

캡(cap)

비숍(bishop's)

부채(fan)

텐트(tent)

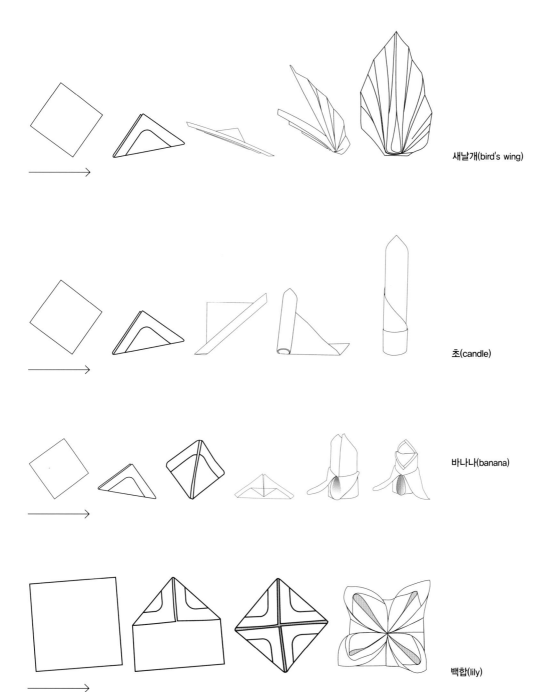

새날개(bird's wing)

초(candle)

바나나(banana)

백합(lily)

주

1/ 하얀 석유(錫釉, 불투명유)로 그려진 파란문양의 도기로, 중국의 청화자기(靑華磁器)를 본 따 17세기 유럽 시장을 차지하는 데 성공을 거두어 널리 전파되었다.

2/ 이탈리아 마욜리카 도기의 영향을 받아 16세기 이후 알프스 이북에서 소성(燒成)된 연질 도기의 총칭이다. 명칭은 15~16세기 이탈리아 마욜리카 생산 최대의 요장(窯場) 파엔차에서 유래한다.

3/ 주석과 납 등의 합금

4/ 식사하는 사람에게 할애되는 개인 공간(personal space)으로 테이블웨어가 놓여진다.

5/ 디너(dinner)보다 가볍고 간단한 식사

6/ '둥근 용기'라는 의미의 앵글로색슨어 'bolla'에서 유래

7/ 17세기까지 사람들 대부분은 손으로 식사를 했고, 세정식(ablution)은 식사의 중요한 부분이었다. 유어(ewer)라 불리는 크고 좁은 단지에 허브나 꽃으로 향을 낸 따뜻한 물을 부어 손을 씻었으며, 용기는 독에 오염되면 색이 변한다고 믿어지는 물질인 마노나 물소의 뼈로 만들어지기도 했다. 그러나 17세기 유럽의 귀족들이 포크를 사용하면서부터 손을 씻는 관행이 줄어들기 시작하였다.

8/ 치즈에 빵 부스러기, 달걀 등을 섞어 구운 것

9/ 커스타드(custard), 플랜(flan; 치즈, 크림, 과일 따위를 넣은 파이), 크렘 브륄레(creme brulee; 크림, 계란, 사탕으로 만든 과자), 또는 수플레(souffle; 달걀흰자 위에 우유를 섞어 구어 만든 요리)

10/ 뚜껑이 있고 손잡이가 달린 큰 잔

11/ 산스크리트어로 우물이라는 의미의 'kupa'와 라틴어 '통'이라는 의미의 'cupa'에서 유래

12/ 원래 중세에 사용되었던 용기인 캔(can)과 탱커드(tankard)에서 유래된다. 17세기부터 19세기까지 은으로 된 머그는 세례식 선물로 유행하였으며, 열을 보존하기 위해서 컵보다 더 크게 만들어졌다.

13/ 커피는 이른 아침부터 늦은 저녁까지 내는 음료로, 컵의 크기는 마시는 시간대와 강도에 따라 결정된다. 상쾌한 맛과 약한 농도의 커피는 큰 컵에 나오고, 강한 맛과 진한 농도의 커피는 여러 코스의 식사에 따르는 소화제 역할로서 작은 컵을 사용한다.

14/ '대접한다'는 의미의 라틴어 'servire'와 '특별한 제품'이라는 의미의 앵글로색슨어 'waru'에서 유래

15/ 스프 등을 담는 뚜껑 달린 움푹한 그릇

16/ '나무로 만든 판자'라는 의미의 앵글로색슨어 'treg'에서 유래

17/ 프랑스의 'G. C. Marshall Tureen'에서 기인하며, 그는 전쟁의 소강기간 동안 스프를 담기 위해서 헬멧을 사용하였다. 찰스 2세 시대, 스프가 식탁에서 큰 볼(bowl)에 접대되던 시기에 튜린이 영국에 소개되었다.

18/ 서양에는 스푼에 관한 비유들이 많은데, '은수저를 물고 태어나다(Born with a silver spoon in one's mouth)'는 유복한 집에서 태어난 것을 의미하고, 나무 스푼은 가난한 집안을 의미한다.

19/ 13세기, 궁정 매너에 관한 탄호이저의 시에서 "그릇에 입을 대고 마시는 것은 점잖지 못하다."라면서 '품위를 지키려면 다른 사람과 함께 식사할 때 스푼 소리를 내지 마라.'고 권고하였다.

이처럼 수프 스푼을 중요하게 거론하는 이유는 유럽의 음식 문화에서 수프가 차지하는 중요도 때문이다. 중세 유럽의 생산 체제 내에서 잡곡이 지배적인 역할을 차지한다는 사실은 대부분의 사람들의 음식체제 내에서 폴렌타, 죽, 수프가 중심축을 이룬다는 의미이다. 유럽인들은 로마시대부터 8, 9세기경까지 냄비에 재료와 물을 넣고, 끓여서 재료가 부드러워지고, 국물이 충분히 우러나면 국물과 건더기를 함께 먹었다. 고기, 채소와 국물을 각각 따로 먹게 된 것은 18세기 이후부터였다.

20/ 커틀러리의 기원과 분류; 장혜진(2003), 커틀러리의 역사적 고찰, 경기대학교 석사학위 논문

21/ 골동품 등의 고색 창연한 빛, 오랜 기간에 걸쳐 갖춰진 외관, 풍모, 분위기

22/ 품위(品位) : 광석 가운데 유용 원소의 함유량, 금속 공업에서는 지금의 순도

23/ 압연 : 금속의 소성을 이용해 고온 또는 상온의 금속 재료를 회전하는 두 개의 롤 사이로 통과시켜 소성 변형에 의해 단면적을 감소시키거나 원하는 형상의 크기로 하는 가공법으로, 평판, 봉, 선, 파이프 등의 제조에 이용된다.

24/ 한편, 이러한 문제 해결을 위해 프랑스의 요리사는 드레싱을 뿌리기 전에 양상추 잎을 한 입 크기로 찢어 준비함으로써 샐러드 나이프의 필요성을 축소시켰다. 오늘날 프랑스인들은 식탁위에서 여전히 샐러드 나이프의 존재를 인정하지 않지만, 영국 일부와 미국에서는 은제품에 한해 사용하고 있다. 그러나 디너 나이프로 대체하는 것이 일반적이다.

25/ 아이스 티 스푼은 유럽보다는 미국에서 사랑받는 품목이다. 미국의 무더운 날씨가 유럽 북부에서의 이민(移民)이 얼음이나 찬 음료수를 원했던 이유였다. ; Sigfried Giedion 지음 · 이건호 옮김(1995). **기계문화의 발달사**. 유림문화사, p. 322.

26/ 캐비아는 철갑상어의 알을 뜻하는 터키어의 '카비아'에서 유래되었다. ; 마귈론 투생-사마 지음 · 이덕환 옮김(2002), **먹거리의 역사(하)**, 까치, p.22 ; Peri Wolfman and Charles Gold. Forks, Knives and Spoons. Cllarkson Potter, 1994, p.40.

27/ 에티켓을 체계화한 에밀리 로코코(Emily Rocco)는 1885년에 생선용 나이프의 스틸 날이 접촉으로 인한 변색으로 풍미를 손상시킬 수 있다는 주장에 반박하면서, "철(iron)로 만든 나이프 사용은 기피하면서 철로 만든 포크를 사용하는 것은 납득하기 힘들다."고 주장하였다. 페르디난트 요체빅츠(Ferdinand Jozewicz)도 1884년에 발간한 에티켓 책에서 마찬가지의 논지를 밝힌 바 있다. ; Jozewicz, Fred, Das Buch Guten Lebensart, 4th ed., Oberhausen/Leipzig, 1884, p.213. Thomas Schu.rmann, p.172에서 재인용

28/ 커틀러리는 컨티넨탈(Continental)식과 미국(America)식으로 만드는데, 미국식 사이즈는 플레이스 사이즈(place size)라고도 한다.

29/ 17세기 이전에 다이닝 룸은 존재하지 않았고, 19세기가 되어서야 유행하였다.; Barbara Milo Ohrbach(2002). "The Well-Dressed tabletop". **Art and Antiques, 23**(1), p.67.

30/ 마(麻)는 인류역사가 시작되면서부터 섬유재료로 이용되어 왔으며, 17세기 산업혁명이 일어나기 전에는 면보다 더 보편적인 섬유였다. 마(麻) 섬유는 거칠고 길다는 공통점을 가지고 있다. 그 중에서 삼베, 아마, 모시, 황마와 같이 비교적 유연한 것은 연질마라하고 마닐라삼, 시살삼과 같이 거친 것은 경질마라 한다. 마(麻) 섬유는 합성 섬유가 출현하기 전까지는 로프, 어망, 돛, 공업용포장재 등의 재료로 주로 쓰였는데, 지금도 여름용 의류로 인기가 있다. 마를 재료로 한 섬유는 크게 줄기섬유[삼베(대마), 아마(린넨사), 저마(모시), 황마], 잎섬유[마닐라삼, 시살삼, 뉴질랜드삼, 알로에 섬유, 파인애플 섬유], 과일 섬유[야자 섬유(코이어)]로 나뉜다.

31/ 벨기에 루베인(Louvain)의 세인트 피터(Saint Peter) 교회에 걸려 있는 디릭 보츠(Dierik Bouts)의 마지막 만찬에서 볼 수 있다. 중세에는 공동의 냅킨이 평균 목욕수건의 크기 정도로 줄어들었다.

32/ 세정식을 관리하는 사람인 에웨러(Ewerer)는 주인과 그의 존경하는 손님이 손을 씻기 위해서 사용한 수건을 소지하였다. '베이욕스 타페리(bayeux tapery, 무늬를 놓은 양탄자)'는 높은 세정식 관리인이 식탁 앞에 핑거 볼(finger bowl)과 냅킨을 가지고 무릎을 꿇고 있는 것을 묘사한다. 판터(Panter)는 포테인(portayne)을 가져왔는데 이 냅킨은 영지의 주인이 사용한 빵이나 나이프를 운반하기 위해서 장식적으로 접혀 있었다.

33/ 린넨 소재의 테이블클로스는 최고급품으로 그 기품과 품격은 정찬의 식탁에서 빠질 수 없는 것이다. 린넨은 얼룩이 쉽게 지워지고 세균의 번식이 어렵다는 좋은 점이 있으나 형태가 변하거나 잘 구겨지고 취급이 불편하며 값이 너무 비싸다는 것이 흠이라 할 수 있다. 다마스크(damask) 직물은 테이블클로스에 짜 넣은 무늬를 말하며 꽃 모양, 가문의 문양, 레스토랑의 마크 등의 무늬와 함께 좋은 광택을 즐길 수 있으며 오간디(organdy)는 빳빳하나 얇고 가벼운 직물을 말한다.

34/ 플레이스 매트는 17세기에 영국의 포목장사 도일리(Doyley)에 의해 발명되었는데, 볼을 두기 위해서 작은 린넨으로 안감을 댔다. 1906년에 출간된 에티켓 설명서는 플레이스 매트가 테이블클로스를 끼끗하게 해주기 때문에 편리하다고 하였다. 오늘날 플레이스 매트는 격식 있는 점심식사와 약식의 정찬에서 사용된다. 급히 식사를 하거나 다른 시간에 식사하는 가족에게 또는 아직 식탁을 선택하지 않고, 테이블클로스를 필요로 하지 않은 젊은 주부에게 적당하다.

35/ 언더패드(underpad)는 함께 바느질되는 두 겹의 펠트지나 또는 플레이스 매트의 치수보다 약간 더 작게 잘린 솜으로 덧댄 비닐로 부피가 있고, 식탁의 대칭을 약간 방해하는 모양을 만든다. 천 플레이스 매트 아래의 언더패드는 안정감을 준다.

NEW TABLE COORDINATE

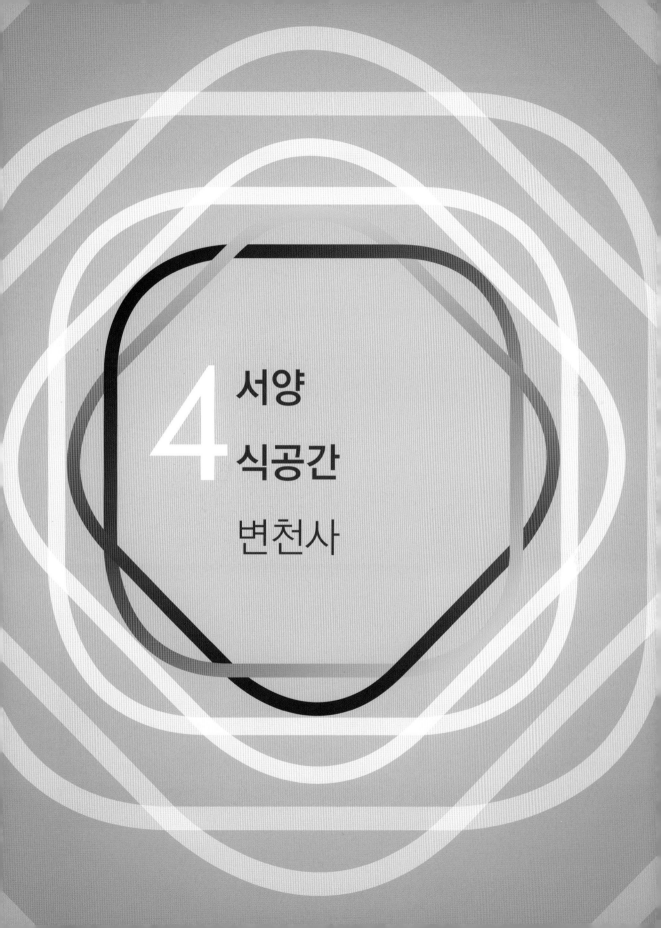

4 서양
식공간
변천사

4 서양 식공간 변천사

인류가 최초로 불을 사용하여 음식을 익혀 먹은 사건은 인류 문화의 시작점으로 볼 정도로 음식의 역사는 인류 역사 그 자체로 보고 있다. 인간의 의식주 중 식생활과 식공간의 변천사는 오늘날 식탁의 차림새에 영향을 미친다.

「Madam Rococo」, 장혜진

1. 고 대

그리스 시대 Greece, BC 2000~AD 30

그리스는 발칸 반도의 동남부를 차지하는 육지와 에게Aegean 해, 이오니아Ionia 해의 섬으로 이루어져 있다. 일찍부터 해외로 진출하여 식민지를 건설함으로써 지중해 일대가 하나의 역사적 세계로 형성될 기반을 조성하였다.

시대적 배경

BC 3000년 중엽 에게 해의 남쪽으로 길게 뻗은 크레타Creta 섬에서는 마을을 이루며 모여 사는 초기의 문명이 발생하였다. BC 2000년 말경 인도·유럽 어족의 다른 일족인 도리아족이 발칸 반도를 남하해 왔다. 이 민족이동으로 인한 혼란 속에서 새로운 그리스라는 문화가 싹트기 시작하였다.

고대 그리스는 원시 시대Primitive Period, BC 2000~1000, 고대 시대Archaic Period, BC 1000~480, 황금 시대Gelden Age, BC 480~AD 400, 4세기Fourth Century, 400~336, 알렉산더 대왕기Alexandrian Age, BC 336~323, 헬레니즘 시대BC 323~30를 거친다. 모든 자연이 신神이라는 개념의 신인동화론Anthropomorphism인 그리스 신화를 낳았다. 호머 시대의 그리스인은 앉아서 식사했지만, 시대가 지나면서 아테네인Athenians들은 옆으로 누워 식사하였다. 침대와 데이 베드daybed의 원형으로 생각되는 클리네kline는 잠잘 때와 식사할 때 겸용으로 사용되었다. 클리네 침대 밑에는 보조 탁자인 트라페자trapeza를 두어 식사 때 옆에 놓고

그림 4-1 **그리스 시대의 식공간**[1/]

그림 4-2 **술 항아리**[2/]

사용하였다.

향연은 대개 사택에서 개최되었는데, 손님을 접대하기 위하여 고용된 여자들을 제외하고는 남성들의 전유물이었다. 손님은 집에 도착하면 우선 신발을 벗는데, 이 시기의 명화에서 신발이 침상 아래 놓여 있는 것을 볼 수 있다. 노예들은 손님의 발을 닦고 손 씻을 물이 담긴 그릇을 건네 준다. 손님은 1~2인용의 침상에 인도되는데, 침상에는 기대기 위한 줄무늬 베개가 놓여져 있고 그 옆에는 음식이 놓인 낮은 탁상이 준비되어 있다. 향연의 절정은 식사가 끝나고 여자들이 도착하여, 주연이 시작된 후였다. 포도주는 항상 물과 섞어 마셨고, 때로는 염분이 적은 에게 해의 해수(海水)를 섞어 마시기도 하였다.

그리스인들은 대개 음식을 손으로 먹었다. 손으로 집어 먹는 경우, 음식은 한입 크기로 미리 작게 썰어 놓거나 적당한 크기로 뭉치도록 눌러 놓아야 했다. 걸쭉한 소스는 음식을 작게 뭉치는 데 편리한 이점이 있지만, 점액이 많은 고깃국은 닦아내기가 어렵기 때문에 아무리 맛이 있어도 귀찮게 여겼다. 따라서 사람들이 옆으로 누워 식사하는 관습은 음식의 제공 형태에 있어 많은 제약 사항이 될 수밖에 없었다.

그림 4-3 **그리스의 향연**

양식

그리스 문화의 여명은 무엇보다도 도기 형태와 그 장식에서부터 싹텄다. 미케네 시대에 이미 보여 주었던 질서에 대한 지향은 명확하고 엄격하게 조형화되었다. 기하학은 도형으로 질서를 직관시키는 것인데 이러한 의미에서 그리스 시대 초기, 즉 기원전 10~8세기의 도예 양식을 '기하학 양식幾何學樣式'으로 부른 것은 타당하다. 각 부분이 명쾌하게 분절되고, 확고한 윤곽선을 지닌 문양이 그릇 표면에 컴퍼스와 자로 기하학적이고 정연하게 그려졌다.

그리스 시대의 식공간

크레타에서 출토된 토기의 대부분은 녹로로 성형되었으며, 화장토化粧土를 소결燒結시키는 기법으로 장식되었다. 여기에서 이후 약 3000년에 걸쳐 화려했던 고대 지중해 지방 채색 도예의 역사가 시작된다.

기원전 19세기에서 18세기에 걸쳐 크레타의 도예는 융성기를 맞이하였다. 이 시대에 만들어진 소용돌이와 팔메트palmette를 검은색 바탕 위에 붉은색, 흰색, 황색으로 그린 유려한 도기는 최초 출토지의 이름을 따서 '카마레스Kamares 도기'라 부른다. 기원전 16세기에는 전 시대의 추상문양을 대신하여 표면에 자연계의 동식물, 특히 바다의 생물인 소위 '바다의 양식'을 주제로 한 사실적 회화로 장식되었다. 크레타 문화의 중심지였던 크노소스Knossos 궁전은 기원전 15세기에 번영의 극치를 맞이하였는데, 그 무렵 궁전의 도요에서 동식물 문양으로 화려하게 장식된 소위 '궁정 양식'의 대형 도기가 만들어졌다.

고졸 시대에 이미 그리스의 도예는 그릇 모양과 장식 그리고 기술적인 면에 있어서 완성의 경지에 이르렀다. 기원전 7세기에는 엄격한 기하학 구성이 와해되고, 그릇 표면에 날개를 지닌 괴물 등 표현력이 풍부한 초자연적인 모티브가 등장하였다.

동 시대의 말에는 적색 바탕에 흑색 상像이 표현된 소위 흑회식黑繪式이 창안되었다. 이어서 기원전 6세기에는 이 기법을 이용하여 신화나 영웅, 전설의 장면이 도기 표면을 장식하게 되었다. 그리고 6세기 후반에는 도공 에크세키아스Exekias와 아마시스의 화가Painter of Amasis가 이 흑회식 기법을 뛰어나게 구사하였다.

기원전 5~4세기에는 도기 표면에 상 부분을 적색 그대로 남기고 다른 부분을 검게 바른 적회식赤繪式이 도기 장식의 주류를 차지하였다. 적회식 도기화도 기원전 4세기가 되면 어떤 것은 우아하고 아름답게 흐르고, 또 어떤 것은 지나치게 호화로워져 쇠퇴해갔다. 헬레니즘Hellenism시대에는 도기 표면을 회화로 장식한 그리스 도예의 전통은 사라졌다.

그리스어에는 '유리'를 일컫는 두 개의 단어가 있다. 하나는 유리로爐에서 녹여 만든 유리코아 유리 등를 일컫는 말이고, 다른 하나는 히알로스hyalos라는 단어로서 투명질의 물질을 일컫는 말이다. 이 두 단어는 기원전 8세기경의 유리 용기들에 그대로 적용될 수 있다. 기원전 8세기 이후의 투명한 초록색 계통의 단단한 유리 용기들은 대부분 후자에 해당한다.

코아법은 인류가 유리 용기를 만드는 가장 최초의 기술이었다. 코아 유리병은 보통 불투명한 남색·코발트색·감색 바탕색의 작고 긴 형태의 병이다. 가끔 주전자나 둥근 항아리 형태도 있다. 또한 코아 유리병은 바탕색과 대조되는 색, 즉 노란색이나 흰색, 갈색 등의 유리띠를 몸체에 감아 붙여 줄무늬 장식을 하고 있는 것이 특

그림 4-4 **취형수주(嘴形水注)**3/　　그림 4-5 **식물문(植物紋) 암포라**4/　　그림 4-6 **에크세키아스 흑회식**5/

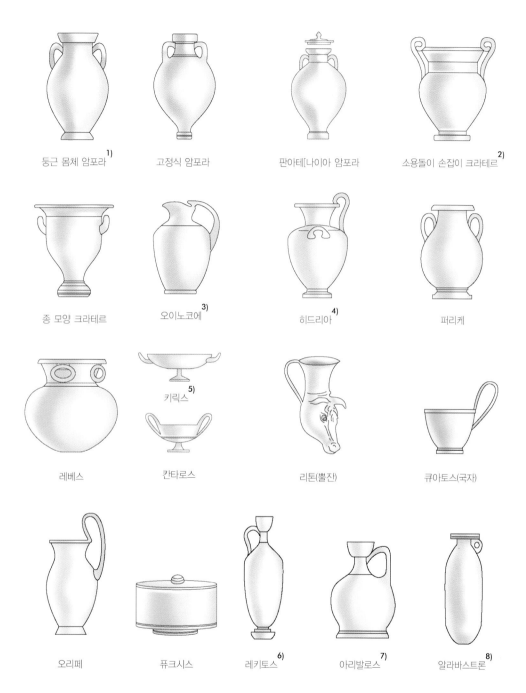

둥근 몸체 암포라[1]	고정식 암포라	판아테[나이아 암포라	소용돌이 손잡이 크라테르[2]
종 모양 크라테르	오이노코에[3]	히드리아[4]	퍼리케
레베스	키릭스[5] 칸타로스	리톤(뿔잔)	큐아토스(국자)
오리페	퓨크시스	레키토스[6]	아리발로스[7] 알라바스트론[8]

그림 4-7 **그리스 도기의 형태**

1) 암포라(ampora) : 양손잡이가 달린 항아리 와인·오일·곡물·어육소스를 담는 용도, 끝이 뾰족
2) 크라테르(krater) : 와인이나 물을 섞는 용도
3) 오이노코에(oenochoe, dipper) : 와인을 크라테르에서 키릭스로 옮기는 용도
4) 히드리아(hydria) : 물을 나르거나 보관하는 용도
5) 키릭스(kylix) : 평형의 물잔
6) 레키토스(lekythos) : 좁고 기다란 형의 기름 담는 그릇
7) 아리발로스(aryballos)
8) 알라바스트론(alabastron)

〉
그림 4-8 **후기 헬레니즘식 암포
리스코스 유리병**[6]

〉〉
그림 4-9 **그리스 시대의 무색 투
명 유리 볼**[7]

징으로 다른 기법의 유리 용기와 쉽게 구분된다.

　BC 2000년 동안, 이집트와 서아시아에서 절정에 달했던 초기 유리 산업은 기원전 12세기경에 이르러서 점차 기울기 시작했다. BC 1000년이 되면, 기원전 9~8세기에 이르러 메소포타미아와 시리아에서 유리 산업이 재부흥이 일어났다. 특히 기원전 6세기부터는 동부 지중해 연안에서 번창하여 시리아 연안 지역이 유리 제작의 중심지가 된다. 이 지역에서 만들어진 유리 제품은 지중해를 누비던 페니키아 상인에 의해 광범위하게 퍼져 나갔고, 당시 주요 교역 상품이 되었다. 당시의 유리 제품들이 남러시아나 멀리는 골$^{Gaul, 지금의 프랑스}$ 지역까지도 넓게 분포하고 있음에서 이러한 사실이 증명된다. 이 시기의 유리 용기들은 헬레니즘 문화의 영향을 받아 그리스의 토기나 금속제 용기의 형태를 본떠 만든 것들이 많았다. 즉, 알라바스트론^{alabastron}, 암포라^{amphora}, 아리발로스^{aryballos}, 오이코노에^{oenochoe} 등 그리스의 토기 형태를 그대로 이어받은 작은 유리 용기들이 귀중한 향료나 의식용 기름 등을 담는 무역 상품으로 널리 보급된 것이다.

로마 시대 Roma, BC 510~476

로마는 아펜니노 산맥에서 시작되는 테레베 강에 면하고 있으며, BC 6세기에는 귀족에 의한 공화제를 실시함으로써 고대 로마 국가의 중심이 될 기초를 닦았다. 962년 신성 로마 제국의 성립으로 로마는 형식적으로는 서유럽 그리스도교 세계의 중심이 되었다.

시대적 배경

로마 국가 성립 전의 이탈리아는 그리스인과 에트루리아인에 의한 두 종류의 문화가 굳게 자리잡고 있었다. 처음에는 에트루리아계의 지배하에 있었다고 하나, 기원전 6세기 말경 라틴계의 귀족들이 에트루리아계의 국왕을 축출하고 공화정을 수립함으로써 로마의 기초를 이룩했다.

로마의 상류층 주택은 방마다 용도를 다르게 꾸며 가족이 식사할 때는 세나티오cenatio라는 작은 방을 이용하였고, 부유한 가정에는 트리클리니움triclinium이라는 넓은 파티용 방이 있었다. 여기에는 1~2인용의 침상이 준비되었고 총 9명 이내의 수를 구성하여 정찬을 즐겼다. 디너파티에서 손님은 신을 벗고 카우치에 기대앉아 이동식 원형 테이블 위의 음식을 먹었다.

그리스인은 각각의 침대 옆에 낮은 테이블을 놓는 데 반하여, 로마인은 하나의

그림 4-10 **트리클리니움**

커다란 테이블 주변에 침대를 'U'자 형태로 배치했다. 또한 그리스인의 1인용 침대에는 낮은 등받이가 있고 쿠션이 놓여져 있어 옆으로 누운 사람도 필요에 따라서는 양손을 사용할 수 있었지만, 로마인의 경우에는 침대 위에서 항상 한쪽 팔꿈치를 붙여서 몸을 일으켰던 것 같다. 따라서 고기는 적당한 크기로 잘라서 내 놓아야 했는데, 이것은 칼 쓰는 법이 매우 중요했음을 의미한다.

로마인의 식사나 요리 방식의 기본적인 특징을 살펴보면 조리 기구나 요리 방식은 그리스 시대와 차이가 없었으며, 여전히 포크를 사용하지 않고 손으로 음식을 집어 먹었다. 식사는 각 코스별로 우선 식탁 위에 차린 다음 식탁을 'U'자 형의 열려 있는 부분의 끝에서부터 안으로 들여보냈다. 식사를 마치면 식탁이 치워지고, 다음 코스의 진행을 위하여 미리 차려진 다른 식탁이 들어왔다. 포도주는 식사 중인 사람들 뒤쪽에서 서빙되었다. 노예들은 나무 사발로 식사하는 반면, 왕족과 귀족은 금·은·유리·도기 그릇으로 식사를 하였다.

식사 때는 항상 음악이 따랐다. 상차림이 끝날 때마다 막간극으로 악기 연주, 곡예, 흥겨운 놀이나 묘기 또는 복권 추첨 등이 이루어졌다. 이러한 관행은 중세 때에도 계속 이어졌다. 특히, 로마 시대에는 관능을 자극하는 농염한 무희들의 호색적인 춤이 인기를 얻었다.

향연에서 손님은 요리의 식단표를 보고 미리 먹게 될 음식을 알 수 있었다. 그리

그림 4-11 **로마 시대의 만찬**[8]

스인은 냅킨을 사용하지 않았던 것 같지만, 로마인은 사용했던 것이 확실하다. 그들은 정찬에 초대될 때 냅킨을 지참하였고, 때로는 남은 음식을 냅킨에 싸서 집에 가져가기도 하였다. 많은 로마인들은 또한 정찬에 초대된 집에 도착했을 때, 가벼운 식사복인 토가^{toga}를 가지고 가기도 하였다.

대개 회식자들은 가벼운 옷차림에 신을 벗는 경우가 많았고, 노예는 손님을 씻기기 위해 향기나는 물병을 들고 부지런히 연회장을 오갔다. 손님들은 저마다 네모난 테이블 옆에 놓인 경사진 침대, 즉 3인용 트리클리니움 위에 누웠다. 대개 나무나 금속으로 된 트리클리니움은 현란한 장식이 되어 있고, 회식자의 편안함을 위해 푹신한 쿠션이나 베개가 갖추어져 있었다.

양 식

18세기 중엽에 발굴가들이 로마 귀족의 휴양지였던 폼페이의 폐허를 발견하자 예술가와 디자이너들은 고대 로마 시의 주택 예술을 연구하기 위해 나폴리^{Napoli}로 모여들었다. 폼페이에서 발견된 다양한 형태와 패턴들은 파리와 런던에 전파되어 모든 예술 산업에 영향을 주었다.

로마 시대의 식공간

이탈리아 중부에 있던 토착민족은 에트루리아인이 이주하기 이전에 이미 독자적인 철기 문화인 빌라노바^{Villanova} 문화를 갖고 있었다. 이 문화는 검은색으로 특이한 형태를 지닌 기하학적 추상문으로 장식된 유재^{遺灰} 용기를 남겼다.

기원전 1세기에 지중해역의 패권자가 된 로마인은 그리스 헬레니즘 시대의 도예를 계승받아 제정시대에는 테라 시길라타$^{Terra\ Sigillata}$라는 주홍색 도자기를 대량 생산하였다. 라틴어로 '작은 상^像으로 장식된 토기'를 의미하는 테라 시길라타는 오늘날에는 오직 로마 시대의 주홍색으로 번쩍거리는 도자기의 총칭으로 사용되고 있다. 이 도자기는 기원전 1세기 말경부터 4세기 초기까지 주로 식기로서 로마 제국의 거의 전역에서 사용되고 있었다.

식당에서 사용하는 식기류도 금이나 은으로 만들었으며 도기류는 붉은 유약을 칠하였고 얼스웨어^{earthware}와 테라코타^{terracotta}로 인간이나 동물, 새의 형상 등을 만들기도 하였다.

그림 4-12 **흑색각선문호(黑色刻線紋壺)**[91]

그림 4-13 **고대 스크래머색스**^{10/}

고대의 나이프는 청동이나 쇠로 만들었고 나무나 조개, 뿔로 된 손잡이가 달려 있었다. 이런 나이프들은 여러 용도로 쓰였다. 식사 도구로서만이 아니라 연장이나 무기로도 쓰였으며, 앵글로색슨인들은 '스크래머색스^{scramasax}'라는 외날 나이프를 늘 품에 지니고 다니기도 했다. 대개의 사람들은 아직도 손으로 뼈에서 고기를 떼어 냈지만 세련된 사람들은 점차 나이프를 이용하게 되었다.

고대의 유리사는 로마 이전 시기와 이후 시기로 시대를 구분한다. 이때 기점이 되는 것이 '대롱불기법^{blowing}'의 발명이다. 로마인들은 유리 제조에 관한 오랜 전통을 이어받았다. 이미 기원전 5~4세기에 동부 지중해 연안의 유리공들은 코아법, 주조법, 모자이크법, 커팅법, 마연법 등 다양한 기법을 이용하여 유리 용기들을 만들고 있었기 때문이다. 그러나 생산품은 주로 고가의 사치품이었다.

BC 50년경에 시리아, 팔레스타인 지역에서 입으로 불어서 유리 용기를 만드는 새로운 발명이 이루어졌는데, 이에 의해 유리 제작은 대전환기를 맞이하여 대량 생산이 가능해졌다. 현대에도 대롱불기법은 손으로 유리를 만드는 최고의 방법으로 유용하게 쓰이고 있다.

유리공들은 일상 용기로 유리 제품들을 만들기 시작하였다. 실용화하여 생활과 산업을 변화시킨 것은 기원전 1세기 말에서 기원 후 1세기에 들어서면서부터이다. 1세기 중반, 새로운 기술은 로마 제국에 전파되었고, 이탈리아 중·북부의 공장에서는 대롱불기법을 이용하여 작은 색유리 향수병이나 기름병들을 생산했다. 또한 급속한 기술의 발전으로 다양한 형태와 장식을 한 여러 용도의 저장, 운반 용기와 장식품 등 일상용품도 생산하기 시작했다.

식탁보는 고대에 고사프^{gausape}라는 다용도의 덮개로 한 면은 거칠고 다른 한 면은 부드러운 모직이었다. 로마인들은 냅킨, 수건 또는 시트로 사용하였으나 의자에 똑바로 앉아서 식사하면서부터 사치스러운 제품으로 진화되었다. 로마에서 수다리아^{sudaria}와 마파^{mappae}라고 알려진 냅킨은 작고 큰 크기 모두 만들어졌다. '손수건'이라는 의미의 라틴어 수다리움^{sudarium}은 주머니 크기의 천이었는데, 따뜻한 지중해의 기후에서 식사하는 동안 이마의 땀을 닦아 내기 위해서 사용되었다. 마파는 기울어진 자세로 음식을 먹을 때 옷을 보호하고 입을 닦기 위해 긴 의자의 끝 위로 펼쳐진 큰 천이었다. 손님에게는 개인 마파가 제공되었는데, 연회에서 떠날 때 남는 음식을 채워 넣었다.

세공 예술품 가운데 유리그릇이 특별히 뛰어났다. 로마인의 손으로 만들어진 세공의 완벽함은 누구도 모방할 수가 없다. 가장 유명한 것은 장식용 항아리나 물컵으로 쓰였던 '머린Murrhine'이라는 유백색의 도자기이다.

영국 박물관에 소장되어 있는 '포틀랜드 화병Portland Vase'은 검푸른색의 유리병으로 조개처럼 보이는 투명한 백색의 상을 병 위에 압착한 것으로 그 제작 방법이 아직도 알려지지 않고 있다. 포틀랜드 화병은 두 개의 손잡이가 달린 암포라 형으로 지금까지 알려진 몇 점 안 되는 로마 시대 카메오 글라스 중 가장 초기 작품으로 꼽힌다. 1582년경, 로마 근처에서 발견된 3세기의 석관에서 나온 것으로 전해진다.

이 화병의 제작 기법과 형태, 용도 등에 대해서는 지금까지도 논의가 끊이지 않고 있다. 플래싱법으로 제작되었고, 원래의 형태는 뾰족한 바닥이 붙어 있었던 것으로 추측되는 경향이 지배적이며, 용도는 납골 용기였다는 설과 결혼 선물용이었다는 설이 있다.

그림 4-14 **카메오 글라스의 명품 포틀랜드 화병**[11]

2. 중 세

중세 시대 Medieval, BC 476~AD 1450

시대적 배경

중세는 서로마 제국의 멸망으로부터 전개되는 BC 476년부터 AD 1450년에 이르는 시기로 흔히 암흑시대라고 한다. 그것은 고대 로마 문명이 급격히 쇠퇴하고 난 후, 철저한 봉건제도, 종교의 지배적인 세력과 십자군 전쟁 등 각국의 전쟁으로 인해 끊임없는 시련 속에서 학문과 예술, 산업과 상업이 쇠퇴일로에 있었기 때문이다.

양 식

중세 디자인은 비잔틴Byzantine양식330~1453, 초기 기독교Early Christian양식330~800, 로마네스크와 노르만Romanesque&Norman양식800~1450, 고딕Gothic양식1150~1450으로 나타났다.

중세 시대의 식공간

중세에는 통밀가루나 호밀로 빵을 만들어 4일 동안 숙성시킨 후 원형이나 직사각형으로 잘라 흡수성이 있는 접시로 사용하였다. 이것을 트렌처trencher라고 불렀다. 식사의 말미에 직접 트렌처를 먹기도 하고 때로는 그것을 가난한 사람에게 나누어 주기도 하였다. 14세기 초에는 나무와 백랍으로 트렌처가 만들어졌고, 나무로 만들어진 용기는 트린treen이라 불렀다.

상류계급은 아주 호화스러운 식사 도구와 화려한 식탁 장식으로 그들의 부와 지위를 과시하였다. 영주는 가족과 하인, 초대된 손님들과 더불어 한 테이블에서 한 개의 스푼으로 공동 식사를 했다. 왕족은 금으로 만든 스푼으로 식사했고, 귀족은 스푼을 은, 금도금, 수정, 산호로 만들었다. 중세의 주인은 손님에게 스푼을 제공하지 않았고, 손님은 자신이 가지고 온 스푼으로 식사하였다.

중세까지 유럽 귀족은 두 가지 나이프를 소유하였다. 부엌 도구로 사용되는 큰 나이프, 먹는 도구와 단검으로 사용되는 작은 나이프였다. 가난한 사람들은 하나의 다용도 나이프를 소유하였다. 중세의 주인은 정찬 나이프를 제공하지 않았고, 귀족은 화려하게 세공된 가죽으로 만든 칼집에 자신의 나이프를 넣어 허리띠에 지니고 다니는 것이 일반적이었다. 농민들은 자신의 긴 양말 안에 나이프를 지니고 다녔다. 중세에는 식사할 때 나이프 두 개로 하는 식사가 세련된 식사법이었다. 나이프 하나로 고기를 고정시킨 다음 나머지 나이프로 한 입 크기로 잘라 입으로 가져갔다. 또한 나이프는 플레터platter에서 트렌처로 고기를 옮기거나, 소금 그릇에서 소금을 집는 데 사용되었다.

표 4-1 **중세 양식**

구 분	비잔틴	로마네스크	고 딕
미술	모자이크, 성상화	프레스코(fresco), 양식화된 조각	스테인드 글라스, 보다 자연스러운 조각
건축	중앙식 돔 교회	원통형 궁륭 교회	첨두(尖頭)형 아치 성당
작품	하기아 소피아 (Hagia Sophia) 대성당	생 세르냉(Saint Sernin) 대성당	샤르트르(Chartres) 대성당
시기	532~537년	1080년부터 건설	1194~1260년
장소	콘스탄티노플 (Constantinople, 터기)	툴루즈(Toulouse, 프랑스)	샤르트르 (Chartres, 프랑스)

제의용 포크는 그리스 로마 시대에 있었지만 중세의 포크는 사치스러운 도구이자 여전히 생소하고 신기한 것이었다. 포크는 7세기 무렵에 중동의 왕실에서 처음 식사 도구로 사용되었으며 11세기경 이탈리아에 전해진 것으로 보인다. 그러나 식사 용으로 상용常用하기보다는 손가락에 묻기 쉬운 음식을 먹을 때만 사용했다.

로마 유리 공예는 중세에 와서 각지에서 새로운 양식의 유리 용기를 탄생시키게 되었다. 프랑크frank 글라스, 사산sasan 글라스, 이슬람Islam 글라스, 비잔틴Byzantine 글라스 등이라고 불리는 것이 시대의 대표적인 것이다. 또한 에나멜 채색과 색유리의 제조 등도 성행하였고, 특히 비잔틴 제국에서 개발되었던 스테인드글라스는 이웃한

그림 4-15 **중세에 사용된 사각형의 트렌처**

그림 4-16 **통째로 조리한 새와 생선이 놓인 중세의 테이블**[12/]

그림 4-17 **13세기 이슬람 글라스**
(Islamic glass)

동방의 회교국에도 보급되어 서양의 유리공예의 기초를 만들었다고 알려져 있다. 중세의 유리는 매우 비쌌으며 영주들은 음료를 마실 때 주석이나 나무, 때로는 은으로 된 컵을 사용하거나 단지째 들고 마시기도 하였다.

중세 식사에 사용된 도구의 수는 제한되었으며, 음식물을 먹기 위해 사용되는 도구는 주로 스푼과 손가락이었으므로 식탁 위에 음식물을 흘리게 되는 경우가 많았다. 이를 해결하기 위해 식탁보를 여러 장 겹쳐 놓아 코스가 끝날 때마다 위의 천을 걷어내고 사용하였다. 마지막에 남은 천을 공동의 냅킨처럼 사용하였으며, 디저트는 아무것도 없는 식탁에서 먹거나, 다른 천이 제공되기도 하였다. 맨 위의 천은 주로 하얀색으로 순수함, 종교적인 식사, 제단의 신성함을 상징하였다. 식탁보는 매우 중요한 사회적 상징으로 장원의 영주와 명예로운 손님의 앞에만 놓이거나, 영주와 영주 부인 앞에만 작은 식탁보를 각기 한 개씩 깔고 다른 이들의 식탁 위에는 식탁보를 놓지 않는 경우도 있었다. 당시에는 신분이 동등한 사람끼리만 같은 식탁보를 사용할 수 있었다.

중세는 개인의 접시에 음식이 담겨 서빙 되지 않았기 때문에 테이블의 가운데는 통으로 조리된 생선이나 조류 구이, 고기 요리 등이 놓이게 되었다. 이러한 음식들은 큰 플래터platter에 담아져서 제공되었다. 따라서 테이블에 꽃으로 만든 센터피스는 등장하지 않았으며 14세기경에 처음으로 선박 모양의 용기인 네프nef가 등장하였다. 당시에는 소금을 넣는 통이었으나 후에 향신료, 커틀러리, 냅킨, 식기 등을 넣어 사용하였다. 네프가 놓인 장소를 경계로 상석과 하석을 구분 짓기도 하였다.

르네상스 시대 Renaissance

시대적 배경

르네상스는 재생rebirth을 의미하는 이탈리아어 '리나시멘토rinascimento'에서 유래된 명칭으로, 중세에서 근대로 넘어가는 서구사에서 과도기적인 시기에 일어난 문예부흥이다. 14세기 이탈리아에서 시작하여 15, 16세기까지 유럽을 휩쓴 이 운동은 중세 교회 생활에 회의를 느끼면서 고대 그리스·로마 문화를 부활시키려는 목적으로 전개되었다. 새로운 세계와 인간을 발견하려는 혁신적 의미를 포함하는 운동으로, 개성을 존중하며 과학과 휴머니즘humanism을 표방하는 인문주의가 탄생하였다. 르네상스 시대에는 현세적인 인간성을 중시하고 감정과 욕망을 추구하였다.

르네상스 양식

원근법의 발명과 해부학의 번성을 거치면서 사실 묘사가 중요시되었고, 현실적인 아름다움의 이상미를 발견하는 것에 목표를 두었다. 즉, 인간의 발견, 현존하는 인간을 둘러싼 미에 대한 인식, 그리고 고전의 발견이었다.

이탈리아 르네상스 건축은 고대 부흥의 경향으로, 고대 로마의 고전적인 형태인 원주, 아치, 볼트, 돔 등이 많이 사용되었고 안전하고 강한 것보다는 편안하고 편리하며 아름다운 형태가 중시되었다. 이로써 근대 실내디자인 예술의 시작과 주택 건축이 시작되었다. 채색된 프레스코, 화려한 수의 벨벳과 태피스트리^{tapestry}, 색 대리석판 및 도금 등의 장식으로 실내는 더욱 화려해졌다.

인간, 동물, 꽃, 그로테스크한 주제의 모티브들이 벽 장식과 금속세공, 보석세공, 가구와 직물 디자인에 사용되었다. 길고 좁은 장방형의 식당용 리펙토리 테이블^{refectory table}이 있고, 크고 육중한 장방형으로 독특하게 디자인된 드로-탑 테이블^{draw-top table}은 길이를 두 배로 연장시킬 수 있게 되어 있었다. 찬장의 기능을 하는 크레덴자^{credenza} 또한 이탈리아 가구의 주요 품목으로, 디자인에 건축적인 형태가 혼합되었다. 르네상스에 처음 등장한 벽거울은 윤이 나는 세로의 장방형 금속판으로 제작되었고 금도금된 화려한 조각 틀로 장식되어 있었다.

⟨
그림 4-18 **베네치아의 호사스러운 연회**^{13/}

⟪
그림 4-19 **독일 연회**^{14/}

그림 4-20 **르네상스 시대의 모습**

르네상스 시대의 식공간

디너웨어로는 주 요리를 위한 목제[wooden] 혹은 은제의 화려한 그릇을 놓는 것이 보통이었지만, 16세기에 개인용의 작은 접시는 없었던 것으로 보인다. '프랑스인의 왕' 앙리[Henri] 4세 때 식탁의 장식이 더욱 화려해지고 부르주아층에서 은제 식기가 유행하기 시작하여, 과거에 고기 받침으로 쓰였던 빵 접시가 차츰 식탁에서 사라지게 되었다. 또한 파리와 지방에 도기 공장을 세우고, 은제 식기보다는 도기의 사용을 적극적으로 권장했다.

유럽의 도자기 역사는 그들이 약칭 차이나[china]라고 부르듯 한나라 말기의 중국에서 유래하고 있다. 중국의 도자기는 실크로드를 타고 향료와 함께 서아시아와 이집트로 전파되었는데, 베네치아를 비롯한 이탈리아 상인들이 독점하여 유럽에 전파하였다. 중국 여행을 마치고 돌아온 마르코 폴로[Marco Polo]에 의해 소개됨으로써 도자기를 포슬렌[porcelain]이라고 부르기도 하는데 이 말은 자기를 하얗게 빛나는 요염한 조개에 비유한 것이다.

지중해의 마요르카 섬 상인이 스페인의 도자기를 이탈리아로 반입하였는데 이것을 마욜리카라고 부른 데서 이 이름이 생겼으며, 15~16세기 르네상스기의 이탈리

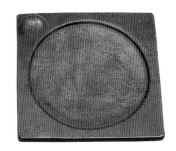

〈
그림 4-21 **르네상스 시기의 트린 (나무 접시)**[15/]

《《
그림 4-22 **고대 그리스 로마 시대의 신화를 배경으로 한 이스토리아토(istoriato) 양식의 접시**[16/]

아에서 크게 발달하였다. 마욜리카[Majolica]는 아름다운 여인이나 인물, 설화 속 장면, 성경에 나오는 장면, 신화·역사·예언 등을 주제로 장식하는 이스토리아토[istoriato] 양식을 주로 사용하였다. 마욜리카 도자 문화의 중심지 중에서도 가장 유명한 곳이 파엔차[Faenza]인데, 1550년 직후에는 베네치아·파엔차 등지에서 청화백자를 모방한 청색과 백색 장식의 마욜리카가 생산되기 시작하였다. 자기 생산을 위한 시도는 결국 1575년 피렌체에서 최초의 연질 자기 생산으로 이어졌다.

음식을 덜어 가는 데 쓰이던 포크는 상류층에서 식사 도구로 사용되었다. 이러한 관행은 이탈리아를 경유하여 프랑스, 영국, 독일로 전파되었다. 이것을 베네치아로부터 프랑스에 도입한 것은 1533년 이탈리아 메디치 가문의 카트린느[Catherine de' Medici]로, 그녀가 프랑스의 앙리[Henri] 2세에 시집가면서 자신의 요리사들과 모든 식탁 도구들을 함께 가져 간 것이 계기가 되었다. 그러나 포크는 여전히 허례허식으로 받아들여졌으며 접시에서 입으로 가져 가는 음식의 대부분을 떨어뜨리게 만든다는 이유로 비웃음거리가 되었다. 이 때문에 포크가 대중적으로 확산되기까지는 약 1세기라는 긴 시간이 필요했다. 여왕도 뜨거운 요리를 먹을 때에는 손가락 씌우개인 골무[sack]를 사용했다. 특히 뼈를 발라 내지 않은 고기를 먹을 때는 습관적으로 손가락을 사용하여 자신의 개인용 빵 접시에 옮겨 놓은 다음에 식사를 하는 경우가 많았다.

드레이프[drape]가 있는 옷깃의 유행으로 옷깃이 더러워지는 것을 막기 위해 포크를 서서히 사용하기 시작하였으나, 대중화되지 못한 데에는 기독교 성직자들의 반감이 큰 역할을 했다. 성직자들은 하느님이 만든 인간의 손가락만이 하느님이 주신 음식을 만질 가치가 있다고 주장하면서 포크 사용을 비난했다. 종교의 지배력이 상

그림 4-23 **청화 접시**[17/]

당했던 만큼 사람들은 포크를 사용할 수 없었다. 어떤 목사는 음식에 손가락을 대지 않는 것을 '신의 섭리에 대한 모독'이라고 주장하기까지 했다. 또한 악마가 포크 모양의 창을 갖고 있던 것도 포크 사용을 꺼린 이유 중 하나이다.

르네상스 시대의 유리공들은 자연과 선의의 경쟁을 벌였다고 할 정도로 자연을 흉내 낸 새로운 유리를 창안해 내는 등 유리공예의 황금시대를 이끌어 간다. 무색과 투명의 아름다움으로 유명한 '크리스털로crystallo'가 처음으로 만들어졌으며, 15세기 이후에는 베네치아 무라노Murano 섬에 격리된 유리공에 의해 불가사의하게까지 느껴지는 기술이 만들어졌다. 일명 '레이스 글라스lace glass'로 불리는 이 '베트로 아 필리그라나Vetro a filigrana' 기술은 섬유의 짜는 기법weaving을 유리로 구현해 낸 것으로, 실로 장식한 것과 같은 섬세함과 고귀한 기품에서 마치 레이스를 보는 듯하다. 16세기에는 은을 도금한 유리를 발명했으며, 이들 베네치아 유리 제품은 유럽에 높은 가격으로 팔려나가 국가의 번영을 이끌었다.

무라노로부터 유럽의 다른 지역으로 이주한 일부 베네치아의 유리공들은 유럽 각지에서 '파숑 드 베네치아Façon de Venice : 베네치아 풍' 유리들을 생산해 내기도 했다. 오늘날의 체코인 보헤미아 지역과 북부 유럽에서는 인근 숲속의 좋은 땔감과 재灰를 이용한 양질의 유리를 생산해 내면서 특히 에나멜링과 커트 조각에서 크게 두각을

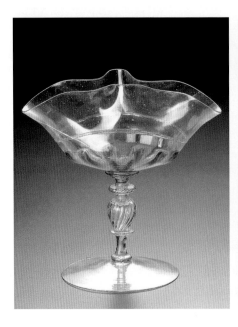

〉
그림 4-24 **작은 고블릿**[18]

〉〉
그림 4-25 **레이스 글라스 고블릿**[19]

나타내었다. 이때의 유리는 종전까지 사용했던 소다 유리와는 달리, 숲 속의 너도밤나무의 재를 섞어 만든 칼륨 유리^{포타슘 유리}인데, 유연성이 뛰어났던 소다 유리보다 더 빨리 굳는 성질 때문에 유리 제작에 더욱 빠른 동작이 요구되었지만, 경도가 아주 높은 양질의 맑은 유리를 생산해 낼 수 있었다.

르네상스 초기에는 식탁을 세 장의 천으로 덮는 것이 보통이었다. 이후 천의 크기는 여러 가지로 달라졌으며 한 장의 천으로 덮는 것이 관례가 되었다. 식탁보는 상징적인 의미가 있어서, 실제로 14세기에는 누군가에게 최대의 모욕을 주기 위해서 그 사람 앞의 식탁보를 좌우로 찢는 경우도 있었다. 이 행위는 식탁보가 찢긴 사람의 명예를 추락시켜 다른 사람과의 교제가 끊어지도록 하였다. 가난하여 식탁보가 많지 않은 집에서는 주인이 자기보다 신분이 낮은 사람과 함께 정찬을 하게 되는 경우, 신분이 낮은 손님 앞에는 아무것도 깔지 않고, 자신의 앞에는 작은 식탁보라도 깔아서 신분의 차이를 나타내었다.

중세 말 예의범절 문화가 들어오면서 식탁에는 길이 약 4~6피트^{122~183cm} 넓이, 5피트^{152cm}의 천이 놓였고, 공동의 냅킨이 평균 목욕수건의 크기 정도로 줄어들었다. 이후 냅킨은 식탁 위에 놓이는 천에서 하인의 왼쪽 팔 위에 늘어뜨리는 원단으로 변화하였고, 목욕 수건만 한 직사각형의 'nap'에 작은 것을 나타내는 'kin'이 붙어 현재의 냅킨이라는 말이 되었다.

그림 4-26 베리 공작의 〈시력기도서〉 중에서 1월 풍경[20/]

바로크 시대 Baroque, 1620~1740

오늘날 '바로크'라는 단어의 의미는 다양하다. 그러나 보편적으로 통용되는 바로크의 의미는 '바로코Barocco'라는 포르투갈어가 그 어원이다. 바로코는 모양이 고르지 못한 진주를 일컫는 말이었다. 이러한 의미는 18세기에 들어서 불완전함과 불규칙함을 지칭하는 것으로 파생되기 시작했으며, 파생 의미가 음악과 미술 분야로 적용되면서 각각 특정한 규칙에 따르는 예술 형식을 가리키는 말로 변모하였다.

시대적 배경

르네상스 말기 유럽의 국가 경제는 중상주의重商主義가 나타나고 도시 문화가 크게 발달하여 구질서는 붕괴되고 신질서가 대두되었는데, 이것이 바로크 태동의 배경이 되었다. 나라별로 약간의 차이는 있지만, 바로크 사조가 대략 1560~1620년경에 생겨난 것으로 보고 있다. 이 시기는 유럽 문명사에서 르네상스의 찬란했던 문화가 막을 내리고 새로운 문명으로 들어서는 전환기이자 격동기로서, 바로크는 이 시대의 정신적·사회적·정치적 혼란을 대변해 주는 일종의 시대적 감성이라고 할 수 있다. 바로크는 16세기 유럽 문명사의 한 축을 형성하는 종교개혁과 그에 따른 종교전쟁이 몰고 온 위기와 깊은 관련이 있다. 당시 신대륙의 발견과 과학의 발달로 인해 지구뿐 아니라 인간도 우주의 중심이 아님을 깨달은 것에서 비롯한 지적인 혼란에서 빚어진 하나의 세계관이었다. 당대 유럽 전역을 휩쓸고 지나간 기아와 전염병 역시도 인간 생명과 삶의 덧없음에 대한 성찰을 가능하게 하면서 바로크 감성의 형성에 큰 영향을 주었다.

바로크는 로마에서 출발하여 프랑스로 퍼져 나갔는데, 당시 프랑스는 절대군주가 왕권신수설을 주장하며 파라오 이후 누구도 넘보지 못한 절대권력을 누리고 있었다. '부르주아의 형성과 발전'이라는 상황 역시 이 시기의 결정적인 시대 배경의 하나이다. 식문화의 본질이라 할 수 있는 '교양'과 '문화'의 발전이라는 측면에서 볼 때 획기적 사건이기 때문이다. 바로크 시대에 나타나기 시작한 부르주아 집단은 차츰 성장하면서 경제력을 기반으로 교양을 습득해 귀족문화를 흡수 혹은 귀족문화에 편입되었다.

17세기는 미각에서 가장 큰 변화가 있었던 시기 중 하나였다. 새로운 음식의 출현과 더불어 입맛의 변화도 있었지만, 무엇보다 큰 원인은 요리 자체의 혁명적 변화였다. 17세기는 프랑스에 있어서 '위대한 세기' 였다. 특히 '프랑스식 서비스' 라는 식사 방법이 생겼다. 서유럽의 모든 국가는 프랑스의 영향에서 벗어나지 못했다. 프랑스의 요리 혁명은 1650~1670년 사이에 일어났는데, 곧 베르사유의 프랑스 궁중 문화가 보편적인 모델이 된 시기였다.

17세기의 마지막 25년 동안에는 샴페인 제조법이 발견되어 대대적으로 소비되기 시작했다. 식문화사에서 무엇보다 중요한 의미를 갖는 세 가지가 새롭게 등장했는데, 바로 초콜릿과 차와 커피였다. 초콜릿은 남아메리카에서 건너온 것으로 스페인에서는 이미 16세기부터 인기를 누리던 음료였다. 1670년대에 들면서 프랑스 식민지였던 마르티니크 섬에서 초콜릿을 재배하기 시작하면서 초콜릿 값이 떨어졌다.

커피는 이제 막 태동된 상류사회에 새로운 사교 장소를 만들어냈다. 바로 커피 하우스이다. 1637년에 커피를 실은 배가 처음으로 프랑스에 도착하면서 시작된 커피 무역은 1660년경에는 대대적으로 활성화되었다. 1670년대 파리에는 터키식의 특이한 복장을 하고 돌아다니며 커피를 판매하는 행상들이 있었고, 커피를 판매하고 시음하는 장소들이 생겨났다.

1610년 네덜란드인을 통해 프랑스에 소개된 차는 처음에는 인기를 얻지 못했으나, 18세기 프랑스에서는 차 마시는 것이 상류사회의 관례가 되었고 당시 차는 우아한 사교의 상징이었다. 1650년 이후에서야 차는 네덜란드인의 중개로 영국으로 전해졌다. 또한 설탕의 등장으로 디저트의 다양화를 꾀하기 시작하였고, 식탁은 폭식과 탐식에서 미식으로 전환되기 시작하였다.

양식

바로크 양식은 이탈리아에서는 1650년경 절정을 이루었고, 그 후 로코코 양식으로 변모되었는데, 로코코의 기원은 이탈리아지만 프랑스에서 가장 광범위하게 발전했다. 이탈리아는 후에 프랑스의 형식을 역수입해 사용하였으며, 로코코는 1755년 폼페이 발견으로 막을 내렸다.

바로크 스타일의 주요 모티브는 아칸서스 잎^{acanthus}, 페디먼트^{pediment}, 스와그^{swag}, 마스크^{mask}, 사자 주먹형 발$^{lion-paw foot}$, 커트-카드$^{cut-card work}$, 시누아즈리^{chinoiserie}[21/], 인물 조형상 등이 있다. 재료로는 흑단^{ebony}, 상아^{ivory}, 이국적인 나무들, 거북이 등껍질^{tortoiseshell}, 원석·은·동 등을 많이 사용하여 부와 권력을 과시하려 하였다. 파에트레 듀레pietre dure 기법과 마케트리marquetry 그리고 벨벳 실내 장식류velvet upholstery 등이 유행하였다. 바로크 스타일의 특징은 장중하고 무거운 느낌을 주며 입체적이다. 또, 크기가 큰 편이어서 다소 거창해 보이기도 한다. 바로크 스타일에는 대담하고, 굵은 선, 역동적인 힘이 있어 흔히 남성에 비유하며, 완벽한 대칭성이 디자인의 기본이다. 이 대칭성 때문에 시각적으로 안정감을 주고, 디자인의 무게 중심이 아래에 있는 것이 특징이다.

바로크 시대의 식공간

진정한 미식의 시기는 루이 14세의 궁정에서부터 시작된다. 식탁 예술의 발달 배경에는 궁정뿐 아니라 식탐을 악덕으로 여기던 교회의 규율이 완화된 점도 주된 요인이었던 것으로 보인다. 군주의 식탁에는 산해진미가 올랐고, 식기는 진기하고 비싼 것으로 차려졌다. 루이 14세가 공개 회식을 권력 과시의 수단으로 삼았던 일화는 유명하다. 그에게 식탁은 하나의 정치 전략이었다.

루이 14세 연회의 특징은 '엄청난 스케일의 향연'이다. 연극·무용·음악제전 등 모든 연회를 관객이 있는 행사로 만들었다. 왕이 주최하는 공적인 회식의 경우는 일반 평민들도 초호화판 식사를 구경할 수 있는 관람석에 앉아 그 광경을 지켜봐야 했고, 연회가 끝나면 남은 음식들을 먹을 수 있었다.

당시 지배적이었던 프랑스식 서비스에서는 어떠한 자리에 앉느냐가 매우 중요했던 것으로 보인다. 1660년대 후반 바로크 시대의 향연을 묘사하고 있는 작품이 있다. 주최자는 추기경이며 왼쪽에 앉은 사람은 남자 같은 차림으로 유명했던 스웨덴의 크리스티나Drottning Kristina 여왕으로 보인다. 주최자와 주빈들은 단 위에 놓인 반원형 탁자에 앉아 있다. 단의 양쪽 끝에는 트린치안테trinciante가 고기를 썰고 있으며 가운데로 음식을 나르고 있는 시종이 보인다.

손님들이 앉은 의자 뒤에는 개인 시종들이 서 있다. 단 아래에는 일반 손님들이 긴 탁자에 마주 보며 앉아 있다. 가운데에는 크레덴자credenza들을 놓는데 하나는 주빈을 위해, 두 개는 다른 손님들을 위한 것이다.

음식 냄새를 없애기 위한 향수 버너도 보인다. 은 접시와 음식이 있고, 한쪽에는 스칼코나 집사장으로 보이는 사람이 관장官杖을 들고 앞장서서 한 코스의 음식을 입장시키고 있다. 다른 급사들은 이전 코스에서 사용한 그릇들을 들것에 실어 나가

표 4-2 **바로크 양식의 주요 모티브**[22]/

구 분	특 징	그 림
아칸서스 (acanthus)	- 지중해 지역의 식물인 아칸서스 잎을 양식화한 장식문양 - 코린트 양식과 콤포지트 양식의 주두에 대표적으로 사용됨 - 그밖에 건축의 몰딩과 가구 등에서 찾아볼 수 있음	
페디먼트 (pediment)	- 고전 건축의 신전 정면이나 후면의 주랑에서 돌림띠 위와 지붕의 선을 따라 얹어지는 삼각형의 부분 - 또는 문과 개구부 상부나 비교적 규모가 큰 가구의 상부에 위치하여 장식으로 사용되기도 함	
스와그 (swag)	- 고리형의 화환처럼 창문에 늘어뜨린 직물 혹은 꽃줄 장식이나 과일, 꽃, 잎, 리본 등으로 이루어진 화환과 유사한 모티브 - 르네상스와 18세기 인테리어에서 조각이나 채색기법, 혹은 벽난로 위의 돌출 선반인 맨틀(mantle)에 사용	
시누아즈리 (chinoiserie)	- 중국 미술의 영향으로 중국식 장식 모티브를 사용하여 제작된 가구, 직물, 벽지, 장식품 등을 일컫는 프랑스어 - 자연스럽고 환상적인 묘사와 형상의 중국 자기, 래커, 직물과 벽지 등에 대한 유럽인들의 선호는 17세기에 급성장 - 시누아즈리는 중국과의 무역이 활발하던 바로크 시대가 낳고, 로코코 시대가 길러 크게 유행	
토토쉘 (tortoiseshell)	- 단단하고 반투명하며 황색과 갈색 빛이 도는 바다거북의 등딱지 - 열과 압력을 가해 납작하고 얇게 펴 상감세공이나 가구의 표면장식에 사용 - 가구에 최초로 사용된 것은 고대 로마이며, 프랑스 바로크 시대의 디자이너 불르(A. C. Boulle)는 각종 가구에 흑단과 함께 거북의 등딱지를 즐겨 사용 - 19세기 이후에는 소, 염소 등의 뿔을 채색하여 모조 별갑을 만들어 사용	
사자 주먹형 발 (lion's-paw foot)	- 사자 발 형태로 조각한 가구의 발 - 17세기 후반부터 18세기 초반까지 유행했으며, 엠파이어(Empire) 시대와 리젠시(Regency) 시대에 다시 유행함	

그림 4-27 **루이 14세의 연회**[23]/

고, 왼쪽에는 구경꾼이 지켜보고 있다. 그림에서는 음료수를 나누어 주기 위한 일종의 '보티글리에라'가 보이지 않는데, 다른 쪽 벽에 있을 것이라 추정할 수 있다.

17세기 초 이후 독특한 방향으로 음식문화가 바뀌었다. 지위가 무시되고, 손님들은 스스로 음식을 찾아 먹으며, 긴장을 풀고 우아하게 사교적인 대화를 했다. 이는 엄격한 규율에 염증을 느껴 진부한 스타일에 대한 상류사회의 반발의 결과이기도 하였다. 루이 15세의 은밀한 만찬은 사람들이 과거 르네상스 우주관에 대한 믿음을 잃고, 새로운 사회적 이상인 계몽철학이 나타났으며, 또한 자신의 눈으로 목격한 대상의 진실성에 대한 믿음이 사라지면서 등장하였다.

물론 이러한 변화는 서서히 이루어졌으며, 서유럽의 모든 나라에서 동시에 일어난 것은 더더욱 아니었다. 단지 식사의 의식화가 최고조에 달하면서 그로부터 벗어나고자 하는 욕구가 생긴 것은 필연적인 결과였던 것으로 보인다.

1630년경 느베르[Nevers]에는 극동에서 시작된 또 다른 양식이 소개되었다. 이탈리아계 도공으로부터 전해진 것으로서 짙고 옅은 청옥색의 꽃과 동물 문양들이 그

그림 4-28 **바로크 시대의 식공간** [24/]

것이다. 또한 파란 바탕에 백색 문양을 그리는 작업도 주목할만하다. 17세기 느베르의 파이앙스 도기는 놀라운 성장기를 맞이하였으며, 요업소들은 번창하고 증가하였다.

개인 접시의 사용은 루이 14세 시대부터 시작되었다. 니콜라스 드 본퐁Nicolas de Bonnefons은 "포타주potage를 담기 위해서 접시는 우묵하게 패어 있어야 한다. 스푼으로 떠 먹을 때 상대방에게 음식물이 튀면 혐오감을 줄 수 있기 때문이다. 또한 이미 입에 넣은 스푼을 씻지 않고도 그대로 사용할 수 있도록 각자가 자기의 개인용 접시를 사용해야 한다."고 언급하였다. 이처럼 속이 우묵하게 파인 개인용 접시는 17세기의 발명품이었다. 영국에서는 1641년에 이르러서야 비로소 근대형의 개인 접시에 관한 언급이 처음 나오는데 그 접시들은 '하얀 도자기 제품인 식사용 접시'라고 설명되어 있다.

자기가 만찬 식기 세트로 꽃을 피운 곳은 독일이었다. 작센의 아우구스투스가 마이센 자기 공장을 적극적으로 후원하였기 때문이다. 17세기 들어 마욜리카는 쇠퇴하기 시작하고, 1710년 마이센에서 자기 제법이 개발된다. 시누와즈리풍이 유행하게 되고, 청색과 단일 채색, 다채多彩, 바로크풍의 명암이 강한 인물이나 식물·동물의 문양이 많이 나타난다. 중국의 청화자기를 본뜬 델프트 도기가 유럽시장을 차지하게 된 것도 주목할 만한 사건이다.

〉
그림 4-29 **난형(卵形) 접시**[25/]

〉〉
그림 4-30 **바로크풍의 수프
그릇**[26/]

금을 입힌 식기와 은으로 만든 식기는 부자를 위한 것이었고, 부자가 아닌 사람
들은 델프트나 파이앙스에서 만든 그릇, 후에는 자기 모양의 백랍그릇이나 질그릇
을 사용했다. 그러나 루이 14세가 1689년과 1709년에 모든 금·은기를 녹이라는 칙
령을 내림에 따라 프랑스 왕실에서 사용하던 은식기는 전쟁 비용을 감당하기 위하
여 사라지거나 녹여졌다.

가늘고 우아했던 16세기에 비해 17세기의 나이프는 날이 짧고 끝이 둥글어지며,
폭도 넓어진다. 날의 폭이 넓어진 것은 나이프의 표면적을 넓혀 음식을 그 위에 안
전하게 얹어 입으로 옮기려는 의도적인 기능성에 입각한 것으로 보인다.

17세기 이전의 나이프는 대개 끝부분이 뾰족해서 음식을 가르고, 찍어 옮기는 기
능을 동시에 수행하였다. 그러나 17세기 후반에 부분적으로 포크가 등장하면서, 나
이프는 음식물을 자르는 고유의 기능만이 남았고, 여기에서 날 끝이 뭉툭하게 된
두 번째 원인을 찾을 수 있다.

신랑이 결혼 선물로 배우자에게 이름을 새긴 나이프를 칼집에 넣어 전달하는 풍
습이 유행하기도 했다. 이처럼 다양한 종류의 칼집의 유행은 17세기 말엽까지도 '휴
대용 커틀러리portable cutlery' 가 일반적인 현상이었다는 사실을 예증한다. 물론 여행을
다닐 때 특별한 식탁용 나이프를 소지하는 것은 귀족계층뿐이었다. 다른 계층에서
는 이 시기까지도 개인 소유화되지 못하였다.

유럽에서 포크가 일상적으로 사용하게 된 시기는 상이하다. 최초의 사용자는 비
잔틴 지역민들이었고, 그리스를 거쳐 이탈리아와 스페인은 16세기에, 그리고 독일·
프랑스·영국·스칸디나비아는 17세기부터였다는 것이 통설로 받아들여진다.

나이프와 포크 같은 식사 도구는 여전히 큰 접시에서 작은 접시로 음식을 덜어
낼 경우에만 사용되었을 뿐 음식을 먹을 때에는 쓰이지 않았다. 17세기 중반에서야

그림 4-31 **휴대용 커틀러리 세트**[27/]

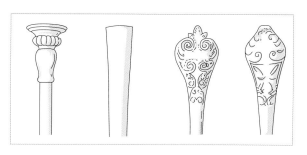

그림 4-32 **바로크풍의 여러 가지 커틀러리 디자인**

비로소 식사에 포크를 사용하는 것이 일반화되었다. 이전까지 식탁 위에서 절대적인 위치를 점했던 스푼의 역할도 축소된다. 주 기능을 담당하는 볼의 크기는 작아지고, 보조 기능인 손잡이의 형태는 다양해졌다. 17세기 후반에 이르면, 포크와 스푼의 손잡이가 오늘날처럼 평평한 모양의 디자인으로 발전한다. 이 시기부터 세 개의 손가락으로 커틀러리를 잡는 방법이 일반화되기 시작하였다.

바로크 시대의 은 제품은 'C'의 소용돌이형과 'S'의 커브형을 장식적 요소로 많이 사용하였다. 티 포트는 거의 이러한 패턴으로 제작되었고, 커틀러리의 손잡이 역시 둥근형과 조각으로 장식된 제품이 많았다. 바로크 시대의 은 제품은 거의 남아 있지 않다. 그 이유는 당시 전쟁 자금 조달을 목적으로 대부분의 은 제품들을 녹여버렸기 때문이다. 한편 차, 초콜릿, 커피 등 새로운 기호품의 등장은 다양한 도구 제작의 욕구에 부응하였다. 베니스가 해상 교역에서 앞장섰던 14세기 말에 이르

그림 4-33 **바로크 시대의 글라스**[28/]

면, 이슬람 유리의 제작지들인 다마스커스, 알레포와 이집트의 유리 산업이 쇠퇴해 가는 반면, 베네치아의 무라노^{Murano}를 중심으로 한 유리 제작이 발전하기 시작한다.

이로써 중세 동서 교역의 서쪽 출발지이기도 했던 베네치아 공화국은 이후 15세기 동안 경제적인 평화와 유럽의 상업 중심지로서의 비중이 점차 커져 갔다. 당시 이탈리아는 르네상스 시대로 이후 약 200여 년간 베네치안 글라스가 널리 알려지면서 세계 유리사에 큰 주축을 이루게 되었다.

17세기 바로크 시대의 무라노의 유리공들은 무색 투명의 크리스털로^{cristallo}를 다양하게 발전시켜가며 유리 산업의 꽃을 피웠다. 15세기 스페인의 바르셀로나는 베네치아의 라이벌 도시로서 유리공의 길드^{guild}가 성행하였다. 16세기경에는 북유럽에서도 유리공예의 인기가 높았다. 무라노의 유리공들은 섬을 떠나 1541년 이후부터 베네치아식의 유리, 파숑 드 베네치아 글라스$^{façon de Venice glass}$가 만들어졌다.

1650년경까지도 길고 짧은 타월로 식탁에서 손을 씻는 관습은 계속되었다. 그 후에 긴 타월은 사라졌고, 세기말이 되어가면서 핸드 타월 역시 테이블 포크가 지급되면서 없어진 것으로 보인다. 17세기에는 다마스크 테이블 린넨$^{damask napery}$이 영국에 수입되었는데, 고가에 거래가 되는 품목이었다. 17세기에 다양한 종류의 다마스크가 사용되었던 것으로 보인다. 1700년대가 가까워지면서 새로운 음료의 등장과 야식의 유행으로 티 냅킨과 야식용 식탁보$^{supper cloth}$가 등장하였으나, 일반적인 현상은 아니었다.

테이블 탑의 요소 가운데, 센터피스에 해당하는 이 시대 꽃과 관련된 중요한 내용은 첫째, 다양한 종류의 새로운 꽃과 식물들이 등장하였고, 둘째, 꽃이 과일, 채소, 조개와 같은 다른 종류들과 같이 사용되기 시작되었다는 점이다. 그리고 건물 내에 절화^{折花}가 많이 사용되기 시작하였다.

바로크 시대에는 귀족뿐만 아니라 중산층의 일상생활에서도 절화 장식물이 많이 이용되었다. 꽃꽂이에서는 직선보다 곡선이 선호되면서 비대칭적인 형태가 이용되었다. 특히 S자 곡선을 즐겨 사용한 18세기 영국의 화가 윌리엄 호가스$^{William Hougarth}$의 이름에서 유래된 호가스 커브$^{hogath curve}$ 또는 S선이라 불리는 꽃꽂이의 형태가 만들어졌다. 호가스 커브는 우아하고 느슨한 S자 모양의 곡선을 뜻한다. 이처럼 바로크 시대의 꽃 장식은 비대칭으로 대담한 라인이 역동적이며, 덩어리를 이루고 있는 것이 특징이다.

델프트에서 만들어진 것 중 가장 키가 큰 피라미드 형태의 커다란 꽃병이 있다. 이러한 꽃병은 17세기 말의 튤립 열풍을 바로크 디자인과 결합한 것이었다. 대부분 쌍으로 만들어졌고 여러 층의 개별 칸을 쌓아 만든 이러한 꽃병은 실내장식의 화려한 강조점이 되었다.

마이센에서 1753~1755년에 만든 바로크풍의 인물상은 마이센 도자기의 파리 에이전트로 일하던 크리스토퍼 휴트와 진 찰스의 드로잉을 토대로 하였다. 18세기부터 도시가 발달하면서 각종 직업이 속출했던 분위기를 반영하고 있다.

그림 4-34 **꽃 피라미드**[29/]

로코코 시대 Rococo, 1720~1760

시대적 배경

17세기가 왕권의 시대였다면 18세기는 귀족의 시대였다. 루이 14세 사후[死後]에 베르사유[versailles]의 궁정은 해체되었고 어린아이였던 루이 15세는 튀일리[Tuillerien]로 보내졌다. 루이 14세 말년에는 정치적인 실패와 맹트농[Maintenon, 1635~1719] 부인의 금욕적인 생활이 궁정생활의 침체를 가져와 귀족들 사이에서는 기울어 가는 베르사유의 궁정을 서둘러 떠나려는 움직임이 일어났다.

많은 저택이 파리에 세워졌고 지방에는 성이 건축되었다. 사회는 변화하였고 점점 더 팽창하였으며, 그 속에서 새로운 자본가들이 옛 문무귀족과 합류하였다. 지식인들 또한 새로운 사회의 일원으로 가세하여서 세련된 취미와 태도, 생활예술을

그림 4-35 **마이센에서 생산한 바로크풍의 인물상**[30/]

지배하고 있었던 여성 중심의 상류사회에 진보된 사상을 불어 넣었다. 루이 14세 재위 후반기의 엄격했던 시기가 지나가자 사회의 윤리 의식은 해이해졌다. 오를레앙의 대공이 다스렸던 8년간의 섭정기는 쾌락을 좇는 사회의 전형이었다.

오로지 사냥과 열쇠 수집에만 관심을 가졌던 루이 16세는 예술에는 전혀 관심이 없었고 마리 앙투아네트[Marie Antoinette, 1755~1793] 왕비의 취미도 의상이나 가구에 머무는 정도였다. 파리 시민사회가 더욱 더 중요한 위치를 차지하게 되면서 자연히 왕실의 영향력은 줄어들었다. 정치와 문학과 철학이 논의되던 살롱에서 이제 지식은 출신보다 더 중요하게 여겨졌다. 양식은 신고전주의를 향하고 있었지만 생활예술의 표현인 응용미술은 점점 더 세련되어 갔다. 즉, 18세기는 화려하고 환상적인 형태로 발전하였으며, 쾌락을 추구하고 세련됨과 화려한 것으로 만족을 얻으려 했던 시대의 표현이었다.

로코코 양식

로코코는 루이 15세에 유행했던 특징적인 장식 미술로, 조약돌을 뜻하는 로카이유[rocaille]와 조개껍데기를 뜻하는 코키유[coquille]라는 두 단어가 합쳐진 것이다. 일정한 통일과 조화를 갖고 있는 예술적이고 장식적인 양식을 일컫는다. 직선을 싫어하고 휘어지거나 구부러진, 정교한 장식을 애호하는 점에서는 바로크와 공통되나, 힘찬 바로크에 비해서 로코코는 우아하고 경쾌하며 곡선적·비대칭적인 장식, 이국적이며, 중국적인 풍취가 두드러진다.

흘러내리는 물과 돌고래, 나뭇가지 사이로 피어난 꽃, 과일 바구니들이 형상화된 로카이유와 이것에서 탄생한 로코코는 자연에 뿌리를 둔 생명력 넘치는 스타일로, 알파벳 'C' 나 'S' 자에 비유되는 곡선은 로코코 스타일의 가장 큰 특징이다.

디자인의 특징으로는 복잡한 소용돌이 무늬, 당초[唐草]무늬, 꽃무늬가 대표적이며, 주요 색상으로 담채색[淡彩色]과 금색[金色]을 병용했다. 유럽의 프랑스와 기타 나라의 18세기 예술은 '로코코' 라 일컬어지는데, 영국의 식민지였던 북아메리카의 18세기 양식은 조지안식이라고 부른다. 바로크가 지녔던 충만한 생동감이나 장중한 위압감이 로코코에서는 세련미나 화려한 유희적 정조로 바뀌었는데, 바로크가 남성적·의지적임이라면 로코코는 여성적·감각적이라고 할 수 있다.

로코코 시대의 식공간

17세기만 해도 개인용 접시에 머무르던 서빙 구조가 전체 식사의 콘셉트에 맞는 4피스의 디너세트 등장으로 바뀌게 되었다. 세트로 구성된 금, 은제 커틀러리가 사용되는가 하면 메인 테이블과 보조 테이블이 나란히 등장하고, 개인 저택에는 식사 전용의 공간까지 갖춰지는 등 테이블 장식은 오늘날과 같은 형태를 갖추게 됨으로써 테이블 세팅에 '개인'의 개념이 구체적으로 적용된 것이다.

식탁에서도 상류계급의 여성은 남성과 동등하게 식사를 즐겼고, 중류계급의 여성이 대규모 가족모임이나 다과회에 한해 남성과 동석할 수 있었던 것에 비해 신분이 낮은 여성은 여전히 남성의 식탁에는 함께 앉을 수 없었고 남성이 식사를 끝낸 자리에서 식사하였다. 상류계급 부인들은 식당보다 응접실에서 더 많은 시간과 자유를 즐겼다. 커피가 기독교 공식 지정 음료가 되었고 시내에는 카페가 생겨나 17세기 말경 파리 시내에 단 한 개였던 카페가 18세기에는 2,000여 개로 늘어났으며, 출입에 신분의 차이를 두지 않는 자유공간이었다.

루이 15세 시대에도 음식을 다루는 기술은 거듭 발전했다. 이 시대부터 식사에는 좀더 형식적인 순서, 청결, 우아함, 여러 가지 세련됨이 일반적으로 확립되었다. 접시는 세 번 바뀌었는데, 포타주^{potage} 후와 두 번째 코스, 그리고 후식에서 바뀌었다. 커피는 드물게 마셨으며 당시에 막 알려지기 시작한 버찌나 양귀비 증류주에 열매나 꽃을 넣어 담근 술인 라타피아^{ratafia}를 자주 마셨다.

이 시대에는 요리사들에게 정교한 노력을 요구했고, 그것은 결과적으로 요리 기술의 발달에 큰 공헌을 했다. 디너웨어는 마담 퐁파두르가 실제로 힘을 들여 제품화시킨 세브르의 도자기가 유명하다. 독일 마이센의 영향을 받아 프랑스 특유의 고급자기를 만들고자 했던 꿈이 실현된 것이다. 풍경이나 인물, 작은 새 등이 부셰$^{François\ Boucher\ :\ 1703~1770}$의 필치로 그려졌다. 최대의 걸작은 이 도자기에 기품이 들어간 화려하고 진한 핑크, 퐁파두르의 핑크인 로즈 퐁파두르$^{Rose\ Pompadour}$가 탄생한 것이다.

요리 혁명의 결과 중 하나는 요리를 식탁에 내놓는 순서와 방법이 달라진 '프랑스식 서비스'이다. 이런 변화는 질서와 균형, 미각과 우아함을 추구한 정신을 반영하는 것이기도 했다. 커틀러리는 금은제 커틀러리가 세트를 갖추어 사용되고, 앞자리 접시의 오른쪽에 나이프, 스푼, 포크가 함께 세팅되기도 하였다.

18세기 말엽까지 프랑스의 글라스는 유럽 다른 나라에 비하여 뒤떨어졌고, 울창

한 숲에서 만들어지는 오직 단순한 제품에만 관여하였다. 또한 유리 제조업은 프랑스 도처에 세워졌고, 중요한 중심지는 네브르Nevers, 루앙Rouen, 오를레앙Orleans 그리고 낭트Nantes였으며 자연스럽게 다른 유럽 유리 세공업자들의 영향을 받아 모방으로 이어졌다. 우수한 베네치안 글라스는 주로 18세기 후반부터 큰 공장인 바카라Baccarat, 성 루이스St. Louis 그리고 클리치Clichy에서 유명해지기 시작하였다.

로코코의 식공간은 여러모로 변화된 양상을 보였는데 식탁 패브릭에도 영향을 끼치게 되어 레이스와 자수, 부드러운 질감의 테이블 클로스 디자인이 그 변화를 선도했다. 새틴satin과 실크로 된 고급스러운 장식이 유행하였고 파스텔 톤의 밝고 따듯한 여성미가 강조되었으며, 크게 주름을 넣거나 자수를 놓는 등 테두리에 술이 장식된 테이블 클로스가 등장하였다.

센터피스의 경우, 유럽 자기의 태동기와 맞물려 마이센meissen을 비롯해 프랑스의 세브르sères 그리고 영국의 첼시chelsea와 같은 자기 인형들이 만들어졌다. 식기는 물론 테이블 세팅을 위한 자기 인형은 귀족들의 식탁을 더욱 우아하게 장식하였다.

17세기 중반에 식탁 설계에서 가장 큰 문제는 식탁의 편평한 바닥에서 무엇인가가 치솟아 오르는 듯한 수직적 효과를 자아내는 것이었다. 촛대를 제외할 때 해결책은 '피라미드형 쌓기'였다. 이것은 18세기 초기에 음식을 내놓는 가장 독특한 방법이었다. 이런 배열은 주로 다른 방에 별도로 마련하던 디저트에서 사용했지만, 식사하는 동안 내내 식탁의 중앙을 장식하기도 했었다. 절인 과일과 조화造花를 위로 올라갈수록 점점 좁아지는 형태로 복잡하게 쌓았다. 그리고 무너지는 것을 막으려고 중간중간에 자기, 은접시, 백랍이나 주석으로 만든 접시를 끼워 넣었다.

피라미드형 배열 이후에 각광받은 것은 대칭형 배열이었다. 대칭형 배열은 튜린이나 시트루를 중심에 두었다. 하지만 18세기 중반, 특히 대연회에서는 식사하는 동안 처음부터 끝까지 식탁의 중앙을 관통하는 화단처럼 디저트가 자리 잡고 있었다.

식탁 전체를 조각과 꽃병으로 채운 로코코풍 화단처럼 배치한 것도 적지 않다. 이 판화는 실제로 정원을 설계할 때도 사용할 수 있을 정도이다. 그러나 18세기의 후반에는 케이크 제조인의 설탕 화단이 퇴조하고, 여러 번 사용할 수 있는 자기로 만든 작품들이 그 자리를 메웠다.

3. 근 대

신고전주의 시대 Neoclassic, 1760~1860

신고전주의가 잉태된 시기는 18~19세기로, 새로운 양식은 기존 양식의 반대되는 경향을 나타내는데, 바로크 · 로코코에 반대하여 좀 더 순수하고 본질적인 조형미를 지향하여 고전의 부활을 추구하고자 하였다.

시대적 배경

이탈리아, 그리스, 이집트 양식에 대한 관심이 증가하면서 유럽에서 시작되었으며, 로코코의 지나친 장식에 대한 반작용으로 프랑스와 영국에서 유행하였으나 스타일 자체는 당시의 고고학적 발견에 대한 국제적 관심의 결과였다. 현실적 즐거움을 추구하던 귀족사회의 쾌락주의를 표현한 로코코를 철학적 관점에서 반성하는 결과로 간소화와 단순화를 추구하였다.

18세기 중엽 신고전주의 양식은 고대 폼페이와 헤라클레늄 유적발굴과 같은 고고학적인 발견으로 고대 그리스와 로마 예술에 대한 관심의 증가로 나타났다. 고대 그리스와 로마의 감각으로 되돌아 간 것을 프랑스에서는 1760년대에 그리스의 감각이라는 의미인 '구 그렉Go Grec'이라고 불렀다.

신고전 양식

고전주의와 신고전주의의 차이를 살펴보면 고전주의는 고대에 창조된 예술 또는 고대 예술에서 영감을 얻은 후세의 예술을 가리키며, 신고전주의는 고대에서 영감은 얻었지만 후세에 창조된 예술을 가리킨다. 따라서 고전주의와 신고전주의는 혼동하여 쓰는 경우가 많다.

신고전 양식의 특징은 고전주의의 원주, 벽기둥, 돌림띠 같은 건축적 양식의 부활이었다. 로코코의 자유 곡선은 반원, 활꼴, 타원형으로 바뀌었으며, 천정에는 편평하고 고전적 몰딩 장식과 장방형 패널을 사용하였다. 패널에는 컴퍼스 곡선이 사용되었고 표면에 도금과 래커lacquer칠을 피하고 대부분 흰색으로 칠하였다. 모티브는 꽃과 폼페이의 발굴에서 영감을 얻은 고전적 잎사귀와 소용돌이가 사용되었고 대칭적 구성으로 디자인되었다. 고전적 인물과 꽃이 조화된 아라베스크Arabesque를 나타내는 석고 부조가 화환과 물방울 모양으로 장식되기도 하였다.

프랑스 전기 신고전 양식은 밝고 우아한 루이 16세 후기의 양식으로 비율과 균형을 중시하였다. 앞 시대에 발전된 것을 모방하였으나, 직선과 원형, 팔각형, 타원형의 곡선이 사용되어 고전적인 영향이 장식에 반영되었다. 고전 모티브가 선호되어 로마 예술과 프랑스 꽃에서 유래된 문양들이 기본적으로 적용되었고, 연속적인 모티브는 고대 건축에서 모방한 것이 많았다.

영국 전기 신고전 양식은 후기 조지안 시대^{1770~1810}로, 건축가이며 디자이너인 로버트 아담^{Robert Adam}에 의해 발전되었다. 디자인으로는 고전 양식인 돌림띠의 장식이 사용되었다. 아담 양식은 차분하고 형식적이며 우아한 분위기로, 간단한 곡선 특히 타원형을 사용하여 다양한 조화를 이루었고, 대칭적 균형과 파스텔 톤의 색이 사용되었다. 헤플화이트^{George Hepplewhite, 1780~1795} 양식은 아담과 프랑스 루이 16세의 영향을 받았으며, 명쾌하고 단순하며 뛰어난 비례가 특징이다. 풍부한 색채를 사용하여 조각을 최소로 줄였으며, 조각 장식은 얇은 양각으로 하였으며 방패형, 하트형, 달걀형이 대표적이다. 쉐라톤 양식^{1790~1805}은 아담, 헤플화이트, 치펜데일^{Tomas Chippendale}, 루이 16세의 영향을 받아 이들과 유사한 점을 찾아볼 수 있다. 세련되고 우아하며 훌륭한 비율, 경쾌한 형태, 섬세한 장식이 특징으로, 헤플화이트보다 비율 및 균형감이 높다. 곡선보다 직선이 많이 사용되었고 근본적으로 수직선이 강조된 장방형이었으며, 헤플화이트 및 아담 양식보다 수수하고 단순·간결해졌다. 밝고 섬세한 양식의 우아한 신고전주의 모티브가 상감되어 장식되었다.

미국 전기 신고전 양식은 패더럴^{federal, 1780~1810} 양식이라 하는데, 이 시기는 미국이

그림 4-36 **18세기 신고전 양식의 실내 입면**

그림 4-37 **프랑스 전기 신고전주의 양식의 실내**

정치적으로 발전해 가던 시기로 전문적인 건축가 및 디자이너가 처음으로 출현하였으며, 뉴욕, 필라델피아, 보스톤이 디자인의 중심 도시가 되었다. 미국 독립전쟁이후 민주적인 그리스형과 공화적인 로마형의 고전적 양식이 재현되었고, 세부 장식은 아담 양식과 폼페이식의 모티브로 장식하였다. 가구에서는 쉐라톤과 헤플화이트 디자인이 유행하여 형태 및 비례가 경쾌하며 섬세하였다.

프랑스 후기 신고전 양식은 디렉트와르$^{Directoire, 1789～1804}$ 양식과 엠파이어$^{Empire, 1804～1815}$ 양식으로 구분된다. 디렉트와르 양식은 루이 16세 시대와 나폴레옹이 황제로 등극하기까지의 과도기적 양식이다. 진하고 화려하며 채도가 높은 색을 사용하였고, 장식에 있어서는 혁명을 상징하는 군사적인 요소인 창, 북, 나팔, 혁명군의 모자 등과 신흥계급인 농민층을 반영하는 가래, 도리깨, 보리단 등이 장식적 요소로 사용되었다. 엠파이어 양식은 1804년 나폴레옹이 황제로 등극하면서 시작되었다. 엄격하고 위압하는 웅장한 분위기의 엠파이어 양식은 고전으로 알려진 프랑스의 마지막 양식으로서, 19세기 초반 유럽과 미국에 영향을 미쳤다. 고대 로마의 궁전을 모방하였고, 폼페이의 영향이 원주, 벽기둥 등에 나타났고 위엄과 남성스러움을 표현하였다.

영국의 후기 신고전은 레전시 양식으로 일컬어진다. 이는 웨일즈 조지 왕자의 섭정 기간$^{1811～1820}$ 동안의 장식 예술에 적용되었다. 프랑스의 엠파이어가 사회적·정치적인 변화에 부합되어 그 성격을 반영한 데 반해 영국의 레전시는 사회 변화를 반영하지 못하였다. 영국 레전시에서 프랑스 엠파이어의 영향은 크지 않았으며 주로 고전적 영향과 고딕 및 중국의 영향을 받았다.

미국 후기 신고전$^{1820～1860}$은 그리스 부흥$^{Greece revival}$ 시대로, 그리스와 로마 양식을

넓리 사용하였다. 웅대한 규모의 국가적 면모와 발전을 고려할 때 영국보다는 프랑스의 엠파이어가 더 적절하다고 생각하여 프랑스 엠파이어 양식을 모방하였다. 국가적인 상징으로 독수리가 장식 모티브로 각광받아 건축과 장식 및 모든 생활환경 패턴 모티브로 채택되었고, 현관 입구의 박공^{pediment} 위에 놓였으며 창문의 유리에 칠해지기도 했다. 상감되거나 칠을 한 별 장식도 유행했고, 아칸서스 잎과 파인애플 디자인도 많이 사용되었다.

그림 4-38 **신고전 양식의 왕실용 포트**

신고전주의 시대의 식공간

이 시기에는 유명한 요리인이 많이 배출되어 식탁 예술에 크게 공헌하였다. 고대 폼페이와 헤라클레늄 유적으로부터 영감을 얻어 그리스·로마 양식을 창의적으로 재현했으며 순수하고 균형잡힌 미를 추구하려 했다.

디너웨어^{dinnerware}는 고대 그리스의 도기가 매우 중요한 디자인 원천이 되는데, 영

그림 4-39 **신고전 양식의 이집트 미술에서 모티브를 얻은 도자기**

그림 4-40 **이집트 토기 모방 도자기**

그림 4-41 **꽃무늬 컵과 접시**

그림 4-42 **신고전 시대에 발굴된 그리스식 도기**

그림 4-43 **18세기 폼페이에서 발굴된 도기**

그림 4-44 **루이 16세 양식으로 만들어진 식기**

그림 4-45 **신고전 양식으로 만든 도자기컵과 주전자**

표 4-3 **나라별 신고전주의**

구 분	나 라	시 기	특 징
전기	프랑스	루이 16세 후기	– 루이 16세 양식 – 훌륭한 비율과 균형 – 직선과 곡선 사용 – 로마 예술과 프랑스 꽃 문양 적용 – 고대 건축 패턴 모방 – 귀족사회에서 중산층까지 사용

	영국	1770~1810	– 후기 조지안 시대
			– 아담(1760~1793)에 의해 발전
			  귀족적
			  고전양식인 돌림띠 사용
			  타원형 사용
			  대칭적 균형과 파스텔톤 색 사용
			  피니알 사용
			  비니어링 효과
			– 헤플화이트(1780~1795)
			  중산층
			  명쾌, 단순, 비례감이 특징
			  수직선 강조

	미국	1780~1810	– 패더럴 양식
			– 전문적 건축가, 디자이너 출현
			– 민주적 그리스형과 공화정적인 로마형 재현
			– 세부장식은 아담양식과 폼페이식 모티브
			– 사무엘 맥인타이어
			  아담장식 영향
			  곡선 계단
			– 던컨 파이프
			  섬세한 선, 조각 장식
			  그리스 곡선

중기	프랑스	1789~1815	– 디렉트와르(1789~1804)
			  루이 16세 시대와 나폴레옹이 황제로 등극 시까지
			  그리스 양식이 우세
			  데이지, 마름모, 별 사용
			  흰색 바탕의 홍색, 청색 선 사용

후기	프랑스	1789~1815	– 엠파이어 양식(1804~1815)
			  나폴레옹 등극 이후의 양식으로 금색 사용
			  인위적인 방법으로 위엄과 존경 과시
			  고대 로마 궁전 모방, 폼페이 영향
			  나폴레옹의 이니셜 N, 벌
			  조세핀의 상징인 백합, 백조

	영국	1811~1820	– 레전시 양식
			  웨일즈 조지 왕자의 섭정기간 장식 예술
			  고전적 영향과 고딕 및 중국의 영향
			  스핑크스, 몬스터, 팔메트, 아라베스크 모티브

	미국	1820~1860	– 그리스 로마 양식 – 프랑스 엠파이어 양식 모방 – 국가적 상징인 독수가 장식 모티브 – 별, 아칸서스 잎, 파인애플 디자인 – 던컨 파이프의 영국 쉐라톤 디자인, 그리스 곡선

그림 4-46 **프랑스 후기 신고전주의의 장식품**

그림 4-47 **미국 신고전 양식의 식기들**

그림 4-48 **신고전 양식이 나타난 디너 세트**

그림 4-49 **신고전 양식의 디저트 접시**

국의 조사이어 웨지우드^{Josiah Wedgwood}에 의해서 개발된 블랙 바솔트^{black basalt}와 재스퍼 웨어^{jasper ware}에는 그리스와 로마의 벽장식에서 보이는 색상이나 문양 또는 카메오^{cameo}를 모방하였다. 폼페이 발굴로부터 모티브를 얻은 웨지우드 도자기는 모방 속에서 독창적이고 다양한 스타일의 자신만의 길을 개척해 크림색 바탕에 갈색과 회색 꽃무늬를 조화롭게 표현한 디너웨어 세트를 개발하였다.

크림웨어의 초기에 웨지우드가 시도한 장식 방법에는 여러 가지로 틀을 이용한 부조문, 하리스케몬, 신고전주의풍의 말쑥한 에나멜 그림, 새들러^{William Sadler}에 의한 동판 전사 그림 등이 있었다. 그리고 건축가 아담 형제^{Robert and James Adam}가 주도해서 영국의 국민적 예술양식이 된 신고전주의 양식을 단지, 식탁용 식기류, 메달, 난로 장식, 소도구류 등을 통해 완성시켰다.

신고전주의 시대는 1673년 이미 크리스털이 개발되어 종래보다 훨씬 투명도가 높고, 광택이 뛰어나며 경질이었다. 크리스털은 최고급 식기나 공예품에 사용되다 18세기 이후 더욱 발전되어 글라스의 재료로 사용된다. 19세기 미국에서 개발한 강화유리로 만든 글라스는 크리스털의 높은 가격에 비해 대량생산이 가능하여 상대적으로 저렴하였으며, 여러 가지 복잡한 문양을 조각해 넣을 수 있게 되었다.

그림 4-50 **신고전주의 시대의 글라스**

신고전주의 시대의 글라스웨어는 영국의 고가의 크리스털 글라스와 미국의 강화유리 글라스가 주류를 이루었다. 그 모양이나 조각은 고전 양식을 사용하였다.

신고전주의 시대의 커틀러리는 나이프, 포크, 스푼이 3조 1세트로 본격적으로 사용된 17세기 이후 금, 은 등의 소재를 사용하게 되었다. 18세기 중반부터 커틀러리의 효율적인 정리를 위해 보관용 함이 사용되었고 고가의 테이블 나이프를 포함해 나무나 상어껍질 등으로 만든 보관함에 넣어 찬장에 진열하였다. 손잡이 끝의 디자인은 유행에 따라 올라가거나 내려가기도 하고, 스푼의 앞쪽에 이니셜이 새겨졌으며, 1760년경부터는 스푼과 포크를 위쪽으로 놓는 현재의 세팅법을 갖추게 되었다. 세팅법은 나라마다 차이가 있어 영국, 미국 등은 포크와 스푼을 위로 향해 놓는 것에 반해 프랑스는 뒤집어 놓았다. 이 시대는 옛 문명에 관심이 높아 클래식한 디자인들에 관심을 기울였고 커틀러리 역시 이러한 성향을 반영한 스타일이다. 신고전주의 양식은 실버웨어에서 독특한 특성을 가지며 자연에서 디자인을 취하거나 조지안 시대의 평범한 디자인인 앤 여왕 양식, 고전적인 테마인 꽃 장식, 월계수 잎, 리본 매듭, 숫양과 사자머리 장식의 아담 양식 등이다.

그림 4-51 **신고전주의 시대의 조세핀의 식탁 글라스웨어**

〈
그림 4-52 **신고전주의 시대의 조세핀의 식탁 커틀러리**

《
그림 4-53 **신고전주의 시대의 조지 3세 마호가니 커틀러리와 보관함**

신고전주의 양식의 린넨은 16세기 이후부터 다마스크 린넨으로 만들어진 이후 여러 신고전주의 패턴을 사용하여 직조를 짜거나 수를 놓았다. 고가의 다마스크 린넨을 대신하여 19세기 초 직물산업의 기계화로 19세기 말에는 면직물이 대량생산되었다. 인공적인 염색이 자연 염색을 대신하여 다양한 색상이 사용되었으나 여전히 흰색이 가장 선호되었다.

17세기 말의 식탁을 장식하는 데 중요한 역할을 한 것은 꽃과 갈란드garland이다. 꽃은 테이블에서 설탕절임 과일과 사탕과자를 장식하기 위해 필요했고, 꽃과 갈란드는 접시와 찬장의 식기를 장식하는 데도 사용되었다. 이것은 파티에서 테이블을 장식하는 르네상스의 전통으로 중요한 역할을 하였다.

18세기 중반에는 은 또는 자기로 만들어진 센터피스가 식탁 중심에 놓였다. 테이블에서 지나치게 강한 꽃 향기를 맡는 것을 싫어하였기 때문에 조화도 매우 인기 있게 사용되었다. 갈란드를 거는 것은 1770년 크리스티앙Christian 7세의 연회에서 보여 주는 것처럼 은제품으로 만든 식기 없이도 공간을 연출하는 데 고급스러운 효과를 낼 수 있다.

그림 4-54 **신고전주의 시대의 센터피스**

그림 4-55 **신고전주의 장식품**31/

빅토리아 시대 Victoria, 1837~1901

빅토리아 시대는 영국 여왕 빅토리아의 재위 기간이었던 1837~1901년에 이르는 19세기의 약 64년간의 시기를 말하며, 영국에 한정해 사용하기도 하고 영국과 유사한 사회적·문화적 분위기를 지녔던 미국에 적용되기도 하였다.

시대적 배경

빅토리아 시대는 산업화와 도시화를 근간으로 하는 모더니티가 성립되고, 부르주아 계급이 생겨났으며, 경제적·사회적·문화적·과학적·의학적 영역에 걸쳐 광범위한 변화를 가져왔다. 산업혁명으로 인하여 도자기와 실버웨어가 대량생산되어 중산층에서도 다양한 식공간 연출이 가능하였으며, 현대 도자기의 주종을 이루는 본차이나의 생산이 정착되었다. 또한 아이언스톤 차이나Ironstone China[32]의 개발과 더불어 백색 도자기가 완성되었다.

상품의 생산에서는 질적인 면보다 양적인 면이 강조되었으며, 수공업자의 기술이 기계제작으로 사라지고, 양식에 있어서 '역사주의'로 과거의 것을 모방하려고 하였다. 빅토리아 시대는 64년이란 짧은 기간이었으나 다양한 디자인 양식의 재인식으로 인해 여러 시대의 양식이 공존하였던 시기로 식공간의 흐름을 이해하는 데 많은 도움이 되었다.

빅토리아 양식

1837년 빅토리아 여왕이 즉위한 때는 시민생활은 윤택하였지만, 예술에 대한 조예가 없었던 시기로 과거의 양식을 무분별하게 도입하거나 절충하였다. 겉으로는 화려한 것처럼 보이나 통일성과 조화가 결여되어 있었다. 산업혁명으로 기계를 사용하게 되면서 가구나 실내 마감재 등은 생산이 대량화되어 싸고 신속히 공급되었으나 이러한 제품들은 수제품보다 질이 떨어져 상류계급에서는 여전히 값이 비싸더라도 수제품을 선호하였다. 이러한 상황의 빅토리아 시대에는 조지안 시대의 조화로운 양식은 사라지고 루이 14세와 루이 15세 양식을 절충한 네오로코코[33], 엘리자베스[34], 쟈코비안[35], 고딕 양식[36]이 혼란스럽게 복합적으로 나타났다.

그림 4-56 **1851년 영국 런던의 세계 박람회**

빅토리아 시대의 식공간

산업혁명에 의한 대량생산 체제로 특징지어지는 빅토리아 시대의 식공간의 특성을 통해 그것의 요소들을 유추해 보면 제품의 생산에서 질적인 면보다 양적인 면이 강조되었고, 수공업자의 기술은 기계제작으로 사라져 갔다. 또한 여러 양식들이 새로 부활되면서 다양한 시기의 디자인들이 공존하게 되었다. 빅토리아 시대는 모든 식공간 요소들이 자연에의 정감과 기술에 대한 적대감, 기술에의 정감과 자연으로부터의 도피로 양극화되어, 기계 지향적 방식과 자연 지향적 방식으로 이원화되어 나타났다.

디너웨어에서는 유럽 대륙이 중국식 자기에 매달려 있을 때, 처음으로 영국이 중국식 자기를 개발하여 지금까지와는 다른 새로운 개념의 자기로서 본차이나를 개발하게 된다. 본차이나는 영국인 스포드^{Josiah Spode}가 동물의 뼈를 태운 재를 넣어

그림 4–57 **빅토리아 시대의 식공간**[37/]

그림 4–58 **빅토리아 시대의 고딕양식 물병**

그림 4–59 **빅토리아 시대의 마욜리카웨어**

도자기를 만드는 데 성공한 것으로 도자기의 투명도와 견고함이 한층 증대되었다. 그 후 세계 여러 나라에서 이 기술을 사용하여 맑고 깨끗한 본차이나의 시대가 도래된다. 본차이나 이외에도 전통적으로 많이 생산해 온 낮은 온도에서 구운 토기에 가까운 도기인 어든웨어Earthenware에 프린트를 해 장식하는 기술도 개발됨으로써 손으로 그려서 장식하던 종전 기술에 비해 훨씬 다양하고 복잡한 문양을 넣을 수 있게 되었다.

그림 4-60 **빅토리아 시대의 고딕 양식 접시**

본차이나의 개발은 1천 년 동안 도자기의 종주국 역할을 해 왔던 중국으로부터 그 중심축이 영국으로 옮겨가는 계기가 된다. 유럽에서 본차이나의 출현은 동서양의 문명적 진보의 변화를 드러내는 상징적인 사건이 된다. 영국의 도자기 공장은 근대 산업시대를 여는 계기가 되어 영국이 유럽에서 경제적 우위에 서게 된다. 영국의 도자기 산업의 특징은 자유 시장경쟁의 원리를 바탕으로 성장하여 정치적 변화에 따라 왕실의 지원으로 성장한 유럽의 도자기 기업과는 달리 경쟁력을 갖게 되는 것이다.

영국 정서의 대표적인 도자기 우스터는 1810~1840년에 나폴레옹과 넬슨이 이집트 나일강에서 전투를 벌였던 사회적 사건에서 모티브를 얻어 고대 이집트 디자인을 도자기에 응용하였는데, 황토색과 검은색 그리고 금색을 주조로 한 디자인을 선보여 호평을 받았다.

데본포트는 1812년부터는 본격적으로 본차이나 찻잔 세트와 디저트 세트를 생산해 내었는데 19세기 초부터 아주 인기가 있었다. 장식의 수준이 높아 자신들만의

그림 4-61 **빅토리아시대의 크림 웨어**[38/]

〉
그림 4-62 **빅토리아 시대의 르네상스 양식 물병**

〉〉
그림 4-63 **빅토리아 시대의 르네상스 양식 굽 달린 접시**

그림 4-64 **빅토리아 시대의 네오-로코코와 클래식 양식 식기**

왼쪽부터 티포트와 크림 용기, 물병

그림 4-65 **빅토리아 시대의 와인 쿨러와 실버볼**

실버볼은 굴, 조개껍데기, 해초로 장식되었고, 망치로 두들겨 생긴 자연스러운 웨이브가 바다 효과를 더해 주고 있으며, 세로 줄무늬 발을 가지고 있다.

그림 4-66 **빅토리아 시대의 글라스 웨어**

왼쪽부터 차례대로 와인 글라스, 샐러리 베이스(cerely vase), 고블렛, 디켄터, 텀블러

독특한 분위기를 반영했으며, 일본의 이마리풍[39/]을 모방하기도 했다.

로열 더비 도자기는 1876년 오스카 스턴 로드에 새 더비 공장이 문을 열면서, 향상된 도금 기법과 화려한 색상의 전통적인 더비 스타일의 새로운 기법이 창출되었다. 1890년에는 빅토리아 여왕으로부터 '황실을 위한 도기 공장'이라는 칭송을 받으면서 로열 크라운 더비로 새롭게 태어났다. 절묘한 도금과 핸드 페인팅으로 더비의 꽃병과 접시, 장식 세공품은 정교하게 채색되었다.

빅토리아 시기의 디너웨어의 디자인은 고딕 양식, 르네상스 양식, 고전주의 양식이 부활하였다. 고딕 양식의 경우는 잠깐 유행하였으며, 클래식과 로코코 스타일은 대중의 인기를 끌었다.

생산이 중지된 16세기 이탈리아의 마욜리카 도기가 19세기 중반 민튼에 의해 부활되었다. 이탈리아에서 제작된 초기의 도기인 마욜리카[40/]를 견본으로 한 것으로, 실용성보다는 장식성이 중시되었다. 또한 화려한 유약이 재현되었고, 신구 모티브로 기교를 부린 그림이나 부조를 새긴 큰 접시, 화분, 촛대 등이 만들어졌다.

클래식 양식의 부활로 월계수 잎, 갑각류나 곤충류의 외피 무늬, 화환 무늬 등이 장식되었고, 대리석과 청동 제품이 재생산되었다. 웨지우드의 제스퍼웨어도 인기가 있었으며, 자연주의 장식을 한 식기도 생산되었다. 민튼에서는 러시아의 왕후 캐서린의 주문으로 생산되었던 식기의 패턴을 기본으로 한 디너웨어도 생산되었다.

유리의 역사 중 고대 그리스 기록에 의하면 페니키아 상인들이 항해 중 모래밭에서 취사를 하다가 우연히 소다가 모래와 섞여 전혀 새로운 물질이 된 것을 발견하게 되었다고 전해지고 있으나, 현재로서는 BC 3500년경의 이집트 유물에서 발견된 것이 가장 오래된 유리로 알려져 있다. 이후 이집트 및 메소포타미아 지역에서 유리가 제조되었고, 로마제국 시대에 유럽에 전파되어 13세기 이탈리아 베네치아의 무라노 섬에서는 유리의 공업적 기술을 개발하여 유럽 전역에 독점 공급하게 되었다.

그림 4-67 **빅토리아 시대의 손잡이 부분이 다양하게 장식된 나이프**

무라노 섬에서는 이 기술의 비밀 유지를 위해 섬 밖으로 도망치는 자는 극형에 처하는 법을 제정하기도 했다. 베르넬리니^{Vernelini}라는 기능공이 죽음을 무릅쓰고 영국으로의 탈출에 성공, 영국 왕실로부터 유리 제조 기술의 전수를 조건으로 영국에서의 베네치아 유리 독점 제조권을 부여받았다.

1676년 영국의 유리 제조공 조지 라벤스크라프트$^{George\ Ravenscraft}$가 다량의 산화연^{PbO}과 탄산칼륨^{K2CO3}을 교묘히 배합, 종전의 유리에 비해 뛰어난 투명도, 높은 굴절률, 중후한 무게감, 아름답고 경쾌한 충격음, 뛰어난 연식성 등의 특징을 갖는 신제품의 개발에 성공하였다. 종전의 유리 제품에 비해 수정^{crystal}과 비견되는 아름다움을 갖게 되어 자연스럽게 크리스털^{crystal}이라는 이름을 얻게 되었다. 크리스털의 제조 기법은 유럽 전역에 전파되어 수백 년간 유럽 왕실과 귀족들의 애호품으로 사랑받아 왔다.

도자기에 비해 크리스털 분야의 관심은 매우 미흡하였다. 그 원인은 독일에서 개발된 자기가 생산되기 시작하였다는 소식을 영국이 접하자, 탐험가 정신이 발동하여 보다 얇고 가벼우며 강하고 아름다운 도자기 개발에 도전하였기 때문으로 볼 수 있다.

그림 4-68 **빅토리아 시대의 포크와 스푼, 생선 포크와 크림 국자**

그림 4-69 **빅토리아 시대의 디저트, 테이블 서비스 커틀러리**

그림 4-70 **빅토리아 시대의 테이블 클로스**

1851년 런던 국제 박람회를 위해 조셉 팩스톤Joseph Paxton은 거대하고 방대한 전시품들을 수용할 빌딩을 설계할 임무를 위임받았다. 그는 자신이 흔히 사용해 왔던 재료들로 건물을 지었는데, 신속한 조립과 분해를 위해 작은 크기의 조립용 유니트로 만들어진 크리스털 궁전을 7개월 만에 완성하였다. 빅토리아 시대에 식탁에서 크리스털 사용이 어느 정도 보편화되었는지는 충분한 문헌과 자료가 남아 있지 않으나, 실내 조명과 실내 장식물, 컴포트comport 등에 사용된 기록을 통해 크리스털이 유행하였음을 알 수 있다.

영국의 산업혁명이 이룩한 기술적인 발전은 은의 생산비를 낮추었으며, 중간계층의 수요에 맞춰 새로운 형태의 용기와, 새로운 커틀러리의 양식이 증가하였다. 빅토리아 시대의 커틀러리에는 고전적인 테마가 지배하였는데, 고딕의 부활, 비대칭의 로코코, 중국식, 일본식, 화려한 터키 장식, 이집트 테마, 기하학적 무늬로 설명되는 미국 인디언 양식으로 자연적 모티브가 유행하였다. 19세기에는 중간 계층도 은 포크를 사용하였으며 뼈, 진주, 상아와 같은 유기체 제품이 손잡이에 사용되었고, 포크의 갈래는 짧아지고, 가까이 붙게 되었다. 1851년 런던 박람회에 출품된 스푼과 포크는 이미 의자의 다리에 나타난 밧줄 무늬와 이전 로코코의 화려한 과일 무늬 장식들을 돋움 새김으로 표현되었다. 생선 포크와 크림 국자도 곡선의 특징이 잘 나타나 있으며, 르네상스 양식이 나타난 디저트와 테이블 서비스 커틀러리도 사용하였다. 빅토리아 시대의 자연적 문양으로 포도와 넝쿨이 섬세하고 아름답게 표현되어 있으며 다양한 문양을 새겨 놓은 상아 손잡이도 이 시대에 유행하였다.

빅토리아 시대는 전통적인 수공예와 새로운 기계들의 혼용으로 섬유 산업에 있어서 거대한 발전이 있었다. 이 시대는 가구와 도자기에 장식하는 것을 좋아했으며

그림 4-71 **빅토리아 시대의 촛대**

그림 4-72 **빅토리아 시대의 다양한 센터피스**

섬유에 있어서도 마찬가지였다. 자수가 인기를 끌었으며, 특히 가느다란 끈과 바늘로 레이스를 만든 털실 세공이 유행하였다.

　테이블클로스는 빅토리아 중기의 복식에서 나타난 루쉬와 손뜨개를 이용한 것이 특징이다. 흰 면에 자수를 하여 전체적으로 깔끔하게 처리했다. 빅토리아 시대의 전형적인 꽃이나 화초 무늬의 내추럴한 문양이 들어간 패브릭은 흰색으로 깨끗하게 문양을 직조하였다. 황금색의 실크로 우아함을 강조하였으며, 끝처리를 짧은 루쉬로 강조하여 화려함을 더하였다.

　빅토리아 시대의 센터피스 또한 다른 식탁 요소와 마찬가지로 고딕 양식이나 고전주의 양식을 선호하였다. 화려한 촛대와 중앙부를 장식한 꽃들을 볼 수 있다. 다른 시대사조와 마찬가지로 테이블 위를 은제나 도제로 된 호화로운 장식물을 가득 놓아 부를 자랑하는 것을 즐겼다. 주로 생화, 화초, 과일, 촛대 등을 사용하였으며 과거의 여러 양식이 통합적으로 나타남을 한눈에 알 수 있다.

아르누보 시대 Art Nouveau, 1880~1920

시대적 배경

1870년대를 시작으로 제1차 세계대전에 이르는 시기는 세계적으로 비교적 평온한 국제관계를 유지하였으며 유럽의 여러 국가들은 세계적으로 중요한 위치를 차지하기 위해 나름대로 노력하였다. 영국, 프랑스, 독일 등의 강대국들은 새로운 시장 개척과 원료 공급의 확보를 위해 식민지 쟁탈이 있었으며, 급진적인 과학의 발전 등 사회 전반에 물질적으로나 이성적으로 풍요로운 시대였다.

18세기에 일어난 산업혁명은 대량생산을 가능하게 하였지만 생산물의 질적 가치가 떨어지는가 하면 아름답거나 유용성이 결여된 물건이 생겨나면서 문제점이 드러나기 시작했다. 이런 현상이 중세의 수공예품에 대한 향수를 불러 일으켰고, 산업기술의 발달로 예술가들이 고립되고 그로 인해 생겨난 사회와 예술의 격차를 줄이고자 "아름다운 것은 아름답기 때문에 유용한 것이다."라는 아름다움과 유용성의 개념으로 미술공예운동이 일어났다.

미술공예운동은 역사주의로부터 탈피하고 자유롭고 새로운 것을 창조하려는 움직임에서 구조와 기능, 장식의 통일을 기본 원리로 한 아르누보를 탄생하게 하였다. 또한 아르누보는 일본의 개항으로 일본 문화가 유럽에 유입되면서 일본 미술의 영향을 많이 받았다.

표 4-4 **아르누보 스타일의 모티브**[41/]

구 분	파상 모티브	당초 모티브	화염 모티브	난형 모티브	식물 모티브
식물	물결과 같은 형상, 일정한 간격을 두고 차례로 되풀이 되는 모티브	식물의 덩굴이나 줄기를 일정한 모양으로 도안화한 장식 모티브	타오르는 불꽃 모양을 본 뜬 모티브	공작 날개를 이용한 달걀 모양의 곡선 모티브	자연물의 유기적 형태에서 얻었으며 꽃과 풀이 엉킨듯한 유기적인 형태의 모티브
그 림					

아르누보 양식

그림 4-73 **아르누보 시대의 와인 병 홀더**[42/]

'아르누보'는 19세기 말에서 20세기 초에 걸쳐서 유럽 및 미국에서 유행한 장식 양식으로 '신예술'이라는 뜻을 지닌다. 아르누보의 작가들은 자연 형태에서 모티브를 빌어 새로운 표현을 얻고자 했다. 특히, 덩굴풀이나 담쟁이 등 식물의 형태를 연상하게 하는 유연하고 유동적인 선과, 파상波狀무늬, 당초唐草무늬 또는 화염火焰무늬 형태 등 특이한 장식성과 유기적이고 움직임이 있는 모티브를 즐기고, 직선적 구성을 의도적으로 피했다.

장식 모티브를 자연물의 유기적 형태에서 얻었으며 식물 모티브는 백합을 비롯해, 난초, 아이리스, 양귀비, 튤립 등 윤곽이 뚜렷하고 꽃과 풀이 엉킨듯한 유기적인 운동으로 표현하였다. 동물 모티브로는 유미주의에서 가져온 백조와 공작이 있다. 백조는 미와 기품을 상징하고, 공작은 화려한 색채와 난형卵形 문양을 지닌 호화로운 날개가 미와 허영의 상징으로 애용되었다.

색채는 환상적이면서 신비스러운 분위기를 위해 밝고 환한 파스텔 계통의 색상을 사용하였음을 알 수 있는데, 이는 부드러우면서 은은한 느낌의 인상주의에 의해 형성된 부드러운 파스텔의 색조와 화학염료의 발전에서부터 기인하는 것이다.

아르누보 시대의 식공간

그림 4-74 **아르누보 시대의 티 포트**[43/]

도자기보다는 금속으로 만든 테이블웨어에서 자연으로부터 가지고 온 늘어지는 형태가 많이 나타났으며, 대량생산 제품보다는 수공예품이 주로 이용되었다.

그림 4-75 **아르누보 시대의 커피 용기 세트**[44/]

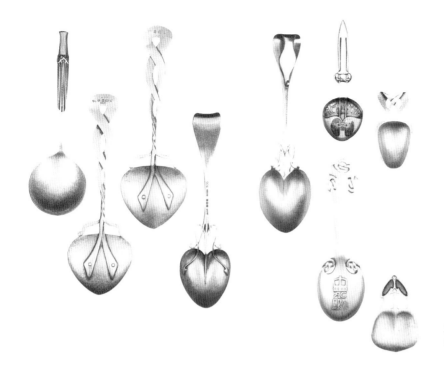

그림 4-76 **아르누보 시대의 리버티 실버 스푼**[45/]

유약에 중점을 두는 디너웨어가 생산되었고, 고전적이거나 동양적인 영향을 받아 부조 장식이 없는 대칭적인 형태가 주를 이루었다. 또한 유약 자체의 묘미가 분명히 드러나는 고대 페르시아, 터키, 극동 지역의 도자기를 선호하였다. 특히 일본의 유약과 도기 비법을 발견하기 위해 많은 애를 썼으며, 상업적인 도자기도 일본의 청화백자 이미지를 모방하였다.

덴마크 왕립 자기 공장에서는 흰색 바탕에 담청색, 분홍색, 녹색, 회색 같은 연

〈
그림 4-77 **아르누보 시대의 티파니 상사의 물병**[46/]

《
그림 4-78 **아르누보 시대의 에밀 갈레 꽃병**[47/]

한 색으로 꽃, 곤충, 바닷게, 해조류 등을 묘사한 우아한 작품을 제작하였다. 베를린 왕립 자기 제조소에서는 곡선과 꽃무늬를 사용한 제품을 선보였으며, 마이센국립 자기 제조소는 '날개' 패턴을 이용하여 많은 호응을 얻었다. 식물, 꽃, 나뭇잎 등의 자연주의 양식에 기초한 무늬나, 추상적인 곡선무늬가 디너웨어에 많이 장식되었다. 아르누보 식기 세트의 외양은 변형을 가하지 않은 단순·소박한 형태가선호되었다.

커틀러리에서도 아르누보의 양식이 그대로 나타났다. 손잡이 부분이 꽃으로 장식되어 있거나 곡선으로 표현된 제품이 많이 생산되었으며, 타원형의 볼이 많이 나타났는데, 볼에도 유선형이나 식물이 장식되었다.

유리는 아르누보 시기에 선호된 소재 중 하나였다. 프랑스의 에밀 갈레^{Emile Galle}와르네 랄리크^{Ren?Lalique} 그리고 미국의 루이스 컴포트 티파니^{Louis Comfort Tiffany}는 장식적유리공예 분야에서 탁월한 성과를 보여 주었다.

갈레는 도자기 장식에 사용했던 에나멜 기법을 일본이나 이슬람 이미지와 결합하여 실험하였다. 유리 상감세공, 두 겹의 유리 사이에 장식을 삽입하는 앵테르칼레^{intercalaire} 세공, 양각 세공, 에칭, 녹청 입히기, 법랑 세공, 유리조각 덧붙이기 등의기법들이 혼합하여 사용되었다. 르네 랄리크는 구상적 모티브와 무색 유리, 비대칭무늬 그리고 잠자리나 딱정벌레, 식물 같은 아르누보의 전형적인 모티브들을 즐겨

그림 4-79 **아르누보 시대의 윌리엄 모리스의 오이풀 무늬 벽지도안**[48/]

사용하였다. 1893년 티파니는 녹인 유리에 금속 증기를 쐬어 무지갯빛 분광을 만들어 내는 유리를 개발하고, 여기에 티파니 분광유리^{Tiffany Favrile Glass}라는 이름을 붙였다. 유리 장식에 사용된 선은 동적이고 비대칭적이었으며, 꽃과 식물의 움직임과 성장의 요소들이 사실적이기보다는 양식화되어 표현되었다.

아르누보 시기에는 에스 커브^{S-curve}의 아름다움을 살리기 위해 부드러운 재료를 많이 사용하였다. 특히 레이스^{lace}, 시폰^{chiffon}, 오간디^{organdy} 등 부드럽고 얇게 비치는 직물을 애호하였다. 꽃과 식물무늬의 수를 놓거나 아플리케를 하기도 하였다. 아르누보 직물 패턴 디자인은 주로 꽃을 주제로 하였고, 꽃, 잎사귀, 얽힌 줄기 등을 모티브로 한 흐르는 듯한 곡선, 사실적인 고전적 꽃 문양, 부케 모양 등이 있으며 이러한 패턴의 반복 구성은 많은 직물에 사용되었다.

현대에 영향을 미친 아르누보 직물 디자인 분야의 선구자는 윌리엄 모리스^{William Morris}였다. 모리스는 고딕을 예찬하는 사람으로서, 그 정신을 이어받아 역동적이며 장식적인 새로운 디자인을 만들어 내고자 했다.

아르누보적 화예 디자인 형태는 수직형 보다는 소재가 가지고 있는 자연의 특성을 살려 유기적으로 생명체가 서로 교차되고 뒤틀린 형태와 선으로 디자인된 것을 많이 볼 수 있다. 꽃은 좌우 비대칭으로 꽂는 경우가 많았고 은제품 화기^{花器}의 모티

그림 4-80 **아르누보 스타일의 센터피스**[49/]

그림 4-81 **아르누보 스타일의 식탁 장식용 인물상**[50/]

브도 자연의 식물을 연상시키는 것이 중심이었다. 소재 면에서 꽃으로는 카라, 백합, 붓꽃, 양귀비, 튤립이 사용되었고, 식물로는 여성적인 섬세한 곡선을 나타낼 수 있는 베어글라스Bear grass, 스마일락스Smilax 등의 줄기들이 주로 사용되었다.

춤의 동작과 에너지를 전달하고 있는 도자 인물상은 아르누보 양식의 정신을 잘 나타내고 있다. 이 인물상의 재료인 비스킷 자기는 18세기 중반 세브르에서 개발하여 발전시킨 재료이다. 기공氣孔으로 쉽게 오염되기는 했으나 18세기와 19세기 초 후식이 제공될 때 식탁 장식으로 많이 이용되었다.

아르데코 시대 Art Deco, 1920~1939

시대적 배경

아르데코 양식이 발생한 1920년대는 인류 역사에 있어 위대한 변화의 시기였다. 1914년에서 1918년에 이르는 제1차 세계대전과 1929년의 세계 대경제 공황이 일어났던 격동과 혼란의 시기였다.

이러한 20세기 초는 역사적 · 정치적 · 경제적으로 변혁의 시기이자 사회적인 혼란으로 인하여 대중들은 사회의 불안정 속에서 나타난 반대의 보상심리가 사치와 화려함으로 만연되는 사회 속에서 한 양식으로 표현되었다. 아르데코의 출현은 아르누보의 과잉 장식 경향에 대한 반동으로부터 비롯되었다.

아르데코 양식

1920년대에 시작하여 1930년대에 프랑스를 중심으로 서유럽과 미국에서 유행한 장식양식이다. '아르데코ART DECO' 라는 용어는 1925년 파리에서 개최된 장식과 산업예술의 유명한 전시회Paris Exposition Internationale Des Arts Decoratifs et Industriels Modernes의 제목으로부터 유래되었으나, 그 시대에 사용된 용어가 아니라 이 양식을 즐기기 위해 시작한 1960년대 아르데코의 재현에서부터 실제적으로 사용되었다. 이 명칭은 프랑스에서는 아트 모던으로 '1925년 양식' 이라 불렸으며, 미국에서는 모더니스틱 모던, 지그재그 모던, 스타일 1925 등으로 불리기도 한다.

아르데코의 중요한 통일된 요소들 중 하나는 기하학적인 형태의 강조로, 소용돌이치는 곡선interlacing curve과 기능적이고 고전적인 직선미sleek line를 추구하였다. 기하학

표 4-5 **아르데코 스타일의 모티브**

구 분	지그재그	지규렛트	선버스트
특 징	직선이 번갈아 좌우로 꺾인 모양	고대 바빌로니아·아시리아의 피라미드 형태의 신전을 본뜬 모양	구름 사이로 새어 나오는 강렬한 햇살 모양의 불꽃 문양 그림
그 림			

적 형태는 아르데코 시대의 장식 전반에 걸쳐 표현되었고, 둥근 모습을 각진 형태로 표현한 것은 큐비즘cubism의 영향으로 볼 수 있다.

단순함은 아르데코에서 많이 사용되었던 기하학적 형태, 꽃, 여인상 및 여러 겹의 직선미가 나는 매끄러운 선에서 나타나고 있다. 특히 단순화된 꽃은 흔히 볼 수 있는 장식으로 이전의 전통적이고 사실적 표현의 묘사는 사라지고, 크고 양식화된 꽃의 단순함을 강조하였다. 장미, 마가렛, 달리아, 국화 등이 주로 그 대상이었으며 그 중 특히 단순화된 장미는 가장 많이 사용되었다.

아르데코에서 많이 쓰였던 독특한 테마의 하나인 여인상은 과거의 사실적인 모습과는 달리 미끈하고 단순한 선을 강조한 양식화된 모습을 나타냈다. 아르데코에 쓰였던 형상shape은 더욱 뚜렷하고 단순해져서 주제들도 이러한 경향에 잘 어울리는 것들이 부각되고 추상적 경향을 띤다. 지그재그Zig zag, 지규렛트Ziggurat, 선버스트Sunburst가 대표적인 형태이다.

아르데코의 색은 검은색, 금색, 은색, 원색, 파스텔의 대담한 색이 주조를 이룬다. 검은색은 아르데코의 대표적 특징인 단순성을 가장 적절히 표현할 수 있는 색으로 정착하여 20세기에 들어와 야성미, 세련미 있는 유행색으로 정착되었다. 금속 소재에 의한 색인 금색과 은색은 아르데코의 모던함을 표현한 색으로 강하게 대비를 이루며 현대적이고 대담한 분위기를 주는 역할을 했다. 원색의 등장은 동양에 대한 관심, 야수파, 초현실주의의 영향과 공연예술 등을 배경으로 하였으며, 새로운 파스텔 색조는 아르누보의 주조색이었던 연한 하늘색, 연한갈색, 연한녹색 등의 낮은 채도의 파스텔 색조 대신 핑크, 하늘빛의 파랑, 레몬 옐로우, 민트의 초록과 같

그림 4-82 **아르데코 스타일의 2
인조 티 세트**[51/]

이 선명하고 산뜻한 샤베트톤이었다. 아르데코 시대는 광택이 있는 소재들을 중심
으로 흑단, 상아, 유리, 대리석, 진주, 뱀가죽, 고급피지 등으로 희귀하고 값비싼 재
료를 사용하였다.

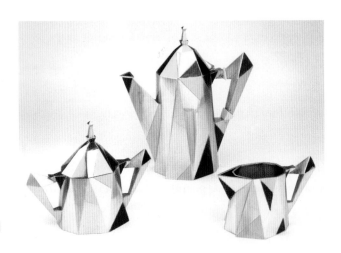

그림 4-83 **아르데코 스타일의 커
피 서비스 세트**[52/]

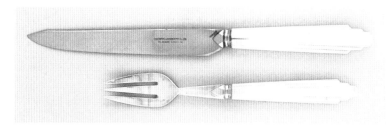

그림 4-84 **아르데코 스타일의 상아 손잡이 포크, 나이프**[53]

그림 4-85 **아르데코 스타일의 칵테일 글라스**[54]

아르데코 시대의 식공간

디너웨어는 아르데코가 번성했던 시기에 화려하게 장식되었다. 꽃무늬 패턴이 식기 표면에 전체적으로 전사되기도 하고, 그릇의 가장자리에 색 라인을 넣거나 추상적이고 기하학적인 패턴으로 제작하기도 하였다. 커피잔의 손잡이 부분을 삼각형으로 만들기도 하는 등 모던한 스타일을 생산해 내긴 했으나 사용하기에는 불편함이 많았다.

디너웨어는 장식 없이 제작되거나 모던한 이미지, 이국적인 이미지가 그려지기도 했으며 아르데코의 인기 있는 모티브였던 선버스트 문양이 그려진 티세트가 나오기도 했다. 일반적인 원형보다 유선형과 각진형이 유행했으며, 직사각형의 볼, 삼각형의 컵과 컵 받침 같이 기하학적인 형태를 지닌 것들이 생산되었다. 커피잔 세트는 도자기로 제작되기보다는 금과 은이 복합적으로 사용된 제품이 있었으며, 기하학적인 형태가 대부분이었다.

그림 4-86 **아르데코 스타일의 테이블클로스**[55]

〉
그림 4-87 **아르데코 스타일의 센터피스**[56/]

〉〉
그림 4-88 **아르데코 스타일의 지규렛트 촛대**[57/]

이 시기는 은, 놋, 구리, 크롬 그리고 도금된 커틀러리가 많이 생산되었고, 1914년 스테인레스 스틸이 발명되면서 한 조각[one-piece]으로 만들어진 특이한 스타일의 나이프가 생산되었다. 핑거 포인터[finger point], 슬리퍼[slipper]라 불리는 다크 그린, 갈색, 아이보리로 채색되고 끝이 점점 가늘어지는 손잡이를 가진 나이프가 나타나기 시작했다. 유행하던 고전적인 라인이 서서히 사라지고, 일체의 장식을 배제한 단순한 패턴의 디자인이 유행하였다.

루비 레드[ruby red], 코발트 블루[cobalt blue], 딥 그린[deep green] 칼라의 글라스웨어들이 생산되었다. 하나의 스템웨어[stemware] 패턴으로 큰 고블렛에서 작은 코디알[cordial]까지 다양한 종류의 스템웨어를 생산하기도 하고, 단순한 스템에 볼의 색을 여러 가지로 하거나 다각형의 볼을 가진 글라스웨어가 유행했다. 스템 부분만 색을 넣거나 기하학적 문양으로 디자인된 제품이 생산되기도 하였고, 스템에 여성의 누드, 모자 쓴 남성의 모습, 그리고 동물형상을 가진 조각품을 활용하기도 하였다.

아르데코의 기하학적 직물디자인은 획기적인 구성에 의해 추상성을 강조한 대담한 기하학적 모티브로 이루어졌고, 양식화[樣式化]된 꽃의 모티브를 사용하였다. 또한 아프리카, 동양의 에스닉[ethnic] 모티브가 첨가되었다. 아르데코 직물 디자인의 색채 특성은 금, 은색이 주류를 이루었고 러시아 발레와 추상미술의 영향으로 등장한 원색계통과 그 외의 파스텔 색조, 탱고, 강한 핑크, 라벤다, 크롬 엘로우, 라임 그린 등의 다양한 색으로 이루어 졌다.

센터피스의 재료는 형태가 작은 꽃들과 식물이 사용되고, 매스플라워mass flower 및 소재들의 집단화clustering, 그룹짓기grouping를 하여 시각적 장식성을 강조하였다. 화려한 색채, 단순한 기하학적 형태가 주를 이루며 기하학적 미, 대칭미, 통일감이 강조되었다. 그 외에 금속 제품의 센터피스나 촛대에서는 누드나 세미누드 인물상이 많이 이용되었다. 큐비즘의 영향을 받은 꽃병, 지구라트 모양을 한 촛대도 나타났다.

4. 현대 contemporary

모더니즘 Modernism, 1900~1970

시대적 배경

1920년대에 일어난 표현주의, 미래주의, 다다이즘, 형식주의 등의 감각적, 추상적, 초현실적인 경향의 여러 운동을 나타낸다. 넓은 의미의 모더니즘은 르네상스 이후에 생겨난 개념으로 기존의 전통적인 영향에서 벗어나 새롭게 바꾸려는 것을 목표로 한 다수의 예술가, 건축가, 작가 그룹에 의해서 추구되었다.

양식

1950년대 이후 현대적 감각의 양식은 윌리엄 모리스의 이념을 구현한 모던 디자인 과 미국의 모던 디자인과 초 현대적 디자인의 현대미학적 원리를 강조하는 프랑스

〈
그림 4-89 **르 코르뷔지에의 롱샹**
(Ronchamp) 성당

《
그림 4-90 **프랑스 피르미니**
(firminy)에 건설된 문화의 집(mai-
son de la culture)

의 경향들이 각기 제시되면서, 기능성을 중시한다. 19세기 예술의 근간이라고 할수 있는 사실주의에 대한 반항이나 제 1차 세계대전 후에 일어난 아방가르드 운동의 한 형태로 순수한 미를 표현하고자 단순성을 추구하여 기능적 구조를 위해 장식을 제거하는 특징을 가지고 있다. 비례와 리듬감을 살려 디자인을 재구성하며 새로운 소재와 기술을 사용하고 사각형, 삼원색, 비대칭 무채색을 주로 사용하며, 금속 소재를 많이 다루었다.

식공간

모던 테이블 세팅은 형식이나 규칙이 없이 자유롭게 세팅하는 캐쥬얼 테이블 세팅의 한 표현이다. 날카로운 이미지를 부각시키는 것이 큰 포인트가 된다. 스테인리스나 돌은 식기뿐만 아니라 테이블 클로스 대신으로 사용되기도 한다. 모던 세팅의 대표적인 색채는 블랙과 화이트, 그레이등의 무채색을 조화시켜서 연출한다. 도

〉
그림 4-91 **모던 스타일의 일본식 테이블 세팅**

〉〉
그림 4-92 **모던 스타일의 디너웨어**

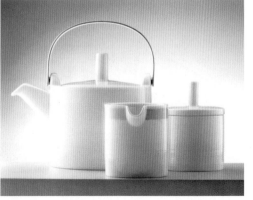

〉
그림 4-93 **모던 스타일의 이탈리아 커피 용기 세트**

〉〉
그림 4-94 **모던 스타일의 영국 티용기 세트**

회적인 느낌의 식탁을 연출하며 대조나 대비의 갑작스런 변화를 통해 정반대의 분위기를 조성하는 것으로 자극적이고 동적인 효과를 준다. 간결한 식탁이나 그릇을 배경으로 하여 여러 색과 질감의 음식들을 차려 놓은 상차림은 강한 대비 효과를 낸다. 서로 대립하는 느낌이 드는 두 그룹을 매치시키는 것도 모던한 효과를 얻을 수 있는 방법이다. 동양적인 것과 서양적인 것, 모던한 것과 에스닉한 것끼리의 매치가 그 예라 할 수 있다.

미니멀리즘 Minsimalism, 1960~

시대적 배경

1950년대 추상표현주의에 대한 미국작가들의 반발에서 태동하였고 최소한의 조형수단으로 제작한 회화나 조각을 가리키며 '최소한의 예술'로 극도로 단순화하는 것이 특징이다. 1960~1970년대 미국의 시각예술과 음악을 중심으로 일어났으며, 모든 기교를 지양하고 근본적인 것을 표현하려 한다. 대표적인 작가로는 스티브 라이히, 테리 릴리, 필립 글래스가 있다. 이후 음악에서는 포스트 미니멀리즘으로 이어지며, 연극, 영화, 디자인 등의 분야에서 활발히 적용되었다.

양 식

미니멀리즘은 디자인, 건축 등에도 자주 사용되어 필수적인 것들만 남기고자 한다. 데 스틸의 작가들이 대표적인 미니멀리스트이며, 이들은 선과 면 등 가장 기본적인 것들만으로 모든 생각을 표현하고자 하였다. 건축 디자인 분야에서는 루드비히 미

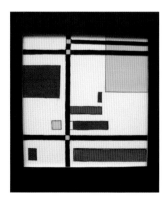

그림 4-95 **미니멀리즘 양식**

스반데어로에, 리처드 풀러 등이 대표적이다.

　단순성과 순수성을 추구하였으며 절제된 단아함 속에서 세련된 면모를 보이고 '최대한의 시각적 단순성'으로 절제된 양식과 극도로 단순한 제작방식을 보여준다. 몰개성적인 표현, 화려한 색상, 절제, 검은색이거나 단색, 때로는 금, 은색을 사용한다.

식공간

대상의 본질만 남기고 불필요한 요소들을 제거하여, 최소한의 색상을 사용하고 기하학적인 뼈대만을 표현하는 단순한 형태의 미술작품이 주를 이루었다. 대표적인 작가로는 도널드 주드, 프랭크 스텔라 등이 있다.

그림 4-96 **미니멀리즘 식공간**

포스트 모더니즘 Post-modernism, 1970~현재

시대적 배경

1970년대 미국에서 태동하여 세계와 인간을 파악하고 이해하려는 사고방식을 가지고 있다. 혁신적이긴 했으나 역설적으로 보수성을 지니고 있던 모더니즘에 대해 각자의 개성을 되찾고 대중과 친근하면서 모더니즘의 절대적인 권위를 거부하는 다양성의 실험을 나타낸다. 전통적인 기능주의의 형식에서 벗어나 대중적인 접근을 시도하였으며 '모든 가치에 대한 차별 없이 열린 풍토'를 의미한다.

1980년대 이후 포스트모더니즘은 정보사회로 급속한 변화가 이루어 지면서 더욱 다양한 모습을 보인다. 신표현주의와 미디어의 차용, 제3세계, 여성미술, 개인, 자유, 창조성과 고유성, 천재성의 믿음, 내면의 정신을 바탕으로 하였다. 포스트모더니즘은 감성과 감각을 바탕으로 키치적이나 저급과 고급, 대중과 엘리트의 벽을 허문다. 무조건 반항 보다 가치관의 계승과 새로운 모더니즘의 창조적 예술 패러다임으로 해석할 수 있다.

양식

장르의 붕괴, 다양한 양식의 공존, 문화적 다원주의적 경향, 개성, 자율성, 대중성을

그림 4-97 **포스트모더니즘 양식**

중시하고 절대 이념을 거부하며 역사적, 민속성, 전위성 등이 복합적이거나 절충적인 형상으로 도입된다. 미술에서 '모더니즘'과 단절을 주장하기도 하며, 동시에 모더니즘 미술의 계승과 지속, 이후의 의미를 갖기도 한다. 1970년대 말 신표현주의와 미디어 아트, 여성주의 미술의 전개로 본격적인 포스트모더니즘미술 등장, 탈모더니즘으로 미술의 신비화, 아우라 몰락[벤야민], 포스트모더니즘은 모더니즘 미술과 단절, 또는 극복하려는 의지로 전개되고 있다.

포스트 모더니즘의 식공간

포스트 모더니즘의 식공간은 장식성, 비순수성, 색채, 비대칭, 대중주의, 과거 양식혼합차용, 복고식, 모던식, 아르누보 등의 다양한 양식과 단순 · 복잡, 이상 · 보편, 대중적, 순수 · 절충, 직설 · 유머의 양식을 취하고 있다.

그림 4-98 **포스트모더니즘의 식공간**

현대의 식공간

오늘날의 식탁은 스푼, 포크, 나이프와 더불어 젓가락도 함께 세팅되어 필요에 따라 자유롭게 사용하게 되었다. 식탁 가구로서 스틸과 유리, 광택이 없는 검은 색 도금, 알루미늄 등 특이한 소재로 단순성을 강조하는 디자인이 등장하였고 기하학적 구성에 부합되는 디자인의 식기도 보여지게 된다. 모던 라이프에 적합한 기능성 식기와 앤틱의 식기 콜렉션, 젠ZEN에 의한 일본풍의 식기들이 믹스mix 앤 매치match의 경향으로 식탁에 올라오게 된다.

또한 건강에 대한 관심이 많아지면서 식재료에 대한 질을 추구하는 경향과 삶의 질을 추구하는 경향이 나타남으로 웰빙과 로하스에 대한 의식의 변화를 가져오게 되었다.

웰빙 well-being

1990년대 이후 웰빙이 자연스럽게 생활 속에 파고 들었다. 예를 들어 채식주의, 생태운동, 슬로우 푸드slow food 운동을 들 수 있으며 구미지역의 웰빙 시장은 주로 요가yoga와 관련된 상품, 유기농 식품 등에 국한된다.

로하스 LOHAS

'Lifestyle of Health and Sustainablity' 의 약자로 건강과 환경, 사회의 지속적인 발전 등을 심각하게 생각하는 소비자들의 생활 패턴이다. 자신과 더불어 살아가는 주변의 건강을 염두에 두고 살자는 의식을 가지고 있다.

구 분	물건 구입	유기농에 대한 시각 차이
웰 빙	– 자신을 먼저 생각	– 나의 건강을 주로 생각하는 좋은 유기농 식품 구입
로하스	– 재생 가능성에 중점을 둔 환경적인 문제 고려	– 생태계 질서를 회복하는 방법으로 유기농 재배법을 바라보는 시각

표 4-6 **웰빙 식품과 로하스 식품 구매기준**

주

1/ 그리스 시대의 식공간; 케이티 스튜어트 지음 · 이성우 외(1991). **식과 요리의 세계사.** 동명사, p.24.

2/ 술 항아리; 케이티 스튜어트 지음 · 이성우 외 옮김(1997). **식과 요리의 세계사.** 동명사, p.24.

3/ 취형수주(聚形水注); 황종례 · 유성웅 엮음(1994). **세계도자사.** (주)한국색채문화, p.450.

4/ 식물문(植物紋) 암포라; 황종례 · 유성웅 엮음(1994). **세계도자사.** (주)한국색채문화, p.451.

5/ 에크세키아스 흑회식; 황종례 · 유성웅 엮음(1994). **세계도자사.** (주)한국색채문화, p.454.

6/ 후기 헬레니즘식 암포라스코스 유리병; 이인숙(2000). **아름다운 유리의 세계.** 여성신문사, p.30.

7/ 그리스 시대의 무색 투명 유리 볼; 이인숙(2000). **아름다운 유리의 세계.** 여성신문사, p.42.

8/ 로마 시대의 만찬; 丸山洋子(2000), **テーブルコーディネート**, p.25.

9/ 흑색각선문호(黑色刻線紋壺); 황종례 · 유성웅 엮음(1994). **세계도자사.** (주)한국색채문화, p.457.

10/ 고대 스크래머색스; 헨리 페트로스키 지음 · 이희재 옮김(2000). **포크는 왜 네 갈퀴를 달게 되었나.** 지호, p.18.

11/ 카메오 글라스의 명품 포틀랜드 화병; 이인숙(2000). **아름다운 유리의 세계.** 여성 신문사, p.54.

12/ 통째로 조리한 새와 생선이 놓인 중세의 테이블; 이연숙(1998). **실내 디자인 양식사.** 연세대학교출판부. p.47.

13/ 베네치아의 호사스러운 연회; 패르당 브로델 지음 · 주경철 옮김(1995). **물질문명과 자본주의 1-1, 일상생활의 구조(上).** 까치, p.252.

14/ 독일 연회; 케이티 스튜어트 지음 · 이성우 외 옮김(1997). **식과 요리의 세계사.** 동명사, p.106.

15/ 르네상스 시기의 트린(나무접시); Philippa Glanville&Hilary Young(2002). **Elegant Eating.** V&A Publications, p.42.

16/ 고대 그리스 로마 시대의 신화를 배경으로 한 이스토리아토(istoriato) 양식의 접시; 세계도자기엑스포조직위원회 엮음, 정순주 · 박찬희 옮김(2001). **세계도자명문전-서양.** 세계도자기엑스포조직위원회.

17/ 청화 접시; 세계도자기엑스포조직위원회 엮음 · 정순주 · 박찬희 옮김(2001). **세계도자명문전-서양.** 세계도자기엑스포조직위원회.

18/ 작은 고블릿; 경기도 박물관 엮음(2001). **유럽 유리 500년 展.** 경기도 박물관, p.12.

19/ 레이스 글라스 고블릿; 경기도 박물관 엮음(2001). **유럽 유리 500년 展.** 경기도 박물관, p.12.

20/ 베리 공작의 〈시력기도서〉 중에서; 맛사모 몬타나리 지음 · 주경철 옮김(2001). **유럽의 음식문화.** 새물결.

21/ 유럽의 공예, 장식, 건축 등의 보이는 중국풍 양식이나 그 양식에 의해 만들어진 작품

22/ 바로크 양식의 주요 모티브;
-민찬홍 외(2005). **실내디자인 용어.** 교문사.
-Paul Davidson(2000). **Antique Collector's Directory of Period Detail.** Barron's.

–Judith Miller(2000). **Dictionary of Antiques&Collectibles**. Bulfinch Press.

23/ 루이 14세의 연회; 김복래(1998). **프랑스가 들려주는 이야기**. 대한교과서, p.89.

24/ 바로크 시대의 식공간; 丸山洋子, **テーブルコーディネート**, 2000, p.31

25/ 난형(卵形) 접시; 국립중앙박물관(2000). **프랑스 도자 명품전**. 국립중앙박물관, p.29.

26/ 바로크풍의 수프 그릇; 김재규(2000). **유혹하는 유럽도자기**. 한길아트, p.113.

27/ 휴대용 커틀러리 세트; Peter Brown(2001). **British cutlery**. Phillp Wilson Publishers, p.95.

28/ 바로크 시대의 글라스; Judith Miller(2000). **Dictionary of Antiques&Collectibles**. Bulfinch Press, p.9.

29/ 꽃 피라미드; Philippa Glanville&Hilary Young(2002). **Elegant Eating**. V&A Publications, p.38.

30/ 마이센에서 생산한 바로크풍의 인물상; 김재규(2000). **유혹하는 유럽 도자기**. 한길아트, p.103.

31/ 신고전주의 장식품; 1743~1809. 조각 장식품으로 고전 시대의 영향과 낭만을 표현하였다.

32/ 신로코코 양식으로 화려한 장식이 중심으로, 좌우 균형을 깨뜨린 자유로운 형식에 의한 곡선으로 구성되며, 밝고 섬세하며 감각적인 화려한 귀족문화의 성격을 지닌 양식이다.

33/ 1558~1603년 영국의 엘리자베스 1세 시대로 르네상스 양식이 유행하였다.

34/ 1603~1660년 영국의 제임스 1세와 찰스 1세가 지배하였던 시대로 실내 장식에 있어서 고딕양식 요소는 거의 남아있지 않고 르네상스 양식이 많이 사용되었다.

35/ 중세 후기 서유럽에서 나타난 미술양식.

36/ 경질 도기(硬質陶器)로 장석질(長石質) 도기라고도 한다. 도석(陶石), 점토, 장석으로 이루어지는 재료를 1,200~1,300℃에서 구운 것으로 자기와 도기의 중간이며, 빛깔은 희고 자기에 가까우나 투명지는 않다.

37/ 빅토리아 시대의 식공간; Venable, Charles L0(2000). **China and glass in America 1880~1980**, p.23.

38/ 1755년경. 웨지우드의 크림웨어로, 자기나 기타 경쟁 재료보다 제작 비용이 저렴하고 얇게 빚을 수 있었다. 색과 부드러운 광택이 위생적이다.

39/ 채색화 자기로 '아리타 자기'라고도 하며 해외에 많이 수출되었다.

40/ 지중해의 마요르카섬 상인이 에스파냐의 도자기를 이탈리아로 반입하였는데, 이것을 이탈리아 사람이 마욜리카라고 부른 데서 이 이름이 생겼다. 흰 바탕에 청·자·황·녹·적색 등의 그림물감으로 무늬를 그린 것으로, 16세기 이후 이 기법은 유럽 각지에 전해졌고 프랑스에서는 이러한 종류의 도자기를 파엔차(Faenza)의 지명을 따서 파이앙스(faience)로 부른 것이 유럽의 마욜리카풍 도자기의 통칭이 되었다.

41/ Rene Beauclair(2007). **Full-color Art Nouveau patterns&designs**. Dover Publications. INC, pp.3-29.

42/ 아르누보 시대의 와인병 홀더; Tim Forrest(1998). **The Bulfinch Anatomy of Antique China & Silver**. Bulfinch Press. p.121.

43/ 아르누보 시대의 티포트; Tim Forrest(1998). **The Bulfinch Anatomy of Antique China & Silver**. Bulfinch Press. p.123.

44/ 아르누보 시대의 커피용기 세트; Robin Hildyard(1999). **European Ceramics**. V&A Publications. p.119.

45/ 아르누보 시대의 리버티 실버 스푼; Tim Forrest(1998). **The Bulfinch Anatomy of Antique China & Silver**. Bulfinch Press. pp.124-125

46/ 아르누보 시대의 티파니 상사의 물병; 스티븐 에스크릿 지음 · 정무정 옮김(2002). **아르누보**. 한길아트. p.254.

47/ 아르누보 시대의 에밀 갈레 꽃병; 스티븐 에스크릿 지음 · 정무정 옮김(2002). **아르누보**. 한길아트. p.53.

48/ 아르누보 시대의 윌리엄 모리스의 오이플 무늬 벽지 도안; 카린 자그너 지음 · 심희섭 옮김(2007). **어떻게 이해할까? 아르누보**. 미술문화. p.40.

49/ 아르누보 스타일의 센터피스; Best Flower Arrangement(2004). **フォーシーズンズプレス**. No.10. p.257, 262.

50/ 식탁 장식용 인물상; 한국국재교류단, 빅토리아&앨버트박물관(2008). **흙, 불 그리고 아름다움**. 한국국재교류단. p.235.

51/ 아르데코 스타일의 2인조 티세트; Karen McCready(1995). **Art Deco and Modernist Ceramics**. Thames and Hudson. p.54.

52/ 아르테코 스타일의 커피 서비스 세트; Alastair Duncan(1999). **American Art Deco**. Thames and Hudson. p.80.

53/ 아르데코 스타일의 상아 손잡이 포크, 나이프; Peter Brown(2001). **British cutlery**. Philip Wilson Publishers. p.150.

54/ 아르데코 스타일의 칵테일 글라스; Leslie Pina & Paula Ockner(1999). **Art Deco Glass**. Schiffer Publishing Ltd. p.16.

55/ 아르데코 스타일의 테이블글로스; Alastair Duncan(1999). **American Art Deco**. Thames and Hudson. p.141.

56/ 아르데코 스타일의 센터피스; Best Flower Arrangement(2004). **フォーシーズンズプレス**. No.10. p.259.

57/ 아르데코 스타일의 지구라트 촛대; Karen McCready(1995). **Art Deco and Modernist Ceramics**. Thames and Hudson. p.60.

NEW TABLE COORDINATE

5 동양
식공간

5 동양 식공간

동양은 일찍부터 우수한 식문화의 역사를 지니고 있으며 이 지역의 식생활문화는 쌀을 중심으로 한 콩 문화가 공통적이지만 지형, 기후, 기온 등의 지연환경과 종교 그리고 각 문화적 특성에 따른 고유의 상차림 문화를 형성하고 있다.

「정월에 온 손님」, 오재복

1. 한 국

상차림 문화

한국의 상차림은 주식에 따라 반상飯床, 면상麵床, 죽상粥床으로 나뉘는데, 반상은 밥을 주식으로 하고 국과 김치 그리고 반찬을 상 위에 한꺼번에 차리는 상차림으로 찬의 수에 따라 형식과 규모가 정해져 있다. 정식 상차림은 뚜껑 있는 쟁첩에 담는 찬의 가짓수에 따라 3첩, 5첩, 7첩, 9첩 반상으로 나뉜다. 12첩 반상은 궁중에서만 차리고 민가에서는 9첩까지로 제한하였다. 첩수는 쟁첩에 담는 반찬만을 이르는 것으로 밥, 탕, 김치류, 조치, 찌개, 찜 등은 찬품 속에 들지 않는 기본 음식이다.

뜨거운 음식과 국물 있는 음식은 오른편에 놓고, 중간에는 나물과 생채 등 일상적인 찬을, 찬 음식과 마른 반찬은 왼편에 놓는다. 수저는 오른편에 놓는데, 젓가락은 숟가락의 오른쪽에 붙인다.

곁상에 놓은 빈 접시에는 생선 가시와 뼈다귀 등 못 먹을 것을 발라 놓고, 식사가 다 끝나면 따뜻한 숭늉을 국 그릇과 대치한다. 반상은 대개 장방형의 사각반에 차리며, 한상에 올라가는 그릇의 재질은 모두 같아야 한다. 여름철에는 백자나 청백자 반상기가 주로 쓰이고, 겨울철에는 유기나 은기로 된 반상기를 써

그림 5-1 한식 상차림

왔고 수저는 나뭇잎 모양을 사용해 왔다. 뜨거운 음식은 뜨겁게, 차가운 음식은 차갑게 드실 수 있도록 마련한다. 예전에는 외상 차림이 원칙이었으나 요즘에는 온 가족이 한 상에 앉아 식사를 한다. 그러므로 음식을 놓을 때는 웃어른을 중심으로 차리는 것이 좋다.

상차림의 변천

고구려

음식 담은 그릇을 발이 달린 상에 차리게 된 것이 언제부터인가에 대한 것은 확실하지 않지만 1940년에 발굴된 고구려의 통구通溝 무용총舞踊塚의 벽화를 보면 상의 모습이 보인다. 두 여인이 음식을 나르는 모습의 그림을 보면 한 여인은 다리가 달린 소반을 들고 있고, 다른 여인은 다리가 없는 쟁반 같은 것을 들고 있다. 그리고 같은 무용총의 벽화인 주인에게 음식을 올리는 모습그림 5-2을 보면 오른쪽에 남자 주인과 왼쪽에 손님이 앉아서 각각 여러 가지 음식을 차린 상을 받고 있다. 주인 앞에는 칼을 가진 사람이 시중을 드는 모습이다. 이 벽화에서 고구려시대 손님접대의 입식 식사방법을 알 수 있다.

그림 5-2 **통구 무용총 벽화(주인에게 음식을 올리는 모습)**[1]

한편 통구의 각저총角底塚의 벽화에서는 주인으로 보이는 남자가 의자에 앉아 있고, 갱坑의 바닥에는 두 여인이 꿇어 앉아 있으며, 그 옆의 상 위에는 음식이 놓여 있다. 이 벽화에서 보면 고구려시대 평상시의 식사는 높이가 낮은 소반과 같은 상에 한 사람씩의 외상 차림으로 좌식이었던 것으로 보인다.

그림 5-3 **통구 각저총 벽화**
(접견도)[2/]

고 려

고려시대의 일상식 상차림을 알 수 있는 우리나라의 문헌은 없으나 『고려사
지』에 나온 제례 때의 직급에 따라 제물의 품수를 제한하였다. 제사는 조상이
생전에 좋아했던 것을 차리는 것이니 일상적인 식단의 상차림이 이와 비슷하
였으리라 본다.

그리고 송나라의 서긍이 쓴 고려 기행문인 『고려도경』 잡속의 향음조^{鄕飮條}에
는 "고려인은 작은 평상인 탑^榻 위에 또 작은 도마인 소조^{少俎}를 놓고, 구리 그릇
을 쓰며 어포, 육포, 생선, 나물들을 섞어서 내오나 풍성하지 않고, 또 술을 마시
는 행위에도 절도가 없으며 많이 내오는 것에만 힘쓸 뿐이다. 탑마다 손님 둘씩
앉을 뿐이니, 만약 손님이 늘어나면 그 수에 따라 탑을 늘려 각기 마주 앉는다."
고 하였으니 고려 때의 손님접대는 겸상이었음을 알 수 있다.

조 선

조선시대에 와서 상차림이 '좌상' 식으로 고정되었다. 그러나 궁중에서 행한
의례와 제례의 상차림에는 옛날부터의 풍습에 따라 상탁을 사용하였다.

조선시대의 궁중의 연회 기록을 적은 『진찬의궤』, 『진연의궤』와 궁중의 음
식발기 등에 나타난 상차림을 살펴보면, 대왕, 중전, 대왕대비, 세자, 세자빈 등
의 왕족은 각기 음식을 높이 고인 고배상과 곁반에 더운 탕, 차 등을 따로 받는
다. 직위가 높은 고관들은 외상 차림이고, 아래 직급은 겸상이고, 더 아래의 직
급들은 두레상에 한데 대접을 하였음을 알 수 있다. 서민의 일상식은 유교 사상
의 영향으로 어른과 남자를 존중하여 반드시 외상 차림의 반상을 차렸다.

우리 음식이 전통적인 상차림의 형식을 갖춘 것은 조선시대라고 할 수 있다. 궁중에서의 연회식은 고려시대에 중국의 영향으로 체계를 이루기 시작하였고, 조선시대에 이르러서는 정중하고도 복잡한 절차에 따라 좋은 기명과 상에 다양한 음식을 차렸고, 유교의 기본사상인 효를 중시하여 조상에 대한 제례를 엄격히 지켰다.

상차림의 종류

상차림은 한상에 차려놓은 찬품의 이름과 수를 말하는데, 규모는 그 음식대접이 어떤 뜻을 가졌는가에 따라 정해진다. 예를 들어 돌상에는 아이의 앞날을 축복하며, 부모가 자녀의 복을 기원하는 마음으로 백미 한 사발, 국수 한 대접 등을 차린다. 좋은 일에는 기쁨을, 제사에는 조상을 추도하는 뜻으로 어른이 생전에 드시던 음식을 푸짐하게 차린다.

일상 상차림

반상차림

반상차림은 쟁첩에 담는 반찬의 가짓수에 따라 다음과 같이 대별한다. 기본으로 놓는 것은 밥, 국, 김치, 국간장인 청장淸醬이고, 5첩 반상이 되면 찌개를 놓고, 7첩 반상에는 찜을 놓는다. 전, 회, 편육을 찬으로 놓을 때에는 찍어 먹을 초간장, 초고추장, 겨자즙 등을 함께 곁들인다.

김치도 반찬 수가 늘어남에 따라 두세 가지를 놓는다. 찬품을 마련할 때에는 음식의 재료와 조리법이 중복되지 않도록 하고 제철 식재료로 계절감을 살리면 좋은 식단을 구성한다.

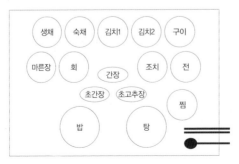

그림 5-4 **7첩 반상**

기본식 : 밥, 탕, 김치 2가지, 간장, 초간장, 초고추장, 조치, 찜·전골 택 1

반 찬 : 생채, 숙채, 구이, 조림, 전, 장과·마른찬·젓갈 중 택 1, 회 또는 편육

후 식 : 한과류, 과일, 차, 화채

죽상차림

이른 아침에 초조반으로 내거나 간단히 차리는 죽상으로 죽, 응이, 미음 등의 유동식을 주식으로, 간단하게 찬을 차린다. 죽상에 올리는 김치류는 국물이 있는 나박김치나 동치미로 하고, 찌개는 젓국이나 소금으로 간을 한 맑은 조치이다. 그 외의 찬으로는 육포나 북어무침, 매듭자반 등의 마른 반찬을 두 가지 정도 함께 차린다.

장국상차림(면상 · 만두상 · 떡국상)

주식을 국수나 만두, 떡국으로 차리는 상으로 점심 또는 간단한 식사에 어울린다. 찬품으로는 전유어, 잡채, 배추김치 등을 놓는다. 그리고 탄신, 회갑, 혼례 등의 경사 때에는 고임상인 큰상을 차리고 경사의 당사자 앞에는 면과 간단한 찬을 놓은 면상인 임매상을 차린다.

주안상차림

주안상은 술을 대접하기 위해 차리는 상으로 청주, 소주, 탁주 등과 전골이나 찌개 같은 국물이 있는 뜨거운 음식과 전유어, 회, 편육, 김치를 술 안주로 낸다. 내는 술의 종류에 따라 음식의 조미를 고려한다.

교자상차림

집안에 경사가 있을 때 큰상에 음식을 차려 놓고 여러 사람이 함께 둘러앉아 먹는 상이다. 주식은 냉면이나 온면, 떡국, 만두 중 계절에 맞는 것을 내고, 탕, 찜, 전유어, 편육, 적, 회, 채^{거자채, 잡채, 구절판} 그리고 신선로 등을 내놓는다.

후식은 각색편, 숙실과, 생과일, 화채, 차 등을 마련한다.

다과상차림

주안상이나 교자상에서 나중에 내는 후식상으로, 또는 식사 대접이 아닐 때에 손님에게 차린다. 각색편, 유밀과, 다식, 숙실과, 생실과, 화채, 차 등을 고루 차린다.

대표 절기와 음식

우리나라에서는 옛부터 춘하추동 4절기와 명절에 특별한 음식을 차려 즐기고, 액을 면하게 빌었다.

정초 설날

떡국, 만두, 약식, 다식, 약과, 정과, 강정, 전유어, 빈대떡, 편육, 누름적, 찜, 편 _{흰떡, 주악, 인절미, 수수전병}, 숙실과, 수정과, 식혜

정월 보름

오곡밥, 각색나물, 약식, 유밀과, 원소병, 부럼

팔월 한가위

송편, 갖은 나물, 토란탕, 가지찜, 배화채, 생실과

십일월 동지

팥죽, 녹두죽, 식혜, 수정과, 동치미

통과의례 상차림

사람이 태어나서 죽을 때까지 행하는 의식을 통과의례라고 하는데, 우리나라는 예로부터 음식을 갖추어서 의례를 지냈다. 탄생, 삼칠일, 백일, 돌, 관례, 혼례, 회갑, 회혼례, 상례, 제례 등에는 특별한 상차림을 준비하였다.

출 생

출산 후 신생아에게 목욕을 시킨 다음 흰쌀밥과 미역국을 끓여 밥 세 그릇과 국 세 그릇을 상床에 받쳐 '삼신상三神床'을 준비하여 산실의 산모 머리맡 구석진 자리에 놓는다.

삼칠일

아기가 출생한 지 7일이 되면 초이레, 14일이 되면 두이레, 21일이 되면 세이레라 한다. 7이라는 숫자는 길吉한 수라는 속신에서 기인한 것으로 보인다.

삼칠일에는 백설병白雪餠을 쪄서 삼칠일을 축하한다. 삼칠일의 축의음식인 백설기는 대문 밖에 내보내지 않고 집안에서 가족과 가까운 친지 사이에서만 모여 축의를 나누는 것이 원칙이다.

백 일

백일은 아기 본위本位의 첫 경축행사라고 말할 수 있다. 100이라는 숫자는 큰 수, 많은 수, 완전수完全數를 뜻한다. 백일에는 백설병을 찌고 붉은색의 팥고물을 묻

힌 차수수경단과 오색의 송편을 빚고, 흰밥, 고기미역국, 푸른색의 나물인 미나리 등을 중심으로 여러 가지 음식도 함께 장만하여 친지, 마을사람이 모여 축하하고, 백일이 되면서 비로소 축의음식을 밖으로 돌려 나눈다. 백일 축의떡은 백가百家에 나눠야 아기가 수명장수하고, 복을 받을 수 있다고 믿어 왔다.

붉은 팥고물을 묻힌 차수수경단은 귀신이 붉은색을 기피한다는 생각에서 널리 파급되었고, 10세가 될 때까지 매년 준비하기도 한다.

첫 돌

돌에 대한 전래의 의식행사는 아기의 장수복록長壽福祿을 축원하는 행사이다. 돌음식을 만들어 친척과 이웃에게 나누어 주는데, 일단 음식을 받으면 그 아기의 복록과 장수를 기원하는 의미의 인사와 선물을 답례하는 것이 예의이다.

돌상은 돌이 된 아기를 축하해 주기 위하여 떡과 과일을 차린다. 떡은 주로 백설기, 붉은 팥고물을 묻힌 수수경단, 찹쌀떡, 송편, 무지개떡, 인절미, 개피떡 등인데 그 가운데서도 백설기와 붉은 팥고물을 묻힌 수수경단은 꼭 해주는 것으로 되어 있다.

이 밖에 돌잡이를 하기 위한 여러 가지 물건을 놓는다. 돌상 앞에 무명 피륙한 필을 접어서 놓거나 포대기를 접어서 깔아 좌포단座布團 위에 아이를 앉혀 놓고 아버지가 아기로 하여금 돌상 주위를 돌면서 물건을 집게 하는데 가장 먼저 집는 것과 두 번째로 집는 것을 중요하게 여긴다.

아기가 집은 물건에 따라 다음과 같은 속신俗信이 있으며, 근래에는 마이크, 청진기 등을 놓기도 한다.

- **활 · 화살**_ 무인이 된다.

- **국수**_ 수명이 길다.

- **대추**_ 자손이 번창한다.

- **책 · 지필연묵**_ 문장으로 크게 된다.

- **쌀**_ 재물을 모아 부자가 된다.

생 일

생일은 돌이나 회갑처럼 대규모의 잔치를 베풀지 않고 자축하는 것으로 가족끼리 조촐하게 모여 미역국과 평상시보다 조금 더 준비한 음식을 나누어 먹는다.

혼 례

혼인 전 날 저녁, 신랑집에서 신부집으로 납폐함이 들어올 시간이 되면 세 켜로 된 시루떡인 봉채떡을 준비한다. 이것은 찹쌀과 붉은 팥으로 만든 떡으로 중심에 대추와 밤을 얹는다. 찹쌀은 좋은 부부 금슬을, 팥은 화를 피하고, 대추는 자손 번창을 기원하는 의미이다.

그리고 당일 날의 혼례는 대부분이 공공장소에서 주관하는 측과의 상담을 거쳐 음식이 준비되고, 신부가 시부모님과 시댁의 친척들께 인사드릴 때 준비하는 음식으로 폐백을 올려놓는다. 서울은 육포와 대추, 구절판을 준비하고 그 외의 지역에서는 닭고기, 엿 등이 추가되기도 한다.

회갑례

60회 생신을 회갑, 환갑이라고 한다. 부모가 회갑을 맞으면 자손들이 모여 연회를 베풀어 드리는 것으로, 이때는 '큰상'을 차리는데 이 큰상은 음식을 높이 고이므로 고배상^{高排床} 또는 바라보는 상이라 하여 망상^{望床}이라고도 한다. 많은 음식을 회갑상 위에 진설하여 축배를 드리고 즐겁게 해드린다.

큰상에 차리는 음식은 과정류, 생과실, 건과류, 떡, 전과류, 숙육편육류, 전유어류, 건어물, 육포, 어포류, 기타 여러 가지 음식을 30~60cm 가까이까지 높이 원통형으로 고여 색상을 맞추어 2~3열로 줄을 맞추어 배열하고 주빈 앞으로는 그 자리에서 먹을 수 있는 장국상을 차린다. 같은 줄에 배열할 음식은 모두 같은 높이로 하고 안전하고 정연하게 쌓아올리는데 원통형의 주변에다 축^祝, 복^福, 수^壽 등의 글자 등을 넣고 색상을 절도 있게 조화시키면서 고여 올린다.

회혼례

신랑, 신부가 60년을 함께 살고 나면, 그 자녀들이 부모의 회혼을 기념하여 베풀어 주는 잔치를 뜻한다. 자녀도 많고 유복한 살림을 하면 부부가 처음 귀밑머리 풀 때를 생각하여 다시 신랑, 신부처럼 복장을 하고 자손들에게 축하를 받는다. 이 의식은 혼례에 준하나, 자손들이 헌주하고 권주가와 음식이 따르는 점이 다르다.

상 례

부모가 운명하면 자녀들은 슬퍼하며 비탄 속에서 시신^{屍身}을 거두고 입관이 끝나면 혼백상을 차리고 촛대와 초, 향로와 향, 주, 과, 포를 차려놓고 상주는 조상을 받는다. 제사 음식의 주가 되는 것은 주, 과, 탕, 적, 편, 해, 메, 탕, 침채, 채소 등 각색 음식을 굽이 높은 제기에 차린다. 제물의 특색은, 재료를 잘게 썰지 않고 통째 혹은 크게 각을 떠서 간단하게 조리하고, 고명은 화려하게 하지 않는다.

제 례

제상은 집집마다 고장마다 진설법이 다를 수 있으므로 형편에 맞춰 정성껏 마련하면 된다. 제물의 가짓수가 적거나 양이 줄어도 무관한 것이다. 제사란 자손의 정성으로 지내는 것이지 누가 지시해서 하는 것이 아님을 명심해야 한다.

상차림 제안

음식을 대접하는 방법으로는 크게 상위에 모든 음식을 한꺼번에 다 차려놓는 방법인 공간전개형과 음식의 성격에 따라 순서대로 내는 시간전개형 방법이 있고, 이를 절충한 방법으로 음식을 한 가지씩 제공하다 밥과 국 여러 가지 반찬을 한꺼번에 제공하는 형태인 시공간전개형으로 제공하는 경우도 있다.

전통적인 상차림 방법과 달리 서양식의 상차림과 절충하여 식탁을 꾸며 본다면 새로운 분위기의 식탁을 연출할 수 있을 것이다. 먼저 깨끗하고 정갈한 테이블클로스를 상 위에 깔고, 개인접시와 수저, 물컵, 냅킨을 준비한 후 식탁 중심에 꽃이나 초, 인형 등을 놓는다. 요리를 서빙하는 순서는 서양식의 전채에 해당하는 요리로 시작해서 해물류, 육류의 요리를 내고, 다음 밥과 함께 반찬이 될 수 있는 요리와 마지막에 후식을 내는 순서로 진행하며 여기에 음식과 어울릴 수 있는 적절한 술을 곁들인다.

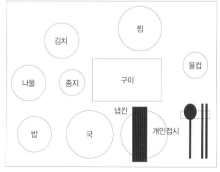

그림 5-5 **한식 1인 상차림**

식사예절

- 좌석의 위치는 어른이나 손님이 상석에 앉는다.
- 앉는 자세는 모서리를 피해 앉으며, 척추를 바로 세워 반듯한 자세로 앉는다. 팔로 방바닥을 짚거나 신문을 보면서 식사를 하는 것은 옳지 못하다. 의자에 앉아 식사할 때는 다리를 꼬지 않으며 팔꿈치를 식탁위에 올려 놓지 않는다.
- 상차림에는 냅킨을 준비하여 놓는다.
- 여럿이 식사를 할 때에는 개인접시를 마련하여 자기가 먹을 양만큼을 덜어 먹는다. 회 접시와 전유어가 놓일 경우에는 초고추장과 초간장에 각각 작은 스푼을 놓아 개인접시에 자기가 먹을 만큼 덜어서 찍어 먹는다. 공동의 초장 종지에서 직접 찍어 상 위에 뚝뚝 흘려가면서 먹는 것은 옳지 못하다. 찌개를 먹을 때에도 식탁용 공동 국자를 마련하여 덜어 먹는다.
- 뼈와 가시는 접시 한 쪽에 모아 놓거나 종이 냅킨으로 싸둔다. 상 위나 바닥에 그대로 버려서 더럽히지 않도록 한다.
- 숟가락과 젓가락은 한손에 같이 사용하지 말고 하나씩 사용한다. 숟가락이나 젓가락을 그릇에 걸치거나 얹어 놓지 말고 밥그릇이나 국그릇을 손으로 들고 먹지 않는다.
- 음식을 먹을 때는 음식 타박을 하거나 먹을 때에 소리를 내지 말고 수저가 그릇에 부딪혀서 소리가 나지 않도록 하며, 수저로 반찬이나 밥을 뒤적거리거나 헤치는 것은 좋지 않고, 먹지 않는 것을 골라내거나 양념을 털어내고 먹지 않는다.
- 먹는 중에 수저에 음식이 묻어 남아 있지 않도록 하고, 밥그릇도 밥풀이 여기 저기 묻어 있지 않도록 한다.
- 식사 후 수저는 처음 위치에 가지런히 놓고, 사용한 냅킨은 대강 접어서 상 위에 놓는다.
- 음식이나 술을 더 먹으라고 억지로 권하는 것도 삼간다.

2. 중 국

상차림 문화

예전에는 '팔선탁자^{八仙卓}', '사선탁자^{四仙卓}'라고 하는 8인용, 4인용의 사각형 탁자를 사용하였다. 그러나 근래에 와서는 원탁을 많이 사용하며, 식탁의 중심 부분에 약간 높은 회전대^{Lazy Susan3/}를 놓아 여러 명이 음식을 돌려가면서 먹을 수 있도록 되어 있다.

8인용 식탁이 기본이며 8명이 넘으면 두 상을 준비하는 것이 좋다. 그러므로 한 식탁은 8명 기준으로 요리가 준비되고, 이들이 나누어 먹을 수 있는 분량을 한 접시에 담아야 하기 때문에 접시의 크기가 매우 큰 특징을 가지고 있다. 요리를 먹을 때 사용하는 개인접시는 고급의 경우는 은기를 사용하지만, 보통은 도자기 접시를 쓴다.

젓가락은 약 25cm 정도로 길이가 길며, 음식물을 집는 끝부분이 뭉툭하다. 이는 중국 음식이 기름기가 많아 집기가 어렵기 때문에 길고 두꺼운 형태로 발전하였으며, 접시에 담긴 요리를 개인접시에 나눠 담을 때 사용하기도 한다.

젓가락 재질의 종류는 많지만 중국 북방에서는 나무로 만든 젓가락을 많이 사용하고, 남방 사람들은 참대 젓가락을 많이 사용한다. 그리고 일부 가정과 고급 음식점에서는 상아 젓가락을 사용하기도 한다. 예전의 중국 제황들은 음식물에 독약이 묻어 있는가의 여부를 알기 위해 은젓가락을 사용하였다.

젓가락은 젓가락 받침대를 사용하며, 특히 연회상에서는 필수품이다. 중국의 젓가락 받침대는 크고 높으며, 모양도 음식물과 관련 있는 것들이 많다.

중국요리의 정식 테이블 세팅에는 냅킨, 메뉴, 조미료 병^{간장, 라유, 식초}, 조미료 접시, 찻잔, 개인 접시, 렝게^{4/}, 렝게 받침, 젓가락, 젓가락 받침 등이 필요하다. 그리고 기본 반찬에 해당하는 짜차이, 파, 오이, 양파, 춘장은 상황에 따라 세가지를 준비하여 작은 그릇에 미리 담아둔다.

중국요리의 기본 세팅은 그림 5-9와 같고, 표 5-1은 중국 식기의 종류이다.

그림 5-6 **팔선탁자**

그림 5-7 **회전대(Lazy susan)**

그림 5-8 **한중일 젓가락 비교**

표 5-1 **중국식기의 종류**

명칭	형태	크기와 용도
타원형 접시 (chang yao pan, 챵야오판)		– 장축이 17~66cm – 음식 형태가 길면서 둥근 모양이거나 장방형 음식을 담는 데 적합함 – 생선, 오리, 동물의 머리와 꼬리 부분을 담을 경우에 사용함 – 큰 접시는 십금냉반(十錦冷飯)[5], 화색냉반(花色冷飯)[6]을 담고, 작은 것은 보통 쌍평(双拼)[7], 삼평냉반(三拼冷飯)[8]을 담음
둥근 접시 (yuan pan, 위엔판)		– 지름이 13~66cm – 가장 많이 사용하는 그릇 – 수분이 거의 없는 음식을 담는 데 사용함 – 큰 접시는 보통 화색냉반(花色冷飯)을 담을 때 사용함
종지 (die zi, 띠에즈)		– 둥근 접시 중 지름이 13cm보다 작은 것 – 양념이나 기본 반찬을 담아서 음식과 함께 식탁에 놓을 때 사용함
탕그릇 (tang pan, 탕판)		– 지름 15~40cm – 국물 있는 음식, 부피가 비교적 큰 음식 또는 탕을 담는 데 사용함
사발 (wan, 완)		– 지름이 3.3~53cm로 다양함 – 탕(湯)이나 죽(粥)을 담는 데 사용함 – 가장 작은 사발은 간장, 당초즙(糖醋汁) 등의 소스를 담을 때 사용함 – 가장 큰 사발은 자품과(瓷品鍋)라고 하며 뚜껑이 있어 주로 탕을 끓일 때 사용함 – 중탕을 할 때는 사기로 만든 사발(碗)을 주로 사용함
사과 (sha guo, 샤꾸오)		– 일종의 질그릇으로 재질은 도기(陶器)가 대부분임. – 열의 발산이 느리기 때문에 민(燜 먼, men)[9], 소(燒 샤오, shao)[10], 외(煨 웨이, wei)[11]의 방법으로 음식을 조리하는 경우에 사용함 – 대부분의 사과는 둥근 모양이며, 크기와 모양이 변형된 사과는 항아리 또는 단지라고 함 – 한쪽에 긴 손자루가 있는 것도 있으며, 불도장(佛跳墻)을 담는 그릇은 술단지 모양임
대나무 찜기 (zheng long, 쩡롱)		– 대나무로 만들어진 것으로 딤섬이나 만두 종류 등을 찔 때 사용하며 찜기 채로 식탁에 내기도 함

(계속)

명칭	형태	크기와 용도
자장면 식기		- 자장면과 소스를 담는 식기 - 왼쪽은 자장 소스, 오른쪽은 면을 담음
탕기와 워머 (xiao wan, 시아오완)		- 식사를 마칠 때까지 찜이나 탕을 따뜻한 상태로 유지시켜줌
삭스핀 찜기		- 상어지느러미를 찜으로 요리하여 담아내는 그릇으 로 빨리 식는 것을 막기 위해 뚜껑이 있음
찻주전자 (cha zao, 차짜오)와 찻잔 (cha zhong, 차쫑)		- 차는 찻주전자에서 우려서 찻잔에 따르는 경우가 있고, 찻잔에 직접 차를 넣고 뜨거운 물을 부어 우 려내는 경우가 있음 - 보통 식사 시는 찻잔에 차를 넣어 우려내기 때문에 받침과 뚜껑이 있음
고량주 술병과 술잔 (jiu bei, 지우뻬이)		- 중국 화베이(華北) 지방에서 주로 생산되는 증류 주(蒸留酒). 빼갈이라고도 부르며, 구이저우성(貴 州省)의 마오타이주(茅台酒), 산시성(山西省)의 펀 주(汾酒), 쓰촨성(四川省)의 다취주가 그 대표적인 것들임, 알코올 도수가 40~60%로 상당히 높음 - 아주 작은 술잔에 마심
조미료 용기		- 테이블 위에 놓여 있으며, 왼쪽부터 간장, 라유, 식 초 순으로 사용함
렝게와 받침		- 숟가락은 국물 있는 요리를 먹을 때만 사용되며, 받 침은 없어도 무방함
젓가락 (kuai zi, 콰이쯔)과 받침		- 끝이 뭉툭하며, 젓가락이 길어 나눔 젓가락으로 사용 가능함 - 젓가락받침은 콰이쯔가임

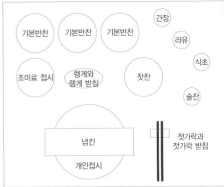

기본반찬　기본반찬　기본반찬

간장

라유

식초

조미료 접시　렝게와 렝게 받침　찻잔

술잔

냅킨

개인접시

젓가락과 젓가락 받침

그림 5-9 **중국식 1인 상차림**

상차림의 변천

고대(古代)

저식 문화권 가운데 가장 먼저 사용하기 시작한 중국의 경우, 전한前漢 때의 환관이 지은 『염철론』에 상아로 젓가락을 만들었다는 기록이 있다. 그리고 『사기』에 따르면 은나라B.C. 2100~1700 주왕이 처음으로 상아 젓가락을 만들었다고 하나, 고고학자가 발굴한 젓가락은 아무리 오래된 것도 춘추시대B.C. 770~476까지밖에 거슬러 올라가지 않는다.

『예기』 곡례에는 식탁에 밥과 반찬을 놓는 방법에 대해서도 상세한 규정이 쓰여 있는데 조미료와 향신료를 놓는 방법을 보면 1인분의 밥상을 차리는 것이 분명하고, 상 위에 요리를 내놓는 방법에서도 당시 소반이 각자 외상이었음을 알 수 있다. 그리고 당시는 숟가락 없이 밥을 손으로 집어 먹었으며, 젓가락은 오직 국 건더기를 건지는 데 사용하였다.

음식물은 가끔 낮고 작은 탁자에 놓여지기도 하였으나, 큰 접시 위에 놓이는 것이 더 일반적이었다. 연회를 할 때 주인은 방안에서 열어 놓은 남쪽 문을 향해 앉았고, 그의 좌측에는 주빈이 앉았다.

중고(中古)_후한(後漢,東漢 : 25~220), 삼국(三國:魏 蜀 吳 : 220~280), 진(西晉 : 265~ 316 東晉 : 317~420), 오호십육국(五胡十六國 : 303~421)

상업과 수공업의 발달로 고용인원이 늘어나고, 도시가 커지면서 집과 일터 사이의 거리가 멀어져 외식업의 탄생과 발달을 가져오게 되었다.

그림 5-10 **화상석**

한대에는 부장품으로 명기^{明器}가 발굴되었는데 솥, 시루, 격^鬲 같은 용구가 있었으며 질그릇으로 만든 가옥 모형도 있었다. 한나라 사람들은 식사 때는 안^案으로 불리는 소반을 사용하였고, 외상을 차려 먹었으며 신발을 벗고 방에 들어가 돗자리 위에서 생활을 했다. 식기로는 금, 은, 칠기가 많이 쓰였고, 칠기 국자와 숟가락도 있었다.

이 시기에 중앙정부에서 파견된 관리들은 매우 사치스런 생활을 하였으며, 그림 5-10은 칠기제의 낮은 탁자가 주인과 손님이 앉은 평상 앞에 놓여서 사용되었으며, 하인들이 접시와 공기, 쟁반 및 기타 식기들을 그 위에 차리는 모습을 보여주고 있다.

근고(近古)_ 수(隋 : 581~618), 당(唐 : 618~907), 오대십국(五代十國 : 907~979)

수·당 왕조는 북조 출신이기 때문에 음식문화도 생선의 사용이 적고 양고기나 면을 주로 이용하여 북방의 성격을 띠었다. 그리고 양자강과 황하를 잇는 대운하가 건설되어 강남의 질 좋은 쌀이 북경까지 전달되는 등 남북의 교류가 활발해져 북경 일대의 식생활이 풍요로워졌다.

그러나 남방에서 유행한 차를 마시는 풍습은 좀처럼 북방에 전해지지 않았고, 중당에 들어와서야 육우가 차 마시는 법을 확립시키고, 760년을 전후로 『다경^{茶經}』을 집필하였다. 다경은 10장으로 나눠져서 차의 정의와 역사, 단차 제조 용구, 만드는 법, 끓이는 법, 마시는 법 등의 내용을 담고 있다.

당대에는 북방민족으로부터 의자에 앉아 식사하는 방식을 배우게 되었으며,

이때부터 젓가락과 숟가락의 사용이 하나의 세트가 되어 식사에 사용되었다. 숟가락과 젓가락은 대략 반반씩 사용되었다.

중세(中世)_ 송(宋, 960~1279)

왕조는 송으로 교체되었어도 식탁의 내용은 변함없이 당대의 연속이었고, 몽고족이 세운 원나라 이후에서야 개혁이 행해졌다. 차를 마시는 풍습도 점점 번성해지고, 기법은 육우 때보다 더 번거로워졌다. 탕기는 금, 은이 좋다고 믿었고, 말차를 타는 갖가지 기교가 발달하기도 하였다.

당대에서 송대에 걸쳐 식생활 양식에 커다란 변화가 일어났다. 후한시대 고분의 연회장면을 보면 참석자들은 모두 돗자리 위에 앉아 음식을 먹고 있으며, 요리는 짧은 다리가 붙은 상 위에 놓여 있었다.

그러나 당나라 때 북방 민족으로부터 의자에 앉아 식사하는 방식을 배우게 되면서 돗자리를 쓰지 않았고, 송대를 묘사한 그림을 보면 음악을 들으면서 차를 마시고 있는 장면이 이미 궁중생활에 의자와 식탁이 완전히 정착했음을 알 수 있다. '한희재 야연도'를 보면 송대 초기에 의자와 식탁을 썼던 것은 지금과 거의 유사함을 알 수 있다(그림 5-11).

그리고 젓가락을 세로로 놓는 풍습도 송대 이후에 나타나게 되었다. 송대에 의자와 식탁의 생활이 보급됨에 따라 밥과 국은 개인 전용의 공기에 담지만, 부식은 큰 공용의 식기에 담아 젓가락으로 직접 덜어먹는 상차림으로 변화된 것으로 보인다.

그림 5-11 **한희재 야연도**

그림 5-12 **송대 야외 연회 모습**

근세(近世)_ 원(元, 1206~1370) · 명(明, 1368~1644) · 청(淸, 1636~1911)

마르코 폴로가 원나라의 연회장에 대해 설명[12/]해 놓은 내용을 미루어 일부 상
류층에서는 포도주가 유행하였으며, 금과 은으로 된 식기들을 사용한 것을 알
수 있다. 명대의 식사는 1일 3식이 원칙으로, 숟가락으로 부식뿐만 아니라 밥
도 먹었지만, 명대부터 밥과 부식물은 젓가락으로 먹었고 숟가락은 국[수프] 전용
의 도구로 받아들여졌다. 젓가락을 사용하면서부터 공기 모양의 식기를 많이
사용하게 되었다.

  명대 젓가락 손잡이 부분의 모양은 사각의 방형[方形]이며 음식을 집는 끝 부분
은 둥근 형태를 가지고 있다. 이는 오늘날 중국인들이 보편적으로 사용하는 젓
가락 모양과 크기가 유사하다.

  그림 5-13에서는 식탁 위에 젓가락만 놓여 있는 모습을 볼 수 있다.

그림 5-13 **관모식의에 앉은 인물**

상차림의 종류

일상 상차림

식단을 중국어로 '차이딴菜單' 또는 '차이푸菜譜'라 하는데 '차이'란 종합적인 통일성과 합리적인 체계가 갖추어진 식사의 사전계획을 의미한다.

중국 음식은 보통 짝수로 가짓수를 맞추어 음식을 내며, 한 가지 요리를 '몇 사람분의 요리'로 해석하지 않고 그냥 '한 접시의 몫'이라고 생각한다. 접시의 크기에 따라 보통 대7~8인분, 중4~5인분, 소2~3인분로 나누어 분류한다.

식단의 종류로는 가정 식단, 연석宴席 식단, 정식 식단으로 나누어진다. 가정의 일상적인 자샹차이家常菜에서 4인 가족인 경우에는 일품요리 두 가지에 국 한 가지로 하는 것이 보통이다.

연회상을 가리키는 연석宴席 식단의 요리는 각 종류별로 4 또는 4의 배수로 내고, 메뉴는 전채前菜, 두채頭彩, 주채主菜, 탕채湯菜, 면점面点, 첨채甛菜, 과일로 구성된다.

전채로는 냉채冷菜가 나오며, 다음으로 식도를 부드럽게 하기 위해 상어 지느러미삭스핀, 제비집, 마른 전복 등으로 만든 따뜻하고 부드러운 두채가 나온다. 보통 연회에서 탕채는 열채를 다 낸 뒤에, 식사류 앞에 내는 것이 일반적이지만 삭스핀이나 제비집 등 고급 재료로 만든 탕채는 연회의 중심 요리로서 두채頭彩라 하여 냉채 바로 다음에 낸다.

주요리主菜는 소화기능과 입맛을 고려하여 해물요리, 고기요리, 두부요리, 야채요리 순으로 제공되며, 다음으로 탕요리湯菜와 함께 면점麵点이 나온다. 북방지역의 경우 밀가루로 만드는 만두, 화권花卷이 주로 나오며, 남방지역은 쌀이 주가 되는 밥 종류를 먹는다. 맛이 단 요리인 첨채甛菜는 열채의 마지막 요리이며, 마지막에 과일이 나온다.

요리 간격은 연회의 성격과 종류에 따라 다르지만 대개 10~15분이 알맞다. 그날의 대표 요리는 온도, 그릇, 담는 맵시, 맛 등에서 가장 신경을 써야 한다.

상차림 제안

전통적인 중국 식기는 색상과 문양이 화려하고 원색적이어서 특별한 장식 없이 그 자체만으로도 화려한 느낌이 든다. 그러나 이 때문에 전통적인 중국요리 외

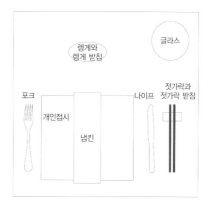

그림 5-14 **현대의 중식 1인 상차림**

그림 5-15 **중식 상차림의 예**[13/]

에 퓨전형태의 중국요리에는 잘 어울리지 않는다.

따라서 현대적 인테리어 감각과 다변화하고 있는 퓨전식 중국요리에 어울릴 수 있게 흰색 종류의 디너웨어를 사용하고, 젓가락과 나이프를 같이 놓아 한 입에 들어가기 어렵거나 질긴 요리는 작게 잘라 먹을 수 있도록 제안한다. 또한 글라스웨어를 놓아 음식과 함께 어울리는 와인을 곁들여 식사할 수 있도록 한다.

식사예절

- 음식은 요리접시에 나오므로 적당량의 음식을 자기 앞의 개인접시에 덜어 담고, 옆사람에게 회전대를 돌려서 음식을 권한다.
- 음식을 덜어 먹을 때는 앞쪽에서 음식이 흐트러지지 않게 1인분만큼만 덜어 먹는다.
- 생선은 윗부분에 살이 없다고 뒤집어 놓지 않도록 하며, 껍질이나 뼈는 입 속에서 가려 젓가락으로 꺼내며 접시에 입을 대고 뱉는 일은 삼가야 한다.
- 밥, 면, 탕류를 먹을 때 고개를 숙이지 않고 그릇을 받쳐 들고 먹는다.
- 꽃빵은 다른 요리와 함께 먹는다. 우선 꽃빵을 개인접시에 담고 적당한 크기로 나눈 뒤 고추잡채와 같이 싸서 먹거나 볶음요리의 소스를 곁들여 먹는다.
- 차를 마실 때는 받침까지 함께 들고 마신다.
- 젓가락으로 요리를 찔러 먹어서도 안 되며, 식사 중에 젓가락을 사용하지 않을 때는 접시 끝에 걸쳐놓고, 식사가 끝나면 받침대에 다시 올려놓는다.
- 숟가락은 탕을 먹을 때만 사용하며 요리나 쌀밥 또는 면류를 먹을 때는 반드시 젓가락을 사용하는 것이 관습화되어 있다. 탕을 먹을 경우 다 먹고 난 뒤 반드시 숟가락을 엎어 놓는 것이 관습화되어 있는데, 이는 사용하고 난 수저를 다른 사람에게 보이지 않는 것을 예절로 보기 때문이다.
- 특별한 경우를 제외하고 이미 사용하고 있는 밥그릇 외에 또 다른 밥그릇을 사용하지 않는다.
- 밥그릇을 식탁 위에 엎어 놓거나 밥 위에 젓가락을 꽂아 놓지 않는다.
- 술잔을 사이에 두고 젓가락을 하나씩 양쪽에 놓지 않으며, 젓가락의 길이가 다른 것을 사용하지도 않는다.
- 식사가 끝나면 주인은 여러 가지 음식을 싸서 손님들이 돌아갈 때 나누어주는 관습이 있다.

3. 일 본

상차림 문화

일본요리는 '눈으로 먹는 요리'라 일컬어지는데, 이것들은 단순히 보는 것만을 이야기하는 것이 아니다. 식품의 조합이 색상, 형태와 더불어 뛰어나다는 점, 그 담는 법에 있어서 산수의 법칙^{상대방을 높게, 자신은 낮게} 등 자연을 거슬리지 않는 요리법인 점, 나아가 주방장의 자부심이 생선 등의 맛을 높이며, 채소류는 각각 지니고 있는 특유의 맛을 살려서 조리하는 것, 이것들이 오감^{시각, 후각, 청각, 촉각, 미각}을 만족시키는 요소인 것이다.

일본요리에서는 다양한 소재와 다섯 가지 조리방법^{생식, 굽는 것, 끓인 것, 튀기는 것, 찌는 것}과 조미료의 조합이 다섯 가지 맛^{단맛, 신맛, 짠맛, 쓴맛, 매운맛}으로 나타나 이 조화된 맛이 오감에 의해서 미각이 보다 다양해지고 이것은 다시 식후의 만족감으로 연결된다.

상차림의 변천

조몽 시대 繩文, 7000~8000년 전

조몽 시대는 자연식 시대이고, 토기를 사용하여 굽기, 볶기, 조리기 등의 조리 행위를 하게 된다. 음식물도 포유동물^{특히 사슴이나 멧돼지}, 조류, 곤충류, 어패류, 야생 채소나 식물의 열매를 먹고 살았다.

야요이 시대 弥生, 2000년 전

야요이 시대는 주식과 부식의 분리 시대라고 하며 원시적인 농사가 행해졌다. 야요이식 토기 외에 나무를 깎아내거나 잘라서 목기가 만들어지고 있었다. 또 중국, 한반도문화의 영향으로 청동기와 철기인 금속기가 전해졌다. 음식은 조몽 시대와 비슷하며 봉밀이나 산초 등도 사용되었다.

아스카 시대 飛鳥, 7세기 전반

아스카 시대의 곡류로는 쌀 외에 보리, 수수, 조, 메밀, 연맥 등이 생산되고 이들

그림 5-16 **아스카시대 상차림**

을 이용한 가공기술도 발달했다. 건조시킨 밥이나 죽, 죽보다 국물이 많은 형태의 죽인 조우스이雜炊를 먹었다. 대륙에서 요업기술이 도입되어 도기가 만들어지게 되었다. 이것은 금방 음식을 먹을 수 있도록 차린 음식상으로 스에젠据膳이라 불리고 담거나 저장하는 데 사용되었다. 기타 나무제기, 구리그릇, 구리쟁반, 유리그릇도 일부 상류계급에서 사용되었다. 식품으로는 식혜, 탁주, 곡장, 육장젓갈, 초장절임이 만들어졌다.

그림 5-17 **나라시대 상차림**

나라 시대 奈良, 710~794년

나라 시대는 당나라 음식모방 시대라 불린다. 나라 전체가 수나라나 당나라를 모방하였다. 서민은 토기, 목제 그릇을 사용하고, 귀족은 칠기, 청동기, 유리그릇을 사용하고 있었다. 접시, 잔 등 용도에 적합한 식기의 형태가 나타나고 젓가락도 대나무, 버드나무, 은제품을 사용하게 되었다. 이 시대의 음식은 율령제에 의해 육식이 금지되는 경우가 많았다. 그러나 유제품은 허용되고 있었기 때문에 우유를 조린 현재의 연유나 요구르트인 라쿠, 버터나 치즈 등을 사용하였다. 기타 마른반찬이나 절임, 밀가루의 가공품인 전병과 같은 것이 이용되었다.

그림 5-18 **헤이안시대 상차림**

헤이안 시대 平安, 794~1194년

헤이안 시대는 율령시대로 조정의 식사에 관여하는 각종 관직이 존재했고, 귀족은 고실故實이라 칭하고 옛관습을 중요시하는 '보는 요리'를 만들게 되었다. 이것이 현재까지 지속되어 일본요리 형식의 근본이라고 할 수 있다. 궁내성 대선직이라고 하는 관직도 생겨나고 대향이라고 불리는 궁중 귀족의 향연이 행해지게 되었다. 그러나 서민의 식생활과는 상당한 격차가 있었다. 식기는 젓가락받침, 젓가락 통, 쟁반대, 현반, 네모난 쟁반이 사용되었다.

그림 5-19 **아가마쿠라시대 상차림**

가마쿠라 시대 鎌倉, 1192~1333

가마쿠라 시대는 화식火食의 발달기라고 말할 수 있다. 무사의 사회였기 때문에 식생활도 간소하며 형식에 얽매이지 않고 합리적이었다. 선종禪宗 등의 발달과 함께 정진요리가 서민에게도 보급되었다. 승려는 1일 3식, 서민은 1일 2식이 일반적이었다.

식기는 사찰용과 무사의 공적인 자리인 상에서는 칠기가 사용되었지만, 일반
적으로는 목제품의 그릇이 사용되고 젓가락을 사용하였다. 송나라부터 도자기
기술이 전해져 유약도기가 만들어졌다.

무로마치 시대 室町, 1338~1573년

가마쿠라 초기에는 소박하고 실질적이며 건강했던 무사사회의 식생활이 교류
에 의해서 서서히 형식적인 양상을 나타내기 시작했다. 의무요리를 만드는 전
문가로는 유직고실有職故室에서는 사조가四條家, 고교가高橋家, 무가고실武家故室에서는
소립원가小笠原家, 대초가大草家 등이 각각의 조리법을 확립하였다. 또 차와 함께 카
이세키懷石 요리가 등장하였다. 차가이세키의 발달은 소박했던 무사계급의 식생
활을 예식, 의례를 중시하는 형식적인 것으로 변화시켰다.

그림 5-20 **무로마치시대 상차림**

아쯔치 모모야마 시대 安土 桃山, 1573~1600년

전국시대 말기에 시작된 남만무역의 영향으로 포르투갈이나 스페인에서의 수
입품이 많아지고 남만요리와 과자가 들어오게 된다. 싯포쿠 요리가 나가사키
와 오사카에 확산되고 선종인 사원에는 후차 요리가 등장하게 된다. 남만식품
으로는 호박, 감자, 고추, 옥수수 등이 있다. 토마토도 이 무렵 일본에 전해졌지
만 이때는 식용이 아닌 관상용이었다.

그림 5-21 **아쯔치 모모야마 시대
의 상차림**

남만요리의 대표적인 것으로는 튀김, 과자로는 카스텔라, 비스킷, 별사탕이
었다. 기타 나이프, 포크, 스푼, 와인, 브랜디, 위스키가 수입된 것도 이 무렵이
다. 식기는 다도의 발달과 더불어 점점 발달하게 되고 각지에 가마가 만들어지
고, 유약도기가 구워졌다.

이 시대에는 서민들에게도 다도문화가 유행되어 차 마실 때 내는 음식인 카
이세키 요리懷石料理가 왕성해져 갔다.

에도 시대 江戸, 1603~1868년

화식요리 완성의 시대이다. 쇄국시대로 그때까지는 일본 특유의 식품, 고사·
전례를 잘 아는 사람인 유직가有職家의 조리법이나 남만식품 등이 모두 어우러져
음식문화가 집대성되어 갔다. 대명옥부大名屋敷를 중심으로 혼젠요리가 만들어졌

그림 5-22 **에도시대의 상차림**

다. 서민에게는 카이세키요리가 보급되었다. 이것은 다도와 함께 발달한 카이세키요리를 거리의 술안주 요리로 개량시켜 발전시켰다. 식기로는 자기도 만들어지게 되었다. 가정에서는 식사는 각자의 상을 이용하고 밥을 밥공기에 담게 되었다. 거리에는 음식점이 등장하고 차와 밥, 두유나 조리된 요리를 팔기 시작했다.

그림 5-23 메이지시대 상차림

메이지 明治 · 다이쇼 시대 大言正 1912~1926년

메이지 5년에 육식금지가 해제되면서 한순간에 식생활은 점차 서구화되어 갔다. 에도 시대에 거리에는 이미 서민을 상대하는 음식점이 나타났고, 메이지 시대에 들어서자 요리 잡지나 가정요리를 위한 요리학교, 여성들에게 가정에 대한 일반적인 것들을 가르치는 여자대학도 생겨났다. 서민도 이전보다는 평등한 식생활을 하게 되었고, 점차 풍성한 식생활을 영위하였다. 돈가스, 비프스테이크, 오믈렛, 치킨라이스 등은 가정에서도 만들 수 있게 되었다.

상차림의 종류

대표적인 상차림

혼젠요리 本膳料理

무로마치 시대에 시작되었으며 에도 시대에 발전되어 그 틀이 잡혔으나 메이지 시대를 거치면서 점차 간소화되어 현재는 관혼상제 등에서만 볼 수 있다. 첫째 상부터 다섯째 상까지로 구성되는데 이를 차례로 혼젠^{本膳}, 니노젠^{二の膳}, 산노젠^{三の膳}, 요노젠^{四の膳}, 고노젠^{五の膳}으로 부른다. 아래의 상차림은 하나의 예로, 상차림을 하는 상황에 따라, 즉 결혼식이나 각종 기념식 등의 성격에 따라 규모와 절차가 달라질 수 있다.

- **식단 형식**
  - 혼젠^{본상}: 주가 되는 가장 큰 상으로 미소시루^{된장국}, 밥, 고오노모노^{일본식김치}, 무코오즈케^{초회}, 쓰보^{채소나물 및 채소조림 어묵조림}
  - 니노젠^{두 번째 상}: 국^{맑은국}, 히라^{다섯 가지를 배합한 조림}, 쵸쿠^{나물무침}
  - 산노젠^{세 번째 상}: 니노젠과 다른 국^{된장국 또는 생선국}, 무코오즈케^{초회}, 타키아와세^{어패}

류, 닭고기, 채소 등을 재료별로 조려서 그릇에 예쁘게 담은 것, 차茶

－요노젠결상: 야키노모도기의 통구이

－고노젠다섯 번째 상: 손님이 들고 갈 수 있는 술안주나 생과자

차가이세키 요리 懷石料理

카이세키 요리會席料理와 구분하기 위하여 차가이세키 요리茶懷石料理라 하며 차를 끓이는 일이나 차를 마시는 좌석에 내는 요리를 말한다. 회석은 원래 하이세끼俳石로서 간에이關英 6년1629년 겨울 교또, 니죠이찌 묘만지의 햐구온고일본의 5.7.5.3구, 17음으로 된 단형시를 수행하던 사람들의 행동에서 유래한다. 이 사람들은 아침과 점심 두 끼 밖에 먹지 않았기 때문에 밤이 되면 공복과 추위를 견디기 위해 돌을 따뜻하게 데워 천에 싸서 품에 안았는데 이것을 俳石하이세끼라고 했으며 여기서 유래되어 회석은 일시적으로 배고픔과 추위를 잊을 정도의 가벼운 식사라는 뜻으로 쓰이게 되었다. 카이세키 요리會席料理가 술을 위한 요리라면 차가이세키요리는 오차를 마시는 요리라고 할 수 있다.

똑같은 재료를 중복해서 사용하지 않고 손님으로 하여금 계절을 한발 앞서 느낄 수 있도록 하며 처음 오차부터 시작해서 순서에 따라 나오므로 눈으로 먼저 감상한 후 먹으면 된다. 과일까지 나오면 맨 마지막에 다시 오차가 나온다.

쇼진 精進 요리

본래는 불교사상을 가진 요리라고 하는 뜻으로 불교의 의식에 따른 식사를 가리킨다. 동물성 식품뿐만 아니라 자극성 식품의 식용이 금지되었다. 수행 중인 승려가 일상식으로 하고 있는 것, 또 그것을 먹는 방법을 일반인이 지칭할 때 쇼진 요리라고 하는 것이다. 좁은 뜻으로는 동물성 식품이 들어가지 않는 음식을 말한다. 혼젠 요리, 차가이세키, 카이세키 등의 호칭이 요리의 형태를 가리키는 것에 대해서 식사의 양식은 없고 요리의 소재나 내용을 나타내고 있다는 점에서 커다란 특징을 갖고 있으며, 다른 요리에도 많은 영향을 주었다. 사원의 안에서만 존재했던 쇼진 요리가 일반 사회에서 하나의 요리양식으로 확립된 것은 가마쿠라 시대에서 무로마치 시대에 걸쳐서이며 선종의 이입에 영향을 받았다. 영평사류, 대덕사류 시대는 쇠퇴했지만 후차 요리의 오바쿠류 등 여러 가지 유파의 요리가 형성되고 발전 침투하였다.

그림 5-24 **쇼진 상차림**

카이세키 요리 會席料理

그림 5-25 **카이세키 상차림**

카이세키라는 것은 본래 배석, 즉 하이쿠^{일본 전통 시의 종류}의 모임을 말한다. 1629년에 교토 니조사의 묘만사에서 행한 것이 시작이라고 하고 있다. 처음에는 회의 끝에 술이 조금 나오는 것만으로 되어 있었지만, 에도 시대에 접어들면서 배석도 사찰이 아니고 요리집에서 행하게 되었다. 또 차를 마시는 경우의 요리도 카이세키라 불렀다. 그것이 에도 시대의 중기에 격식에 구애받지 않고 술을 마시면서 즐기는 요리를 상업적으로 파는 요리찻집이 등장하고, '카이세키 요리^{會石料理}'라는 간판을 붙였으므로, 차인들이 그 혼동을 피하여 '카이세키^{懷石}'이라고 하는 호칭을 사용하기 시작했다고 한다. 현재는 요리집이나 여관 등에서 제공되고 있는 메뉴가 있는 요리를 말한다. 혼젠 요리나 차가이세키와 같이 밥을 먹기 때문에 총채로 구성되고 있는 요리에 대하여 술을 마시기 위한 술안주로 구성되는 요리를 카이세키^{會席料理}라고 하는 경우가 많다. 한 가지 요리씩 제공되는 형식과 연회 요리로 대부분의 것을 미리 차려놓고, 따뜻한 음식만 따뜻한 상태로 제공하는 형식인 배선형식이 있다

후차 普茶 요리

그림 5-26 **후차 요리**

1661년 교토의 황벽종 만복사에서 중국의 승려 은원선사가 전해준 중국의 쇼진요리·후차는 사람들이 모여서 차를 마시는 것을 가리키고, 그 후에 먹는 식사를 비롯해서, 절에서 제공하는 손님요리를 후차 요리라고 부르게 되었다. 후차 요리의 특성은 채소를 주재료로 하여 기름과 갈분을 사용한 중국풍의 요리가 주가 되었다. 기본적으로 4인이 2사람씩 마주보고 앉고, 하나의 접시에 담아진 요리를 덜어먹는다. 이른바 중국풍의 공동식탁 방식으로 먹는다.

싯포쿠 卓袱 요리

싯포쿠 요리는 중세 말기에 중국으로부터 전래된 것으로, 싯포쿠란 식탁을 의미하지만, 바뀌어 식탁에 놓여진 요리를 가리키게 되었다. 이것은 중국의 가정식 요리이고, 큰 접시에 수북이 담겨서 나오면 각자가 덜어서 먹는다. 고급화된 것은 큰 것이 9종, 작은 것 16종이다.

그림 5-27 **일식 상차림**

상차림 제안

검정색은 불길, 붉은색은 길조의 표상으로 경사에는 금은, 홍백의 조합을 이용해 화려하게 하고, 불교행사 시에는 흑, 백, 청, 황, 은, 홍백, 청백 등이 이용되고 있다. 예를 들어 지역 차이는 있지만, 어묵은 경사에는 홍백, 불교 행사에는 청백으로 된 것이 많다.

경사에 이용하는 생선은 형, 색, 이름 등에 의해서 분류하여 사용된다. 불교행사에는 이것들이 이용되지 않고, 흰살 생선을 생선회로 하여 제공되는 것이 많다. 그리고 불교행사에서의 단백질원은 콩제품이 많아 유바, 두부, 유부, 튀김이 주로 사용된다. 경사의 경우에 한정하지 않고 식사를 대접할 때에는 보다 세심한 배려가 중요하다. 불교행사 이외에는 요리명을 붙이더라도 계절감, 식품재료의 형상, 그리고 경사스러운 말을 담아 넣는 것이 바람직하다.

요리명과 같이 경사에는 경사스러운 장식이나 화려한 것을 선택하고 불교행사에는 범梵자 모양 등이 적당하다.

식사예절

일본 상차림은 우리나라와 달리 다양한 형태의 그릇으로 차려지고 숟가락은 없으며 젓가락만을 사용한다.

접시는 튀김, 무침, 구이, 회, 조림 등 요리에 따라 그 형태가 각각 다르고, 식기는 그 형태가 각양각색이며 매우 아름답고 예술적이며, 상은 한국상보다 높이가 낮다.

- 주인은 손님에게 먼저 식사를 권하고 시작한다.
- 젓가락은 봉지에 싸여 있을 때에는 그 봉지를 떼어서 젓가락 놓는 곳을 만든다. 또는 도기로 만든 여러 가지 형태의 젓가락받침을 사용하는 경우가 많다. 이러한 경우에는 식기 앞쪽에 둔다. 젓가락을 쥘 때에는 오른손으로 젓가락의 가운데를 위로부터 집어 들고 왼손으로 밑에서 받아 오른손을 밑으로 돌리면서 바꿔 쥔다. 식사 중에는 젓가락을 상 한쪽에 걸쳐 놓고 식사가 끝나면 본 자리에 놓는다.
- 경사 때에는 밥부터 먹고, 흉사 때에는 국부터 마신다. 그릇의 뚜껑은 밥, 국 등의 차례로 여는데, 밥공기의 뚜껑을 오른손에 쥐고 왼손을 대어 왼쪽에 놓는다.
- 밥을 먼저 먹을 때에는 밥공기를 왼손 위에 들고 밥 한 젓가락을 먹은 다음 밥공기를 상 위에 놓고 국그릇을 들고서 한 모금 마신다. 이때 젓가락은 국그릇 안에 넣어 가볍게 저은 후 적당히 세워서 들고 먹는다. 이것은 국건더기가 자연적으로 입에 들어가는 것을 막기 위함이다. 그리고 국물을 마시고 젓가락으로 국건더기를 한 젓가락 건져서 먹는다.
- 국건더기를 건져 먹은 다음 국그릇을 상 위에 놓는다. 그리고 밥을 한 젓가락 먹고 그 후로는 자유로 자기가 원하는 반찬을 먹는다.
- 국물이 떨어질 염려가 있는 것 또는 먼 자리에 있는 것은 개인 접시에 덜어 담아서 먹는다.
- 식사가 끝나면 뚜껑을 덮어서 놓는다.
- 상에 나온 음식에 대하여 새로 간을 맞추지 않는다.
- 식사 때의 앉는 자세는 똑바로 하고 그릇을 입에 가까이 대고 먹는다. 왼손 위에 밥공기나 국그릇을 들었을 때에는 왼손은 젓가락 사이를 벌리지 말고 단정히 붙인 채 움직이도록 하면서 먹는다.
- 식기를 놓는 소리, 국물을 마시는 소리 또는 음식 씹는 소리를 내지 않는다.

표 5-2 **일본요리의 기본적인 식기류**

명 칭	형 태	크 기	용 도
고항 (ご□)		– 성별에 따라 다르나 일반적으로 우리나라보다 작음	– 밥을 담을 때 주로 사용함 – 계절에 따라서 사기나 칠기를 사용하기도 함
시루모노 (□□)		– 옆으로 퍼진 형태 – 약 200m 미만의 크기가 주로 사용됨	– 주로 국이나 물기가 많은 장국 종류를 담을 때 사용함
니모노 (□□)		– 가이세키 요리의 경우 1인용으로 사용될 경우 한 뼘이 넘지 않은 크기가 적당함 – 형태도 다양함	– 주로 조림 등의 국물이 적은 것을 담음
야키모노 (□□)		– 직사각형의 형태가 일반적임 – 경우에 따라서 타원형도 사용됨	– 생선구이를 담을 때 사용함 – 주로 한 마리를 통째로 담을 때 사용되며, 자른 생선구이인 경우 직사각형이 사용되기도 함
코노모노 (□□)		– 간장종지보다 조금 큼 – 5×6cm가 일반적인 형태임	– 절임류가 주로 사용됨 – 경우에 따라서는 소스나 액상류를 담기도 함
아에모노 (□□)		– 10cm 내외의 크기	– 숙채나 생채를 담을 때 사용함 – 경우에 따라 조림류를 담기도 함
오시보리 바코 (お□りばこ)		– 물수건보다 조금 큼	– 물수건 담는 용기 – 여름에 주로 대나무로 만든 것을 사용함 – 겨울에는 따뜻한 느낌의 토기류를 사용함

4. 아시아의 여러 나라

태국과 베트남

음식문화의 특징

태국음식은 프랑스 음식, 중국음식과 더불어 세계의 대표적인 맛있는 음식으로 꼽힌다. 태국은 외세의 침입을 받은 적은 없지만 중국, 인도, 포르투갈의 영향을 받아 독특한 음식문화를 발달시켰다. 태국사람은 중국 남부에서 이주해온 중국인들이 많기 때문에 중국냄비를 사용하고 음식을 젓가락으로 먹는데, 이 점은 중국 음식문화와 비슷하다.

인도의 영향으로 커리^{curry}와 같은 향신료를 많이 쓰며, 포르투갈에서 들어온 칠리^{chili}가 주재료로 정착하였다. 태국에서 고기를 금하지는 않지만 육류는 잘라서 팔고, 매달 4일에는 쇠고기와 돼지고기는 시장에서 팔지 않는다. 그러나 식용이 되는 닭, 생선, 조류, 개구리 등은 음식재료로 쓴다.

베트남은 중국, 인도, 프랑스의 영향을 받아 아시아와 유럽의 음식이 조화롭게 발달하였다. 중국의 영향으로 중국냄비를 이용하여 볶거나 튀긴 요리가 많지만 기름을 적게 쓴다. 태국보다 신맛, 단맛, 매운맛이 대체적으로 약하며 기본 조미료는 라임 즙, 고추, 향미 채소가 있다.

두 나라의 음식을 비교하면 다음과 같다.

- 두 나라 모두 식사는 주식과 부식으로 구성되어 있고, 쌀을 주식으로 한 상에 차려 먹는다.
- 생선, 닭고기, 채소가 주재료이며 기름을 적게 사용한다.
- 시각적인 면을 중요시하며 태국은 맛이 자극적인 데 반해 베트남은 순하고 산뜻하다.
- 태국 음식은 향기가 있으며 단맛, 신맛 톡 쏘는 매운맛의 복합적인 맛인 데 비해, 베트남은 특유한 향을 지닌 고수^{coriander}를 생것으로 사용한다.
- 태국은 코코넛 밀크와 남플라^{nampla14/} 같은 조미료, 마늘, 생강, 고수, 칠리가루, 라임, 박하 등의 향신료를 많이 쓴다.
- 베트남은 태국의 남플라와 같은 생선을 발효시킨 누옥 맘^{nuoc mam15/}이 중요한 조미료이다.

일상 상차림

태국은 하루에 세 끼의 식사를 하는데 저녁식사에 비중을 둔다. 식사량은 비교적 적은 편이고 과일, 과자, 떡 등의 간식을 매우 즐긴다. 아침으로는 죽에 구운 자반 생선과 장아찌 정도를 먹고, 남은 밥이 있으면 볶아서 먹는다. 저녁은 푸짐하게 먹는데 볶은 음식과 걸쭉한 국 종류인 캥chang이 가장 특별한 음식이다. 대개는 접시에 쌀밥과 반찬을 담아서 먹는데 일상적인 식사는 밥과 소금에 절인 오리알이나 구운 생선 또는 신선한 채소로 구성된다. 반찬은 주로 생선, 새우, 조개 등을 삶거나 찌거나 굽기만 하여 양념장에 찍어 먹는 소박한 음식이 많다. 정찬인 저녁식사는 쌈장과 채소, 생선튀김이나 생선구이가 기본이고 볶은 음식, 캥, 달걀음식, 후식 등을 먹는다.

베트남은 쌀로 만든 밥뿐만 아니라 가루를 내어 국수나 전병, 케이크 등을 자주 만들어 먹는다. 특히 녹두를 밥에 섞거나 죽을 만들어 먹는 것이 특징이다. 쇠고기, 닭고기, 돼지고기, 새우, 생선, 오징어 등이 요리에 많이 쓰인다. 조리법은 튀기거나 볶는 등 비교적 간단한 편이다. 일상적인 반찬으로 숙주, 죽순, 부추, 가지 등을 볶거나 튀긴 음식이 많고 두부와 유부도 자주 먹는다. 베트남 서민들의 식탁 세팅의 기본은 개인 접시인 작은 질그릇과 숟가락, 젓가락이다. 젓가락 위에 질그릇을 엎어 놓고, 숟가락도 반드시 엎어 놓아야 한다. 숟가락은 국을 먹을 때만 사용한다.

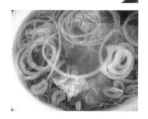

그림 5-28 **베트남 볶음밥과 쌀국수**

식사예절

태국은 준비한 음식을 반상 또는 대나무나 원목으로 만든 마룻바닥에 모두 차려놓고 여럿이 둘러앉아 손으로 먹는 것이 전통적인 식사예절이다. 서구문화가 들어오면서 요즈음은 식탁을 사용하고 음식에 따라 도구를 쓰기도 한다. 태국음식은 식품재료를 잘게 썰어서 조리한 것이기 때문에 나이프는 사용하지 않는다. 국물이 있는 국수를 먹을 때에는 오른손에 젓가락을, 왼손에 작은 숟가락을 쥐고 젓가락으로 면을 집어 숟가락에 올려 국물과 함께 먹는다. 튀긴 국수는 포크와 스푼을, 생선을 넣은 국수는 숟가락만 사용해서 먹는다. 밥 종류는 접시에 담아 숟가락과 포크를 사용하는 것이 보편적이지만 숟가락 하나로만 식사를 하는 사람들도 많다. 포크는 접시의 음식을 스푼으로 뜰 때 보조역할을 하거나 스푼에 붙은 음식을 제거하기 위해 사용한다. 식사 때 스푼과 포크의 부딪치는 소리가 많이 난다.

베트남은 전통적으로 음식을 모두 상위에 차려 놓고 개인이 각자의 접시에 덜어 먹는 데 특별한 격식은 없으나 다음의 몇 가지는 주의해야 한다.

- 음식을 빨리 먹지 않으며, 먹을 때 소리를 내지 않는다.
- 입술을 오므리고 음식을 씹으며, 음식이 입 안에 있을 때 말하지 않는다.
- 국물이 있는 음식은 들이마시지 않고 숟가락으로 떠 먹는다.
- 밥은 개인 그릇에 퍼 담은 후 밥그릇을 입가에 대고 젓가락으로 밥을 입 안으로 밀어 넣는다. 따라서 밥그릇은 항상 손바닥 위에 올려놓는다.
- 젓가락은 육류, 생선, 채소 등을 먹을 때도 사용하는데 숟가락은 국을 먹을 때만 사용한다.
- 밥을 다 먹은 뒤 젓가락을 밥그릇 위에 가지런히 얹어 놓는다. 밥그릇에 밥이 있을 때 젓가락을 밥에 꽂아 두는 것은 매우 불쾌하게 여긴다. 친절의 표시로 자신이 먹던 젓가락으로 음식을 집어 상대방의 밥그릇 위에 얹어 주는 경우가 있다. 식사 도중 식탁 위에 숟가락을 놓을 때는 반드시 엎어둔다.
- 찬물은 거의 마시지 않고 뜨거운 차를 마시기 좋아하는데 차는 한꺼번에 마시지 않고 조금씩 음미하면서 마셔야 한다.

인 도

음식문화의 특징

인도는 다인종 국가일 뿐만 아니라 중동 및 서양문화의 영향을 받아 음식도 지역과 종교에 따라 매우 다양하고 색과 맛, 질감이 조화를 이룬다. 극소수의 최하층 천민과 기독교도 등은 쇠고기를 먹지만 대부분의 힌두교도들과 이슬람교도들은 서로의 종교적인 정서를 존중하여 돼지고기와 쇠고기를 기피한다. 힌두교도는 대부분 채식주의자[16]이고 이슬람교도, 시크교도, 기독교도들은 비채식주의자들이다. 종교적 또는 경제적 이유로 많은 인도인들은 곡물과 콩으로부터 단백질을 섭취하는데 우유로 만든 다히[dahi]와 버터를 요리에 많이 이용하므로 영양적으로 별 문제가 없다. 가난한 계층의 사람들은 종교적이라기보다는 경제적인 이유로 채식을 하는 경우가 많다. 도시의 여유 있는 계층에서는 육식도 널리 보편화되어 있다. 그러나 인도 전통을 지키는 채식주의자들은 예전과 같이 엄격하게 채식을 하며 생활한다. 채식주의자 중에는 비채식주의자와 동석을 거부하는 사람도 있다. 따라서 식당 중에는 방이 확실하게 구분되어 있거나 내부가 나누어져 있기도 하고 다른 메뉴를 취급하는 곳도 있다. 인도인들은 주로 단백질을 콩류와 우유, 버터, 요구르트 등의 유제품으로 섭취하며 육류로는 닭고기와 양고기를 좋아한다. 엄격한 채식주의자는 육·어류를 절대 먹지 않으며 심지어는 달걀도 먹지 않는다.

음식문화의 특징은 다음과 같다.

- 모든 음식을 한꺼번에 개인별로 제공한다.
- 주식에서 간식에 이르기까지 인도의 모든 음식에는 향신료를 사용한다.

그림 5-29 **인도식 상차림**

- 가열해서 만든 음식이 많다.
- 장시간 은근하게 쪄서 향신료[17]의 깊은 맛이 있다.
- 국민의 약 30%가 채식주의자이다.

일상 상차림

인도의 정식요리 중에서 1인분씩 금속으로 만든 오목하고 작은 그릇에 음식을 한 가지씩 담아서 탈리^thali라는 금속제의 큰 쟁반에 담아내거나 둥글고 큰 접시에 모두 담아내는 형식이 있다. 탈리에는 쌀 또는 난^nan[18]이나 차파티^chapati[19]와 달^dhal, 커리 두세 가지, 아차르^일종의 김치, 다히^요구르트 등을 소복하게 담는다. 기차역의 식당, 기차 안, 일반 식당에서도 이런 형식으로 식사를 제공하는 경우가 많다. 남부에서는 식기 대신에 바나나잎에 음식을 담는다. 나뭇잎은 한 번 쓰고 나면 버리므로 위생적이다. 일반적으로 오른손으로 음식을 먹는데 외국인의 경우 '참치'라는 숟가락을 갖다 주는 곳도 있다. 음식을 먹는 방법은 오른손 검지, 중지, 약지를 붙여 숟가락처럼 만들어 음식을 섞어 뜬 다음 엄지손가락 손톱으

그림 5-30 **탈리의 형식을 이용한 정식과 탈리**

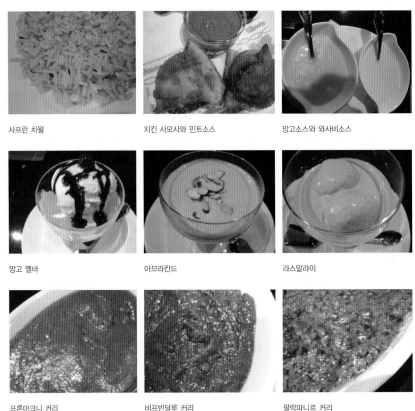

사프란 차왈

치킨 사모사와 민트소스

망고소스와 와사비소스

망고 멜바

아므라칸드

라스말라이

그림 5-31 **인도 요리**

프론마크니 커리

비프빈달루 커리

팔락파니르 커리

로 밥을 입안으로 밀어 넣는다. 인도에서는 음식을 먹을 때 미각과 시각으로 느끼는 것 외에 촉각으로도 요리의 맛을 즐긴다.

식사예절

힌두교의 카스트 제도로 인해 자기나 토기로 된 부엌용구 및 그릇은 한 번 더럽혀지면 완전히 정결해지지 않으므로 깨버려야 하고 포크와 스푼도 다른 사람이 사용했을지도 모르기 때문에 꺼려하여 음식은 보통 손가락을 사용하여 먹는다. 식사 시 낮은 의자를 사용하거나 바닥에 앉으며 좌석 배치 시 오른쪽에 주인, 왼쪽으로 가면서 연령이 낮은 순으로 앉는다. 노인과 소년, 소녀는 조금 떨어져 앉는다. 성인이 되면 여자는 남자와 함께 식사할 수 없고 남자의 시중을 들어야 한다. 식사 전에는 반드시 물로 양손을 씻는다. 대부분 손가락으로 집어먹지만 음식이 뜨거울 때에는 나무 숟가락을 사용하기도 한다. 반드시 오른

손으로 식사를 하며 물을 마실 때는 컵을 입에 대지 않고 물을 입안에 부어 넣는다. 식사 후 물로 양치한 후 물을 뱉어 버린다. 식사 중에 이야기하는 것을 무례하다고 여기므로 식사가 끝나면 손을 씻고 양치한 후에 이야기를 시작한다.

주

1/ 통구무용총 박화(주인에게 음식을 올리는 모습); 황혜성 외(1992). **한국의 전통음식**, p.87

2/ 통구각저총 벽화(접견도); 황혜성 외(1992). **한국의 전통음식**, p.87.

3/ 수잔(Suzan)이라는 여인이 처음 고안해 냈기 때문에 수잔 테이블(Suzan Table)이라고도 한다.

4/ 손자루가 짧은 자기로 된 수저로, 수프를 먹을 때 렝게만으로 먹어도 되며, 국물이 있는 뜨거운 요리를 먹을 때는 왼손에 렝게를 주고 오른손에 젓가락을 이용, 요리를 렝게 위에 얹어 식혀가며 먹을 수도 있다.

5/ 10종류 이상의 냉채를 한 접시에 담은 음식

6/ 꽃 모양으로 튀긴 음식이나 과자류 등을 꽃 모양으로 형상화하여 한 접시에 담은 냉채

7/ 두 종류의 냉채를 한 접시에 담은 음식

8/ 세 종류의 냉채를 한 접시에 담은 음식

9/ 물을 매개체로 하여 강불, 약불, 강불 3과정을 거쳐 음식을 조리하는 것으로 제2과정에서 뚜껑을 덮고 약한 불로 오랫동안 조린다.

10/ 조림에 해당하는 조리법으로 지짐, 튀김, 볶음, 찜, 끓임 등으로 먼저 가열한 후 조미료와 물을 넣고 강한 불로 가열하여 끓으면 약한 불에서 맛이 배도록 조린 다음, 마지막에 물 전분을 넣고 강한 불에서 즙을 걸쭉하게 조리한다.

11/ 튀김, 지짐, 볶음의 과정을 거쳐 익힌 재료 또는 따뜻한 물에 담가서 잘 씻어낸 재료를 조미료, 탕 즙과 함께 질그릇 냄비에 넣고 강한 불로 가열하여 끓인 후 약한 불로 장시간 가열하는 일종의 자(煮, 물을 매개체로 하여 재료를 넣고 강한 불로 끓여서 끓기 시작하면 중불이나 약한 불로 비교적 오랫동안 가열하여 조리하는 방법)에 속하는 조리법이다.

12/ "식탁은 잘 배치되어 황제는 모든 사람을 볼 수 있었다. 그리고 그들은 수없이 많았다. 그러나 모두가 식탁 앞에 앉지는 않았다. 대부분의 무사와 하위급 귀족들은 식탁이 없어서 홀의 카펫 위에서 음식을 먹었다. 홀의 중앙에는 정사각형의 상자와 같은 매우 아름다운 대좌가 있었다. 각 면은 세 걸음 길이로서 동물을 나타내는 도금된 조각이 세련되게 장식되었다. 대좌의 중심은 공간으로 되어 값진 화병과 좋은 포도주 및 음료수를 담은 큰 용량의 금빛 주전자를 두었다."

13/ 중식 상차림; 청강문화산업대학 졸업작품(좌: 류미진 · 송미나 · 양혜은 · 황동희)

14/ 새우를 으깨어 발효시킨 액젓으로 우리의 젓갈과 비슷하며 붉은 검은 색이다. '남'은 물을 뜻하고 '플라'는 생선을 뜻한다. 생선을 소금에 발효시킨 국물로 소금 대신 간을 맞추는 데 사용한다.

15/ 멸치와 비슷한 '카컴(Ca Com)'이라는 생선을 소금과 설탕에 절여 항아리에 묵혀두면 자연 발효되어, 붉고 투명한 액으로 변하는데 고춧가루와 라임즙을 적당히 넣어서 맛을 낸다. 냄새가 강해 처음 접하는 사람은 거부감을 느낄 수 있다. 밥이나 국수에 비벼먹기도 하고 음식을 찍어 먹거나 싱거운 음식의 간을 맞추는 데 사용한다. 우리의 장이나 초장의 역할을 한다.

16/ 인도뿐만 아니라 건강에 관심이 많아지고 있어 세계적으로 채식을 하는 사람이 늘어나고 있다. 유제품, 달걀, 닭, 생선을 먹는 세미베지테리언(semi-vegetarian), 유제품, 달걀, 생선만 먹는 페스코베지테리언(pesco-vegetarian), 유제품, 달걀을 먹는 락

토오보베지테리언(lacto-ovo-vegetarian), 유제품만 먹는 락토베지테리언(lacto-vegetarian), 달걀만 먹는 오보 베지테리언(ovo-vegetarian), 동물성 식품은 전혀 먹지 않는 베간(vegan)이 있다.

17/ 인도에서 사용하는 향신료는 100가지가 넘는다. 일반 가정에서 평상시에 쓰는 향신료도 10~15종류가 되는데 음식을 만들 때마다 향신료를 섞은 마살라(masala)를 만들어 여러 요리에 두루 쓴다. 시장에서 필요한 향신료를 구입해서 집에서 돌절구에 넣고 갈아 섞어 만드는데 최근에는 혼합된 것을 팔기도 한다. 가람 마살라(garam masala)는 심황, 고수, 고추, 거민, 너트메그, 정향 등 독특한 향을 내는 10여 가지 향신료를 갈아서 조합한 종합 향신료이다. 주부나 조리사는 음식의 종류, 기후, 먹는 사람의 건강 상태에 따라 각 향신료의 혼합비율을 결정한다. 따라서 인도에서는 각 가정마다 독특한 맛의 가람마살라를 가지고 있다.

18/ 정제된 하얀 밀가루(마이다)로 구운 빵인데 발효시켜 만든 것이어서 조금 부풀어 있다. 난은 반죽을 탄두르(인도의 전통 진흙화덕)안쪽 벽면에 넓은 잎사귀 모양으로 얇게 늘려 붙여서 구운 빵이다. 난을 종이처럼 얇게 구운 것은 탄나와(tannour)라고 하는데 밀가루에 버터, 우유, 달걀, 효모, 팽창제를 섞어서 잘 치대어 반죽하여 굽는다.

19/ 밀기울이 든 밀가루(아타)를 물로 개어 얇게 만들어 구운 빵으로 발효가 된 것이다. 갓 구운 것이 맛있고 담백해서 물리지도 않는다. 차파티와 달(콩수프)만으로도 훌륭한 식사가 된다.

NEW TABLE COORDINATE

6 테이블 연출

6 테이블 연출

테이블 연출에는 클래식, 엘레강스, 캐주얼, 모던, 에스닉, 내추럴 스타일이 있다. 스타일^{style}이란 용어는 이집트의 파피루스에 쓰는 철필^{styus}에서 비롯되었다. 쓰기, 문체, 양식으로 의미가 전이되는데, 사전적으로는 물건 등의 종류와 형태, 모양을 뜻하며, '행동 등의 독특한 방법'으로 규정되기도 한다.

「오후의 정찬」, 오재복

1. 클래식 스타일 classic style

라틴어 '최고^{class}'의 뜻에서 유래되었으며 '일류의, 표준적인, 최고 수준의'라는 의미로 사용되고 있다. 이집트, 그리스, 로마 건축 양식을 바탕으로 남성적이며, 극적인 분위기를 계승한 바로크 시대 풍風과 르네상스의 절제미節制美와 질서미秩序美를 계승한다.

일반적으로 클래식 스타일은 영국의 양식미樣式美와 격조 높은 이미지를 떠오르게 한다. 따라서 클래식 스타일의 테이블 연출이란 '명품'의 테이블웨어와 커틀러리 등의 조화로 성숙한 느낌을 연출하고, 벨벳과 실크 섬유, 금색을 배합한 고품질 소재의 린넨을 사용하여 화려하고 중후한 분위기를 조성한다. 영국식 세팅은 테이블클로스를 사용하지 않고, 마호가니^{mahogany1/} 원목 테이블의 느낌을 살리기 위해 오간디^{organdy2/}나 테이블 매트를 주로 사용한다.

이미지

클래식한 분위기는 원숙미와 성숙한 취향의 고전적, 전통적인 멋이 가미되어 안정감이 돋보인다. 즉, 깊이감과 격조감이 내재되어 있는 분위기이다.

전통성과 윤리성을 존중하고 풍요로움을 추구하는 비교적 여유 있는 사람들이 선호하는 이미지이다. 깊이감이 있는 어두운 색을 기조색으로, 대비는 약하

그림 6-1 **클래식 스타일**

게 하는 것이 어울린다. 장식이 수려한 디자인을 선택한다.

세련됨을 기조로 '전통적이며, 보수적이고, 견고하다'라는 이미지를 주고, 통일과 조화로운 구성 연출에 중점을 둔다.

식공간

클래식 스타일은 권위와 위엄이 중시된 공적 공간의 분위기에 적합하다. 바로크 양식의 극적인 공간 연출로 형성된 강렬함, 위엄성은 관공서나 종교 건축 등에 폭 넓게 응용되어 왔으며, 사적 공간, 즉 주거공간에 적용될 경우에는 현관 입구, 벽난로, 가구의 장식 등에 제한되어 쓰였다.

수공으로 제작된 장식이나, 고급스러운 이미지의 가구들이 클래식 이미지를 잘 살려주며, 중후함이 돋보이는 공간이 어울린다. 여기에 은은한 조명으로 기품을 더하도록 한다. 단, 전체의 이미지를 고려하여 정돈되어 있지 않으면, 무거운 분위기로 보일 수 있는 우려가 있다. 또한 금색이나 장식을 과다하게 사용하면, 지나치게 화려해 보일 수 있으므로 주의한다. 갈색 톤으로 안정된 분위기를 유지하는 것이 무난하다.

그림 6-2 **클래식 스타일 테이블
연출의 예**

표 6-1 **클래식 스타일의 연출**

분류	연출방법
공간 디자인	– 대리석과 고급의 페르시아산 카펫 – 장식성이 뛰어난 조명기구 – 장미목(rosewood)[3/], 마호가니(mahogany)[4/] 재질의 테이블 – 나무 결을 그대로 살린 어두운 색조의 바닥재 – 벽면 일부에 어두운 톤을 사용하거나 파피루스, 종려나무, 소용돌이 등 무늬가 있는 벽지로 안정된 분위기를 연출 – 인공적인 재료보다는 나무 등의 천연재료를 사용 – 고전적이고, 고풍스러운 색으로 깊이 있는 색, 어두운 색을 주로 배색한다. – 중후한 난색 계열에 흑색, 청색, 보라색의 배합으로 깊이감을 연출 – 한색 계열을 메인색으로 연출하면 침착한 분위기를 조성할 수 있다. 또한 남성적 이미지를 연출 – 버건디, 네이비 블루 등 다크(dark) 톤과 딥(deep) 톤을 중심으로 다색상을 배합시켜 성숙한 이미지를 연출
식기	– 유백색의 디너웨어, 명품의 본 차이나 세트 – 깔끔한 금색 라인의 식기류나 깊이감이 있는 색의 테두리가 있는 것 – 접시의 중앙부분에 무늬가 없는 것이 적합
커틀러리	– 은이나 금은도금(silver plated)의 커틀러리 – 손잡이 부분이 고급스러운 느낌을 가진 명품 – 길이가 긴 유럽식의 정찬용 커틀러리가 적당
글라스	– 크리스탈류
린넨	– 장식성이 풍부하거나 은은한 무늬의 테이블클로스(경우에 따라 생략 가능) – 50×50cm, 55×55cm 크기의 무늬가 없는 흰색 냅킨 – 테이블클로스와 냅킨은 세트 제품을 권장 – 고전적인 문양의 패턴이나 손으로 수를 놓은 제품도 가능 – 전통적인 다마스크 직물이나 린넨 – 벨벳(velvet)이나 실크(silk)로 트리밍한 고급스러운 러너
식탁소품	– 은으로 만든 피기어 – 촛대 등을 악센트로 활용 – 일반적으로 냅킨 링은 사용하지 않음
연출의 예	– 최고급 코스 요리를 곁들인 정식의 만찬 – 결혼식 상차림, 부모님 생신상 등 격식을 차린 상차림 – 보수적이며 전통을 존중하는, 경제적으로 여유가 있는 계층 대상의 고급 레스토랑 – 호텔 내의 레스토랑

Color map

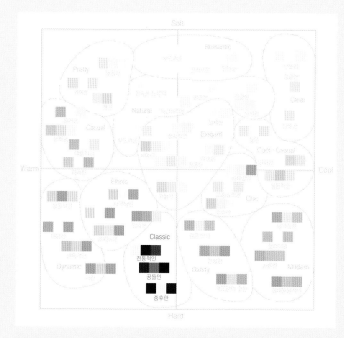

Hue & Tone

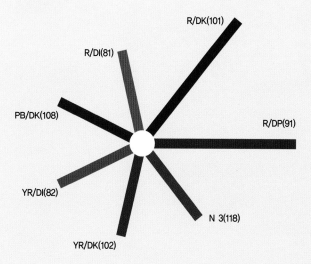

R/DK(101)

R/DI(81)

PB/DK(108)

R/DP(91)

YR/DI(82)

N 3(118)

YR/DK(102)

5대요소 이미지

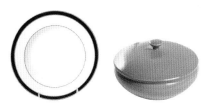

디너웨어

커틀러리

글라스

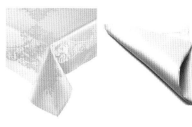

린넨

센터피스

2. 엘레강스 스타일 elegance style

라틴어 '선발된'의 뜻에서 '품위 있는, 우아한, 고상한, 아취雅趣 있는'의 뜻으로 풀이된다. 프랑스의 양식미樣式美를 이미지화한 것으로, 다분히 여성 취향적이다.

섬세하면서 품위가 돋보이고, 균형이 잡힌 평온한 분위기를 뜻한다.

이미지

기품 있는 우아미로 세련된 성인 여성을 연상케 하며, 색의 미묘한 그라데이션 gradation을 기조로 아름다운 곡선과 섬세한 자수, 레이스 등 우수한 품질의 고급 소재를 조화시킨다. 로맨틱한 스타일의 파스텔 톤에 회색 계열의 중후함을 가미하면, 경박스럽지 않고 고급스러운 이미지를 연출할 수 있다.

약간 그늘진 듯한 느낌, 부드러운 곡선이 흐르는 듯한 유려함, 안개빛 유리로 투과되는 듯한 빛의 파장 등 깊은 정서가 감도는 운치 있는 이미지이다.

부드러운 회색을 중심으로 적자색계와 보라가 대표적이다. 색상의 수를 가급적 줄이고, 전체적으로 부드러운 톤으로 분위기를 조성하는 것이 좋다.

그림 6-3 **엘레강스 스타일**

식공간

섬세하며 세련됨이 돋보이는 공간연출이 중요하다. 배색은 대비감이 약한 칼라와 은은한 음영gradation 톤으로 정리한다.

엘레강스한 식공간은 우아한 분위기를 중시하므로, 콘트라스트contrast를 주지 않는 것이 일반적이다. 가구는 탄력적이고, 부드러운 곡선을 강조한 것이 특징이다.

엘레강스한 테이블의 연출에는 유려한 곡선과 대비가 약한 것이 어울리고 실크, 새틴satin5/ 등 약간의 광택 있는 린넨이 적당하다. 또한 진주나 고급 도기 등의 품위 있고, 섬세한 질감을 살리도록 한다.

특히, 이러한 이미지의 연출을 위해서는 세밀한 부분까지 신경써야 한다.

그림 6-4 **엘레강스 스타일 테이블 연출의 예**

표 6-2 **엘레강스 스타일의 연출**

분 류	연 출 방 법
공간 디자인	– 크리스탈 샹들리에 또는 적당히 중량감이 있는 유연한 디자인이 좋음 – 바닥재와 카펫의 색상이 너무 밝거나 어두운 것은 금물 – 등나무나 호두나무(walnut)[6/] 등의 온화한 나무결을 살린 테이블이 좋음 – 채도가 높고, 강렬한 색은 자제 – 고전적으로 보라 계열의 색이 애용 – 여성스러움을 강조하기 위해, 붉은 적자색이나 보라색을 기초로 함 – 화려한 색보다는 약간 채도를 낮춰 순색에 가까운 색이 적합 – 그레이시한 색을 효과적으로 배치
식기	– 흰색, 금색, 은색의 자기나 본차이나를 중심으로 파스텔 톤의 컬러를 곁들임 – 새, 조개, 꽃, 과일과 같은 생명체를 연상케 함 – 곡선의 장식 – 디너웨어는 세트 제품을 사용
커틀러리	– 품위 있는 조각과 디자인 제품이 적당 – 장식성이 풍부한 제품은 뒤집어서 세팅하기도 함
글라스	– 장식이 유려한 크리스탈류
린넨	– 흰색을 기본으로 파스텔 톤의 컬러를 기조로 함 – 마, 투명감이 있는 소재나 레이스, 자수 등 우아하고 고급스러운 제품 – 테이블클로스와 냅킨은 동색 계열로 맞춤 – 섬세하고, 아름다운 볼륨감이 돋보이는 제품
식탁소품	– 은은한 색의 꽃으로 곡선을 살려서 부드러운 느낌으로 연출 – 고급스러운 도자기 인형 – 은제품의 소금, 후추통 – 진주를 이용한 소품을 활용 – 소품은 꽃무늬와 기타 작은 무늬의 조화를 중심으로 하되, 무늬의 윤곽이 두드러지지 않도록 주의
연출의 예	– 연인을 위한 프러포즈 상차림, 발렌타인 데이(valentine day) 등의 로맨틱 (romantic)한 분위기 연출의 상차림 – 어머니의 생신 상차림 – 결혼기념일 상차림 – 부드럽고, 섬세한 감각을 가진 30대 이후의 여성층 대상의 레스토랑

Color map

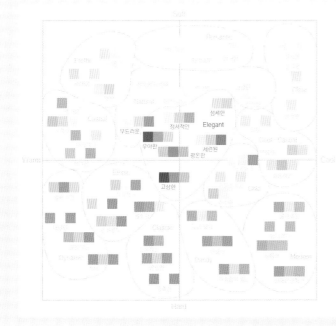

Hue & Tone

RP/L(70)

P/P(39)

P/L(69)

N 16(115)

RP/S(20)

R/Dp(91)

R/L(61)

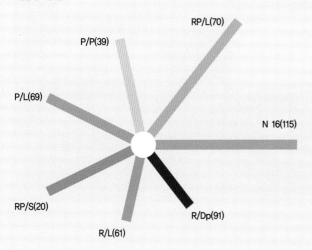

5대요소 이미지

디너웨어

커틀러리

글라스

린넨

센터피스

3. 캐주얼 스타일 casual style

라틴어 '일어난 일의'의 뜻에서 '우연의, 되는 대로의, 약식의informal'라는 의미
로 쓰인다. 양식이나 모양에 구애받지 않고, 자연소재나 인공소재를 배합하는
등 자유로운 발상으로 연출한다.

투명감이 있는 적색, 황색, 녹색 등 생생한 컬러를 중심으로 다색상 배합을
통해 발랄한 분위기를 연출한다. 편안하고, 개방적인 느낌이 캐주얼 이미지의
포인트이다.

이미지

웜 캐주얼warm casual, 쿨 캐주얼cool casual, 하드 캐주얼hard casual 등으로 세분하기도 한
다. 밝고 맑은 컬러와 화사한 느낌 등으로 다양한 식탁의 연출이 가능하다.

정형화된 틀이 없으므로, 연출가의 상상력에 맞춰 다양한 시도가 가능하다.
일반 가정식 상차림처럼 실용적이고, 편안한 분위기의 연출에 적당하다.

그림 6-5 **캐주얼 스타일**

식공간

고루하지 않고, 자유분방한 분위기의 식공간 연출에 주안점을 둔다.

밝고 선명한 칼라, 스포티sporty하고 콘트라스트가 강한 배색, 편안한 칼라 터치color touch, 팝pop적인 리듬감 등 그림이나 음악은 물론 일상생활 모든 부문에서 특별히 멋을 부리지 않는 듯한 여유가 있는 감각이다.

일상적으로 부담 없이 소품 연출을 즐길 수 있으며, 주로 편안한 분위기의 인테리어가 캐주얼 감각에 어울린다. 백색 톤과 부드러운 아이보리색을 기조로 적·황·청색의 컬러풀한 소품으로 포인트를 주면, 멋진 분위기를 연출할 수 있다. 그러나 너무 많은 수의 색상을 사용하면, 오히려 분위기가 산만해질 수 있으므로, 2~3가지 색으로 한정시켜 젊고, 밝은 느낌으로 정돈한다.

색을 선택할 때 화려한 색상의 비례가 너무 많으면, 호화로운 이미지의 연출은 가능하나, 상대적으로 안정감이 떨어질 우려가 있다. 전체적으로 악센트 칼라를 10~20% 정도로 제한하면, 오히려 안정된 분위기 속에서도 화려한 이미지를 즐길 수 있다.

스틸과 천, 나무와 스틸, 플라스틱과 나무 등으로 조화시킨 단순한 디자인이 효과적이다. 이탈리아풍의 현대적이고, 화려한 소파, 의자 등이 캐주얼 감각의 연출에 효과적이다.

그림 6-6 **캐주얼 스타일 테이블 연출의 예**[7]

표 6-3 **캐주얼 스타일의 연출**

분류	연출방법
공간 디자인	– 자연스럽고, 활발하며 경쾌한 분위기를 연출 – 화려한 색이나 단순한 형태의 디자인이 좋음 – 바닥소재로는 밝은 느낌의 나무가 적당 – 칼라는 화려하게 배색처리한 것을 중심으로 부드럽고, 청명한 색 또는 화려한 톤에 백색의 톤을 배색 – 밝은 색에서 어두운 색, 탁색에서 순색까지 폭 넓은 선택이 가능 – 채도가 높은 맑은 색을 주조색으로 선택 – 순색을 사용하면, 활기찬 느낌을 표현할 수 있음 – 오렌지 계열과 노랑 계열을 주조색으로 잡을 때에는 순색 계열의 색보다 밝고 맑은 색을 사용하는 것이 효과적 – 대비가 강한 배색을 하면, 긴장감이 조성
식기	– 스톤웨어(stoneware), 두께가 없는 자기나 도기, 플라스틱 식기, 아크릴 식기, 일회용 식기도 무방 – 원색의 화려한 식기나 우리나라 전통의 옹기도 활용 가능 – 귀여운 무늬나 화려한 장식이 없는 투박한 스타일 – 각기 다른 회사 제품의 그릇을 매치시키기도 함 – 다양한 색조를 혼합하여 조화를 이루는 것도 아이디어 – 표면이 거친 식기는 성긴 조직의 냅킨과 훌륭한 조화를 이룸
커틀러리	– 스테인리스 제품이나 일회용 플라스틱 제품 – 나무 핸들, 고무 핸들 등 다양한 소재 – 모든 코스를 하나의 커틀러리로 사용해도 무방 – 유럽식보다 약간 짧은 미국식 스타일이 적당
글라스	– 스템(stem)이 두껍고, 장식성이 없는 것 – 유색의 유리잔을 활용 – 두꺼운 강화 컵이나 모양이 있는 컵 – 경우에 따라서는 테이블 위에 커피잔 세팅도 가능
린넨	– 비비드(vivid) 컬러의 테이블클로스 또는 다양한 소재의 매트(place mat)를 활용 – 체크, 스트라이프(stripe), 프린트 무늬 등 다양한 패턴과 목면, 폴리에스테르, 면, 종이 냅킨 등 다양한 소재도 가능 – 40×40cm, 45×45cm의 냅킨이 적당 – 보색의 냅킨은 식탁 연출의 악센트의 효과를 줌 – 다색상의 대비로 코디네이트 – 격자 무늬 디자인의 테이블웨어에 점 무늬의 냅킨 또는 꽃 모양의 테이블클로스에 줄무늬의 냅킨을 매치하는 등의 과감한 시도를 할 수 있음 – 디자인의 규모는 비슷한 비중을 유지하는 것이 핵심
식탁소품	– 센터피스로는 색이 선명한 꽃을 선택 – 식기를 이용한 자연스러운 이미지 연출을 시도하거나 유리 화기를 사용 – 다양한 소재의 냅킨 링을 활용 – 조약돌이나 과일을 이용하여 경쾌한 이미지를 연출
연출의 예	– 아침식사 상차림, 약식의 점심 상차림 – 원색의 화려한 어린이 생일 파티 – 야외의 상차림, 가든 파티, 바비큐 파티, 뷔페 – 20대 전반의 자유스러운 기질과 생활을 즐기는 층을 겨냥한 레스토랑, 캐주얼 다이닝 레스토랑, 패스트푸드점

Color map

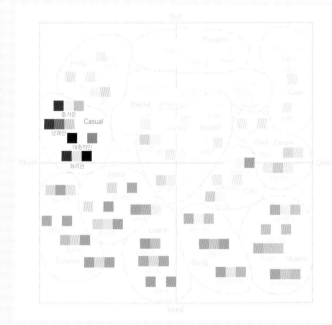

Hue & Tone

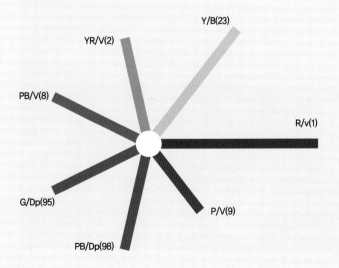

5대요소 이미지

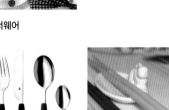

디너웨어

커틀러리

글라스

린넨

센터피스

4. 모던 스타일 modern style

라틴어 '바로 지금'의 뜻에서 '근대의, 근세의, 현대의'에 대한 말로 '현대식의, 새로운, 최신의up-to-date' 뜻으로 쓰인다.

'현대의 것'이란 의미로 그 시대 최신의 선구적인 스타일을 뜻한다. 따라서 모던[8]은 변화가 크고, 시대의 흐름을 반영한 새로운 스타일로 도회적이고, 시원한, 기계적인 느낌의 디자인에서 출발한다고 할 수 있다.

넓은 의미로는 교회의 권위 또는 봉건성에 반항하여 과학이나 합리성을 중시하고, 널리 근대화를 지향하는 것을 말하지만, 좁은 의미로는 기계문명이나 도회적 감각을 중시하여 현대풍을 추구하는 것을 뜻한다.

모던 스타일은 양식적인 장식을 거부하고, 공업화가 가져다 준 고기능성과 합리성을 보다 많이 생략해 추상화한 형식으로 표현하려고 한 것이다.[9]

이미지

도회적 감성, 하이테크한 분위기를 기본 바탕으로 진취적이고, 개성적이며 진보적인 감각의 이미지를 추구한다. 하이테크, 미니멀리즘으로 규정지을 수 있다.

그림 6-7 **모던 스타일**

NEW TABLE COORDINATE

분명한 선과 단순한 디자인을 중심으로 기능 위주의 현대적인 감각의 분위기를 연출하며, 무채색의 모노톤을 배열하거나 악센트 컬러로 원색 계열만 나열하는 것이 테크닉이다.

장식이 배제된 단순한 기능 위주의 제품으로 경쾌한 스타일의 디자인이 그 예이다. 젊은층이 즐겨 찾으며, 스테인리스, 아크릴, 고무 등이 이미지의 소재로 채택된다. 색은 무채색, 금속 색을 기본으로 한다.

식공간

이성적인 규준, 객관적인 질서, 보편적인 공간을 규범으로 한다.

일반적으로 차가운 색을 기조로 대담한 칼라 대비와 명암 대비로 미래지향적인 감각을 느끼게 하는 디자인과 이질적 이미지와의 과감한 조화를 시도하는 독특한 디자인이 선호된다.

흰색과 검정색, 회색 계통의 무채색이 일반적이고, 유채색일 경우에는 약간의 칼라 감각만 전달시키는 것이 좋다. 차갑고, 하드한 이미지의 컬러 톤들에 대비감이 강한 배색 효과를 주면, 기능적이고 모던한 감각을 적절히 표현할 수 있다. 혹은 색감이 있는 난색계의 색상을 첨가하면 캐주얼한 분위기와 강한 악센트 효과를 동시에 연출 할 수 있다.

가구는 산뜻하고 디자인의 감각이 돋보이는 것으로 금속, 유리, 플라스틱, 가죽 등으로 된 차가운 감각의 것들이 선호된다.

모던 스타일의 테이블 연출은 직선과 곡선이 적절히 혼합된 테이블웨어나, 직선적이고 날카로운 느낌의 제품도 고려할 수 있다. 기능적이고 첨단의 감각이 돋보이는 조명기구와 대담한 디자인의 상품들을 시도해 보는 것도 좋다.

그림 6-8 **모던 스타일 테이블 연출의 예**

표 6-4 **모던 스타일의 연출**

분 류	연 출 방 법
공간 디자인	– 무채색 계통으로 도장한 바닥재 – 회색계의 카펫 – 흰색 또는 단색의 벽지나 단순한 줄무늬 벽지를 사용하여 심플한 분위기 연출에 주력 – 흰색의 테이블이나 원색의 테이블도 응용 – 내추럴한 색조와 목재, 돌, 타일, 코르크[10/], 종이, 천, 가죽 소파 – 로만 셰이드[11/]나 버티컬 블라인드[12/] – 단순한 형태의 가구와 가죽을 이용한 소품 또는 금속 장식 – 흑색과 백색의 코디네이트로 도시적 세련미를 연출 – 간결하고, 깔끔한 디자인이 선호 – 현대적인 분위기와 유리나 스테인리스 스틸 등의 소재를 활용 – 깊이가 있는 청색 계열과 백색, 흑색, 회색의 무채색과의 배색을 고려 – 기계적인 이미지 연출을 위하여 밝고, 그레이시한 색을 사용
식기	– 추상적인 무늬와 기하학적인 패턴을 과감히 시도해 봄 – 스테인리스 스틸의 식기 – 두께가 얇고, 날카로운 느낌의 식기 – 사각 식기를 적절하게 활용
커틀러리	– 직선의 선을 강조한 제품 – 스테인리스 스틸 소재 등 손잡이의 색상이나 소재가 특이한 제품 – 독특한 디자인의 커틀러리로 포인트를 줌
글라스	– 스템 부분에 색이 들어간 것 – 단순한 선을 강조한 것
린넨	– 무지(無地)의 패브릭이나 기하학적 무늬 혹은 과감한 스트라이프 무늬 – 모노 톤의 흑백이 섞인 면 – 폴리에스테르 등 다양한 종류의 소재도 가능
식탁소품	– 플라스틱이나 아크릴 소품 등 차가운 느낌의 금속 소품 – 부피감이 있는 센터피스는 금물
연출의 예	– 디자인을 중시하고, 세련된 감각을 추구하는 고객 대상의 음식점 – 도시적 성향을 가진 사람들을 대상으로 하는 상공간(商空間) – 최신 유행의 바(bar), 커피 전문점

Color map

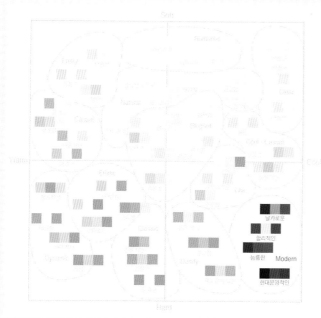

Hue & Tone

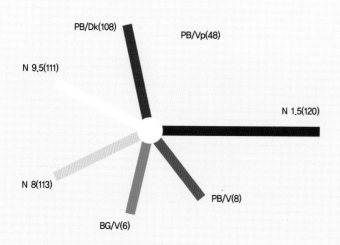

PB/Dk(108)

PB/Vp(48)

N 9.5(111)

N 1.5(120)

N 8(113)

PB/V(8)

BG/V(6)

디너웨어

커틀러리

글라스

린넨

센터피스

5. 에스닉 스타일 ethnic style

에스닉의 사전적인 정의는 '인종의, 민족의, 민족학의, 민족 특유의, 소수민족의'라는 뜻으로 래디칼^{radical}이 피부나 눈의 빛깔, 골격 따위를 통해서 본 경우에 쓰인다면, 에스닉은 언어와 습관, 관습 등을 통해서 본 경우에 해당된다.

　보다 민속적이고, 토속적 · 전통적 개념으로 오리엔탈리즘보다 간결하면서도 부드럽고, 섬세한 이미지로서 원시자연으로 회귀하고자 하는 인간의 욕구를 충족시킨다. 복잡한 기계와 상업성에서 벗어나 간결함을 추구하는 데 그 목적을 두고 있다.

　따라서 에스닉은 그 내용적 특성에 있어 과거로의 회귀와 전통성에 대해 강조하고 있지만, 기술적으로는 현대의 기술을 사용하고, 현 사회의 실체들과 직면하고 있으므로 필연적으로 이중적인 코드를 갖게 된다. 즉, 특정지역을 대표하는 '보편성^{universality}'과 동시에 기타 지역에서도 쉽게 발견하기 어려운 '독자성$_{personality}$'을 포함하고 있어야 한다. 또한 같은 맥락에서 '낯설음^{unfamiliarity}'과 '익숙함^{familiarity}'의 이중적 코드를 동시에 취해야 한다.

　에스닉 디자인이란 개별문화의 특수 형식과 내용이 타문화권에서 사용되어 상호소통이 가능한 문법으로 구현된 것으로 정의할 수 있을 것이다.

이미지

이처럼 특정 민족의 독특한 스타일을 의미하는 에스닉은 '민족적'이라고 풀이되며, 세계 여러 나라 민족의 생활풍습, 민속의상, 장신구, 라이프스타일에서 영감을 얻어 발전되었다.

　에스닉 스타일이란 유럽 이외의 세계 여러 나라의 민속적인 요소들과 민족 고유의 염색, 직물, 자수, 액세서리 등에서 영감을 얻어 디자인한 패션에서 비롯되었다.

　20세기 초기 패션에 처음으로 도입되었던 에스닉 스타일은 지금까지는 서양적인 관점에서 보는 동양적인 것을 의미했다. 하지만 21세기의 에스닉은 다국적인 경향으로 새롭게 재해석되고 있다.

그림 6-9 **에스닉 스타일**

에스닉이 갖는 이미지로는 야외의 정원이나 밝은 실내에서의 아프리카 스타일, 또는 동남아시아, 남미, 남태평양 국가 등의 민족성과 샤머니즘적, 종교적인 것으로 종합할 수 있다.

색감으로는 그린색이나 강렬한 오렌지색 등의 자연을 닮은 색, 붉은색, 검은색, 노란색 등의 원색, 흙에 가까운 나무 색깔이나 카키색 등이 속한다. 또한 손으로 작업한 듯한 투박한 느낌과 다소 거친 느낌이 어울린다.

식공간

사회경제적 및 기술환경적 측면에서 정보사회로의 진행이 가속화될수록, 세계의 모든 지역과 국가들이 민족주의 혹은 국가주의에 대해 더욱 높은 관심을 보이게 될 것이라는 전망은 세계 도처에서 현실로 나타나고 있다.

이는 세계화globalization와 지역화localization라는 동시발생적 상황 앞에서, 다른 한편으로는 문화 특히 지역문화의 특수 가치에 대한 인식이 높아가고 있음을 의미하는 것이다. 공간 디자인도 마찬가지로 세계화라는 이름 아래 진행되고 있는 또 다른 보편가치의 추구에 대응하여, 민족 고유의 가치를 새롭게 이해하고 해석하여 문화적 자기동일성cultural identity을 회복하고, 맥락성을 구축하려는 움직임이 지역 문화의 생존전략의 형태로 나타나고 있다.

에스닉 스타일은 어떠한 나라를 배경으로 스타일링을 할 것이냐에 따라 다양한 소재로 연출될 수 있다. 공통적으로는 화려하고 강렬한 색상과 독특한 무늬를 이용하여 손으로 만든 듯한 자연스러운 소품의 사용이 큰 특징이다.

그림 6-10　**에스닉 스타일 테이블 연출의 예**

분류	연출방법
공간 디자인	– 각 나라 혹은 지역의 풍토를 배경으로 한 '민족 특유의 양식'을 연출 – 이국적인 느낌의 연출을 위해서 깊이가 있는 색을 주로 사용 – 토착적인 이미지의 연출을 위해 갈색이 깃든 배색을 사용 – '매운맛'은 적색을 사용하고 탁한 적색과 배색 – '쓴맛'은 어두운 색, 그레이시한 색, 탁색 계열로 하고 오렌지색으로 강조 – 자연석, 다듬지 않은 목재, 벽돌, 회반죽벽 등 자연 소재의 사용으로 전체적으로 거친 면이 있지만, 소박하고 따뜻하며 편안한 느낌의 연출이 포인트임
식기	– 목재, 도기 등 자연 친화적 패턴이나 화려한 색상 – 천연목이나 칠기 또는 원시의 분위기를 낼 수 있는 것 – 동남아 식탁에 어울리는 큰 바나나 잎은 보조 접시의 역할로 활용 가능 – 무늬가 있는 금속 그릇이나 나무 그릇 등이 일반적이며, 배경 국가에 따라 은기류로 연출 – 매끈한 느낌보다는 투박하면서도 거친 질감의 식기가 적합
커틀러리	– 조개류, 나무, 동물의 뼈, 대나무 등을 모티브로 한 젓가락이나 스푼 – 숟가락이나 포크는 냅킨과 함께 부드러운 나무줄기나 풀잎 등으로 자연스럽게 묶어 이국적인 분위기를 연출
글라스	– 강열한 색이 인상적인 유리잔 – 나무의 열매나 껍질의 느낌이 나는 자연소재의 제품 – 천연재료의 사용과 재활용 기법의 적절한 조화로 자연주의와 전원적 아취(雅趣)를 추구
린넨	– 서로 다른 톤의 컬러 매치로 화려함이 돋보이는 수직물 – 천연소재인 면이나 마, 화려한 무늬의 아프리카풍 응용 – 디테일 처리에 있어 비전문적인 장식기법을 적용하는 것도 아이디어
식탁소품	– 지역을 상징하는 민예품, 동물의 뿔, 대자연 상징물 등 이국적 풍토미를 보여주는 장식물 – 커다란 잎사귀, 나무나 왕골 소품 – 센터피스로 열대 과일이나 음료를 담은 바구니, 토분에 담긴 꽃도 활용 – 손으로 만든 듯 투박한 수공(手工)의 미를 강조
연출의 예	– 여름 상차림 – 다양한 열대과일과 잎사귀로 장식한 음식과 자연적인 맛과 멋을 살린 베트남, 태국, 인도, 멕시코 등지의 전통 요리 상차림 – 라이스 페이퍼(rice paper), 베트남 쌀국수(pho), 화지타 등 지역성을 살린 음식 세팅 – 외국인 대상의 토속 레스토랑

표 6-5 에스닉 스타일의 연출

Color map

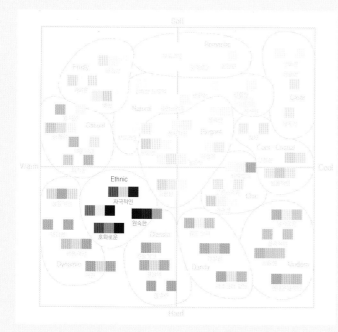

Hue & Tone

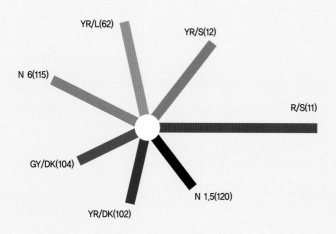

YR/L(62)
YR/S(12)
N 6(115)
R/S(11)
GY/DK(104)
N 1.5(120)
YR/DK(102)

5대요소 이미지

디너웨어

커틀러리

글라스

린넨

센터피스

6. 내추럴 스타일 natural style

내추럴은 자연을 이해하고 자연 현상에 따른 형태, 구성, 효과 등을 자연의 관점에서 채택하고 응용하려는 제작 태도이다. 자연주의는 시대에 따라 보는 관점을 달리하였으나 예술적 경향을 표현하기에 앞서 하나의 태도를 뜻하는 '낭만주의romanticism' 라는 용어와 흡사하다고 할 수 있다.

현대 자연주의는 오염되지 않은 생태학적 자연을 회복하려는 노력을 표현하고, 원초적 생명력을 지닌 원시성의 표현을 통해 인간 본연의 순수성향을 나타내었으며, 토속적인 전통문화를 받아들여 현대인의 인식을 새롭게 전환시키려는 의지를 보여준다.

자연의 모든 것에 대한 인간의 관심과 애정의 대상이 확대되는 경향에 따라 예술계藝術界의 관심도 물과 공기, 흙과 돌, 꽃과 나무, 새와 동물, 넓게는 은하계와 우주에까지 그 영역이 미치고 있다.

이미지

현대사회는 고도의 기계화, 문명화되어가고 있으면서 사람들은 편안한 휴식과 자연을 찾게 된다. 자연을 소재로 한 흙, 돌, 식물, 자연광 등에서 자연을 느끼고 적극적으로 도입한 것이 자연주의이다. 자연의 이미지를 그대로 살린 흙이나 나무로 만들어진 공예품이라든가 도기, 나뭇결을 살린 가구 등을 그 예로 들 수 있다. 또 풀이나 나뭇잎 패턴으로 물들인 이미지에서 느낄 수 있는 소박하면서도 손으로 직접 만든 듯한 느낌을 주는 것을 들 수 있다. 계속 보아도 싫증이 나지 않는 자연색조나 패턴, 얕은 여울이나 시원한 바람 등에서 느껴지는 상쾌한 기분, 따스하고 평화로운 자연풍경 등 자연이 가져다주는 마음의 평온이 자연주의 이미지의 기본이 된다고 할 수 있다. 자극적인 색, 순색은 피하고 콘트라스트가 강하지 않은 배색이 좋다. 베이지 · 녹색 · 갈색 · 적색 등으로 연출한다.

역사적으로 볼 때, 가구의 대표적 자연 소재는 나무였으나, 최근 다양한 소재의 개발과 더불어 가구에도 이러한 소재들을 응용한 파격적인 디자인들이 많이 선보이고 있다. 이 중 환경을 오염시키는 플라스틱과 같은 소재들이 점차 지양되고 재생할 수 있는 자연 소재를 이용한 디자인이 다시 활성화를 이루고 있다.

그림 6-11 **내추럴 스타일**

예를 들면 금속 프레임에 가죽으로 된 좌판과 등받이를 가진 의자나 금속 프레임에 비취목 판재를 끼워 넣어 완성되는 녹다운knock-down 의자는 제품을 분리하여 재활용이 가능하므로 자연을 고려한 환경 친화적인 제품이라 할 수 있다.

21세기형 인테리어의 가장 큰 특징은 완벽한 기능성을 추구하면서도 지극히 내추럴하고, 그와 동시에 지극히 모던함을 지향하는, 서로 상반되는 두 경향을 쫓고 있다. 사이버 시대임을 부인할 수 없는 지금의 현실에서 좀더 자연을 느낄 수 있는 집들이 바로 2000년대의 주거환경으로서 필요한 것이다. 발달된 기계 문명과 인공적인 요소가 우리 생활에 많은 부분을 차지할수록 가장 기본이 되는 근원, 곧 자연으로 돌아가려는 본능을 불러일으킨다. 샤프하고 도회적인 모던 감각과는 대조적으로 마음이 편안해지는 온화한 분위기의 집합이다.

식공간

자연과의 조화에 역점을 둔 자연주의 스타일은 주거공간에서도 부담스럽지 않은 편안함을 표현하고 있으며, 자연주의 주거공간은 나무나 패브릭 소재의 소품, 낡은 워시 제품, 핸드메이드 제품 등 자연소재로 공간을 연출한다. 내추럴 스타일은 자연 소재와 색감을 살린 베이지, 브라운 톤의 색채와 옐로, 그린 등의 중간 톤 색채를 주조로 온화하고 자연스러운 분위기를 연출한다.

컬러는 베이지, 아이보리, 그린 계열을 중심으로 그라데이션이나 톤 배색의 통합감을 나타내고, 자연을 느끼게 하는 기분 좋은 이미지를 연출한다. 하이터치 감각의 베이지색, 갈색, 초록색 등을 중심으로 한 온화한 색의 조합이 따스함을 전해준다.

그림 6-12 **내추럴 스타일 테이블 연출의 예**[13/]

그림 6-13 **내추럴 스타일 테이블 연출의 예**[14/]

표 6-6 **내추럴 스타일의 연출**

분 류	연 출 방 법
공간 디자인	– 자연 소재와 색감을 살린 베이지, 브라운톤의 색채와 옐로, 그린 등의 중간 톤 색채를 주조로, 색의 대비가 약한 배색 또는 부드럽고 밝은 그레이 톤을 사용하여 온화하고 자연스러운 분위기를 연출 – 자연과의 조화에 역점을 두어 부담스럽지 않은 편안함을 표현
식기	– 소박한 도자기, 나무, 대나무 등 자연적 질감이 그대로 살아 있는 밝은 톤의 식기 – 무늬가 없거나 풀·나무 등 자연을 모티브로 한 식기
커틀러리	– 나무, 대나무, 등나무 등 소박한 질감
글라스	– 밝고 친근하며 소박한 형태
린넨	– 자연적 질감이 그대로 살아 있는 밝은 톤의 테이블클로스로 우아함을 연출 – 실크 소재의 패브릭으로 자연미를 최대한 끌어냄 – 마, 면 등 자연소재 – 베이지계, 아이보리계, 그린계 등의 평온한 톤을 바탕으로 한 통합감 있는 배색
식탁소품	– 돌과 나무를 이용한 다양한 디자인의 촛대
연출의 예	– 유기농 레스토랑이나 쇼윈도의 디스플레이

Color map

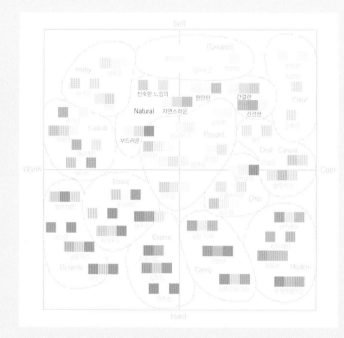

Hue & Tone

YR/Dl(82)

YR/L(62)

Y/Lgr(53)

Y/L(63)

YR/P(32)

GY/s(14)

G/V(5)

5대요소 이미지

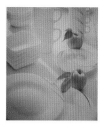 

디너웨어

커틀러리

글라스

린넨

센터피스

주

1/   붉은 색의 원목

2/   organde, organdy : 얇고 가벼우면서 빳빳한 옷감. 투명하고, 가벼워서 블라우스나 원피스, 파티 드레스, 특히 칼라나 커프스 등 여름 의복 장식이나 커튼류에 쓰인다.

3/   장미목은 동남아시아, 인도, 중남부 미국에서 성장하는 활엽수로 그 명칭은 목재를 밸 때 발산하는 향기로 인해 붙여졌다. 붉은 색상에 검정이나 갈색 무늬결이 일반적이나 생산지에 따라 색상에 차이가 있다. 18, 19세기에 널리 유행했고, 특히 영국 섭정(Regency, 1811~1920) 양식의 대표적 가구재가 되었다. 특히 밀도가 높고, 기공이 적으며, 나무가 단단해서 반영구적으로 사용할 수 있다. 예로부터 유럽에서 장미목은 부와 명예와 행운을 가져온다고 하여 사랑의 정표나 연초 파이프, 장식용 등으로 애용되어왔다.

4/   결이 좋으며, 가공이 쉽고 붉은 계통의 아름다운 색으로 18세기부터 실내와 가구에 널리 쓰인 나무이다. 영국의 앤 여왕이 즉위한 후에는 마호가니 시대(mahogany period)라고 하여 마호가니가 목재의 주종을 이룰 정도로 선호되었다.

5/   무거운 것과 가벼운 것이 있다. 안감이나, 속옷, 블라우스, 웨딩 드레스, 실내장식, 침구, 커튼, 가구류 등에 주로 쓰인다.

6/   색이 어두워서 중후한 분위기에 잘 어울린다. 나이테가 자연스럽고, 아름다워 고운 마감 면을 얻을 수 있다. 밝은 회갈색이나 초콜릿 색, 어두운 보라색을 띤 갈색 등의 짙은 색상 때문에 비교적 넓은 공간의 인테리어에 어울린다.

7/   청강문화산업대 졸업작품(좌: 전혜란 · 박미선 · 장영지 · 임이경, 우: 최은미 · 장윤주 · 홍은영 · 이현경)

8/   예술로서의 모더니즘은 20세기 초, 특히 1920년대에 일어난 표현주의, 미래주의, 다다이즘, 형식주의 등의 감각적, 추상적, 초현실적 경향의 여러 운동을 이른다. 유럽과 미국에서는 이와 같은 여러 형태의 운동을 통틀어 모던 아트(modern art)라고 말하는 경향이 많으나, 보다 넓은 의미로서는 19세기 예술의 근간이라고 할 수 있는 사실주의, 리얼리즘에 대한 반항 운동이며, 제1차 세계대전 후에 일어난 전위예술(前衛藝術, 아방가르드) 운동의 한 형태였다.

9/   공업적인 기능성과 구성주의, '데 스틸'이라는 동향 속에서 바우하우스의 건축과 디자인이 세운 이념과 작품은 모더니즘을 대표하는 것이다. 현재 모던이라고 불리는 것은 스칸디나비아와 이탈리아풍이 주류를 이루지만, 바우하우스 출신의 건축가와 디자이너가 창조해 세계에 퍼진 모던의 영향이 크다.

10/   코르크는 바닥 재료 가운데 가장 탄력성이 뛰어나며, 천연 재료이면서 성능이 좋은 음향효과가 있다. 반면에 결점은 더러워지기 쉽고, 약한 것이다. 질감에 있어서 어느 정도 패인 곳이 보이지만, 훌륭하게 사용된 코르크 마감 바닥은 왁스를 자주 닦음에 따라 표면에 자연적인 색채와 그에 따른 느낌의 깊이가 더해져서 풍부하고 아름다운 외관을 나타내는 재료가 된다. 한편, 코르크제 타일 중에는 광택 있는 비닐 피막으로 처리된 것도 있지만, 표면이 딱딱한 인공적인 광택으로 둘러싸여 소재 본래의 자연미를 잃게 된다.

11/   천을 차곡차곡 포개는 듯한 커튼으로 직물에 따라 연출하면 우아한 느낌이 난다.

12/   수직으로 된 일종의 커튼으로 빛의 양을 조절할 수 있다.

13/ 청강문화산업대 졸업작품(이승룡, 우화진, 이순지, 박상민, 양승옥)

14/ 청강문화산업대 졸업작품(이정은, 김아영, 김하나, 서민선, 임서연, 박지현)

NEW TABLE COORDINATE

7차

Tea

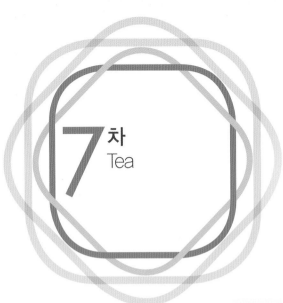

7차
Tea

차에는 많은 종류가 있다. 홍차, 우롱차, 호지차, 반차 등 셀 수 없이 많지만 이들 모든 차는 같은 차나무^{학명 Camellia Sinensis} 잎을 원료로 하여 만들어진다. 품종은 틀리지만 물의 색깔이나 향이 전혀 틀리는 홍차와 녹차도 원료가 되는 찻잎은 같다.

찻잔 등의 다기나 '오후의 홍차'와 같은 현재 우리들이 알고 있는 홍차 문화의 많은 부분은 영국에서 발달한 것이다. 차 소비국인 영국에 있어서 그와 같은 홍차 문화가 발달한 배경에는 다양한 역사의 축적이 있다. 이 장에서는 차의 역사와 더불어 차의 종류를 간단하게 살펴보고, 홍차 기구들과 만드는 방법들을 알아본다.

「Tea Pot」, 황지희

1. 차의 역사

홍차나 녹차, 우롱차 등 모든 차의 원료가 되는 차나무는 현재 세계 각지에서 재배되고 있지만 원래는 중국의 운남성雲南省과 인도의 아삼Assam 지방에서만 자연 육성되고 있던 식물이었다. 인도의 아삼종이 발견된 것은 19세기로 비교적 최근의 일이며, 그 이전까지는 차라고 하면 중국이 원산지였다. 19세기에 아삼종이 발견되어 각지에서 재배, 육성될 때까지는 다질링Darjeeling, 케냐Kenya, 우바Uva 등을 산지로 하는 차는 없었으며 녹차도 홍차도 중국산이었다.

중 국

중국에서는 홍차보다 훨씬 이전부터 녹차를 마셨다. 찻잎을 발효처리 하지 않은 녹차는 유사 이전부터 불로장수의 영약이라 하였다. 전설에 의하면 기원전 2737년 신농씨神農氏가 나무그늘 아래서 더운물을 마실 때 바람에 날려진 몇 장의 나뭇잎이 우연히 물그릇에 떨어져 대단한 향과 맛을 내었다. 그 이후로 신농씨는 그 잎이 들어간 더운물에 완전히 매료되었는데 그 잎이 찻잎이었다.

중국에서는 언제부터 홍차를 마시게 되었는지에 대해 자세히 알려져 있지 않지만 7~9세기의 당나라 시대가 되어서도 녹차로서 마셨고 더욱 왕이나 귀족에게만 허락된 특별한 음료로서 국외에는 비밀에 부쳐져 있었다. 홍차의 원형이

그림 7-1 **차의 이동 경로**

라고 할 수 있는 발효차가 등장한 것은 송나라 시대[10~13세기]에 들어와서다. 찻잎이 발효하게 된 이유에 대해서는 상세하게 알려져 있지 않지만 실크로드로 대표되는 당시의 무역로를 경유하여 차는 급속하게 퍼져나갔다.

홍차역사의 시작은 대항해 시대를 거쳐 유럽 여러 나라들이 중국산의 녹차나 홍차를 수입하기 시작하고 소비지로서 독자적인 차 문화를 형성한 17세기부터이다.

유 럽

서구에 처음으로 차를 전달한 것은 네덜란드의 동인도회사[1602]였으며, 홍차가 아니라 녹차였다. 당시 네덜란드는 중국 및 인도네시아와의 동양무역에서는 독점적이었다. 마찬가지로 동인도회사[1600]를 경영하고 있던 영국은 인도와의 무역에 중점을 두고 있었다. 인도에서 신종의 차나무, 아삼종이 발견된 것은 19세기로 당시의 인도에는 차가 없었다. 1630년대부터 이미 차를 마시는 풍습이 널리 퍼져 있었던 네덜란드와 비교해서 1650년이 될 때까지 영국에서 차를 마시지 않았던 배경에는 이와 같은 이유가 있었다. 영국의 귀족들은 차를 마시기 시작하고부터도 모든 차를 네덜란드로부터 사오지 않으면 안 되었다.

영국은 1669년에 네덜란드 본국으로부터의 수입을 금지하는 법률을 제정하고 동시에 전쟁[영국과 네덜란드 전쟁, 1652~1674]을 시작하였다. 중국으로부터 직접 수입한 차가 처음으로 영국에서 유통된 것은 네덜란드와의 전쟁에 승리를 한 15년 후인 1689년의 일이다. 이때부터 영국 동인도회사가 기지를 두고 있는 복건성[福建省] 아모이[Amoi]에서 차가 모아지고 그것이 영국 국내에 유통되게 되었다. 영국에서 녹차보다도 홍차를 마시게 되고 독자적인 홍차 문화가 발달한 것은 이와 관계가 깊다. 아모이에 모아지는 차는 모두 홍차와 닮은 반발효차였기 때문이다. 무이차[bohea, 武夷茶]는 찻잎의 색이 검정이었기 때문에 '블랙 티[black tea]'라고 불렀고 서구에서 차의 주류가 되었다.

영국에서 차[tea]가 성행하기 시작한 것은 찰스 2세[1630~1685] 때였으며, 그 후 1820년에 인도의 아삼 지방에서 차가 발견된 후 영국 중상류층에서 보편화되기 시작했다. 19세기 후반에는 '국민적 음료'로 정착되었고 이 기간이 빅토리아와 에드워드 왕조에 해당하기 때문에 영국의 홍차를 '빅토리안 티[Victorian tea]'라 부르기도 한다. 빅토리안 티에는 세 가지 기본 룰이 있는데, 첫째, 차는 바르게 우리고, 둘째, 티 테이블 세팅은 우아하게 하며, 셋째, 차에 곁들여 나오는 음식인 티 푸드^{tea food}는 풍성히 준비하였다.

영국에서 홍차의 개념은 아침, 점심, 저녁의 하루 세 끼 식사 외에 새로운 식사를 두 번 더 하는 것을 뜻했다. 그 중 하나는 '오후의 홍차^{afternoon tea}'라고 해서 주로 오후 5시에 부인들이 모여서 홍차와 케이크를 먹고 마시면서 나누는 사교 시간을 말하고, 둘째로는 처음부터 '하이 티^{high tea}'라고 하여 홍차와 고기 또는 생선과 같은 상당량의 음식을 먹는 식사를 말하는데, 주로 저녁 늦게 다시 정규 식사를 하기에는 부적절한 경우에 행해지는 것을 뜻했다.

20세기 이후

20세기에 들어서면서 두 가지의 서로 다른 종류의 식사는 결국 사회계층의 차이에 따라서 분류된다. 이때 중산층에서는 홍차라는 개념이 '오후의 홍차'를, 노동자 계층에서는 원래 '하이 티'라고 부르던 식사를 뜻하여 직장에서 일을 마치고 집에 돌아왔을 때 먹는 음식을 가리켰다.

홍차를 마실 때 뜨거운 차를 잔 받침대^{saucer}에 부어 식혀서 마셨던 습관이 빅토리아 시대에는 나쁜 매너로 인식되었고, 리필을 원하지 않을 때는 티스푼을 잔에 남겨두는 것이 매너였다. 티 용기에 있어 빼놓을 수 없는 것이 티 포트^{tea pot}로 견고한 티 포트는 19세기에 이르러 만들어졌으며, 물방울이 떨어지는 소리가 없이 부드럽게 따라지게 하기 위해 티 포트의 입구가 아래로 내려가는 독창적인 형태가 생겨났다.

영국 어디서나 홍차를 주문하면 으레 물어보는 영국 사람들의 어휘가 있는데 바로 'white or black'이다.

사실상 영국인들이 홍차에 우유를 넣어서 마시기 시작한 것은 그 이유가 있다. 처음 중국에서 홍차가 수입되고 그와 더불어 중국으로부터 사기로 만들어진 찻잔이 처음 들어왔을 때만 해도 영국에서는 아직 금속으로 만들어진 찻잔만을 사용했다. 당시 영국인들이 처음 사기잔을 받아 보았을 때 너무나도 약하게 느껴지고 쉽게 깨질 것 같은 두려움이 앞섰다고 한다. 그러한 사기 찻잔에 뜨거운 홍차를 직접 부어 마시면 찻잔이 깨져 버릴까봐 먼저 우유를 조금 넣은 다음에야 홍차를 따랐던 것이 오늘날 'Milk-in-First'인 화이트 티^{white tea}의 유래이다.

홍차를 많은 영국인에게 인식시킨 것은 1730년대에 탄생한 티 가든^{tea garden}이었다. 런던의 교외에 계속해서 문을 연 티 가든은 음악과 함께 홍차를 제공하는 옥외의 오락시설로서 18세 이상의 영국 상류계급 사람들에게 널리 이용되었다. 그러나 술이 없는 티 가든은 남성들의 인기를 받지 못하였고 더욱이 여성 주최의 애프터눈 티 풍습이 가정에서 일반화되었기 때문에 19세기 중반에는 모든 티 가든이 모습을 감췄다. 그 후 '팍스 브리태니커'를 구가하던 영국인들의 위세와 함께 미국, 캐나다, 호주, 뉴질랜드 등은 물론 북유럽과 영국 자본주의의 동점^{東漸}과 더불어 아시아, 아프리카 등 세계 각국으로 차가 보급된다.

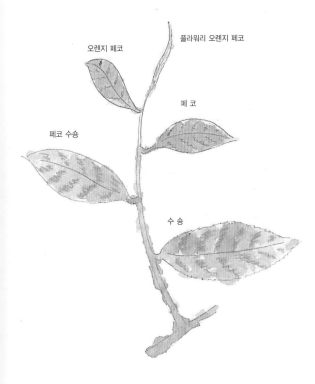

그림 7-2 찻잎의 부분명칭

오렌지 페코
플라워리 오렌지 페코
페코
페코 수송
수송

2. 차의 분류

홍차는 찻잎의 크기에 따라 홀 리프^{whole leaf}, 커트 리프^{cut leaf}, 분말이 있으며, 홀 리프는 FOP, OP, P, PS, S로 커트 리프는 BOP, BP, BPS, 분말은 BOPF, D로 나뉜다.^{1/} 찻잎은 맨 위쪽에 갓 돋아난 새 순^{雀舌}을 플라워리 오렌지 페코^{flowery orange pekoe, FOP}, 그 아래에 자리한 두 번째 잎을 오렌지 페코^{orange pekoe, OP}, 그 다음을 페코^{pekoe, P}, 네 번째 잎을 페코 수송^{pekoe souchong, PS} 그리고 마지막으로 넓게 굳어진 잎을 수송^{souchong}이라고 한다.

차는 크게 발효에 따라 불발효차·반발효차·발효차로 나누며, 불발효차는 볶아서 만든 중국식의 녹차와 일본의 찌는 녹차가 있다. 반발효차로는 우롱차가 있으며, 발효차의 대표적인 차로는 홍차가 있다. 또한 산지에 따라 인도차, 스리랑카차, 중국차가 있으며, 인도차로 다질링^{Darjeeling}, 아삼^{Assam}, 닐기리^{Nilgiri}가, 스리랑카차로는 우바^{Uva}, 딤부라^{Dimbula}, 누와라엘리야^{Nuwalaeliya}, 중국차로는 기문^{祁門}이 있다.

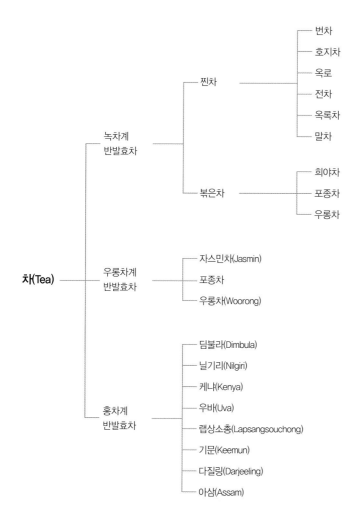

```
                              ┌─ 번차
                              ├─ 호지차
                       ┌─ 찐차 ─┼─ 옥로
                       │       ├─ 전차
                       │       ├─ 옥록차
            ┌─ 녹차계     │       └─ 말차
            │  반발효차 ──┤
            │            │       ┌─ 희야차
            │            └─ 볶은차 ─┼─ 포종차
            │                    └─ 우롱차
            │
차(Tea) ─────┤            ┌─ 자스민차(Jasmin)
            │  우롱차계 ───┼─ 포종차
            │  반발효차     └─ 우롱차(Woorong)
            │
            │            ┌─ 딤불라(Dimbula)
            │            ├─ 닐기리(Nilgiri)
            │            ├─ 케냐(Kenya)
            └─ 홍차계 ────┼─ 우바(Uva)
               반발효차     ├─ 랩상소총(Lapsangsouchong)
                          ├─ 기문(Keemun)
                          ├─ 다질링(Darjeeling)
                          └─ 아삼(Assam)
```

그림 7-3 **차의 분류**

3. 홍차 기구

티 포트

유럽에 홍차가 널리 퍼지면서 티 포트^{tea pot}가 다양해졌다. 19세기 프랑스에서는 로코코풍의 포트가, 포르투갈에서는 원숭이 얼굴과 손발 모양을 한 티 포트나 뚜껑의 손잡이에 장식한 장난스러운 포트가, 영국에서는 디켄스의 소설이나 크리스마스의 주인공을 흉내낸 것 등 재미있는 디자인이 많이 있다.

18세기 전반에는 앤 여왕이 은으로 서양 배 모양의 티 포트인 퀸 앤 스타일을 탄생시켰다. 이 때문에 귀족사회에서는 은으로 만든 티 세트로 티타임을 즐

그림 7-4 **여러 가지 티포트들**

기기도 하였다. 은기를 사용한 티타임은 고급스럽고 풍요로운 분위기를 연출한다.

　20세기 초의 럭비팀용의 포트는 15~18명용의 커다란 것이었다. 선수 모두가 마실 수 있도록 만든 것이었다. 시대를 초월하여 맛있는 차를 마시고자 하였으며 티 포트의 모양은 시각적인 만족을 가져다준다. 공모양의 티 포트는 찻잎의 성분이 쉽게 우러나도록 고안된 형이다. 차거르개가 붙어 있는 타입도 있지만 차 찌꺼기가 달라붙기 쉽고 특히 철재는 홍차의 색과 맛을 감하기 때문에 피하는 것이 좋다.

　재질은 보온성이 높은 것이 좋으며 도자기 제품이 좋다. 특히 소뼈의 재를 섞어서 고온으로 구워낸 본차이나는 보온성이 탁월하다. 이것은 1800년경 영국에서 개발된 것으로 맛있는 홍차에 집착하는 홍차 문화의 산물 중 하나이다.

잔과 소서 saucer

티타임을 즐기기 위해서는 맘에 드는 홍찻잔을 고르도록 한다. 영국 가정에는 가족 개개인의 전용 잔이 있다. 아버지용은 마실 때 입주위의 수염이 방해가 되지 않도록 잔에 수염받침이 붙어 있을 정도이다.

　잔을 고르는 포인트는 홍차의 향을 즐기기 위해서 잔의 지름이 넓을수록 좋고 차의 색을 감상하기 위해서는 잔의 색이 백색인 것을 고른다. 재질은 보온성이 우수하고 마시기 쉬운 얇은 도자기로 하며 티 포트와 마찬가지로 본차이

그림 7-5 **소서로 차를 마시는 모습**

나가 좋다.

17세기 중국에서 찻잔이 미끄러지는 것을 방지하기 위해 만들어진 중앙에 오목한 부분을 가진 테두리 있는 받침접시인 소서^{saucer}는 19세기 중엽까지 손잡이 없는 찻잔에 담긴 차를 부어 마시는 용기로 사용되었고, 낮은 계층의 사람들 사이에서는 20세기까지 이 습관이 남아 있었다.

차 문화가 유럽에 전래되어 퍼지기 시작한 당시 유럽에서는 도자기 산업이 발달되지 않았기 때문에 유럽인들의 신분은 중국의 도자기로 차를 마시는 것으로 높이 평가받았다. 그 후 차 문화는 지금과 같은 유럽의 도자기 발전에 공헌했다. 손잡이가 없는 찻잔에 티를 마시거나 수프를 담거나 꽃꽂이용으로 활용하고 소서는 작은 접시로 활용하는 창의적 코디네이션도 좋다.

그림 7-6 **수염 받침 잔**

소도구

홍차를 맛있게 먹기 위해서는 여러 가지 소도구가 사용된다. 표 7-1은 홍차 소도구들이다. 마음에 드는 소도구를 사용하면 보다 즐거운 티타임을 연출할 수 있다.

표 7-1 **홍차 소도구**

종 류	모 양	특 징
차 거르개 (tea strainer)		- 티 포트로부터 컵에 홍차를 따를 때 찻잎이 들어가지 않도록 하기 위해 사용. 가능한 작은 찻잎까지도 걸러낼 수 있도록 망이 촘촘한 것을 선택
티 워머 (tea warmer)		- 티 라이트(light)를 끼워놓고 그 위에 티 포트를 올려놓아 덥힐 때 사용
밀크 피처 (milk pitcher)		- 우유는 지방질이 적은 우유가 좋음. 냉장고에서 막 꺼낸 우유도 피처를 따뜻하게 데워 놓아 찬기를 가시게 할 수 있음

(계속)

종 류	모 양	특 징
슈거 포트 (sugar pot)		– 설탕을 넣어두는 용기로 슈거 볼(bowl)이라고도 함 – 설탕 스푼을 준비하는 것이 좋으며, 각설탕을 사용할 때는 텅(tong, 집게)을 함께 둠 – 홍차에는 그래뉼(granular)당[2]이 잘 어울림
티 스푼 (tea spoon)		– 홍차를 저을 때 사용 – 1티 스푼이 1인분의 기준이 됨 – 사용할 때에는 젖어 있지 않은 것으로 사용
티 매저 (tea measure)		– 찻잎의 양을 잴 때 사용
모래시계 (sand glass hourglass)		– 찻잎을 우려낼 때 사용하면 편리 – 3분용, 5분용 10분용이 있음
티 캐디 (tea caddy)		– 찻잎을 보존하기 위한 용기로 찻잎은 무엇보다 습기를 싫어하기 때문에 밀폐도가 높은 것을 사용
티코지 (tea couzy), 티 매트 (tea mat)		– 코지란 보온 커버를 의미 – 티 포트의 홍차가 식지 않도록 티 포트의 위에서부터 씌워 보온 – 여러 가지 디자인이 판매되고 있지만 영국에서는 새로이 손으로 만든 티 코지를 보여주기 위해서 티 파티를 염 – 티 매트는 티 포트 아래에 까는 것으로 티 코지와 함께 사용하면 보온력을 높일 수 있음
티백(tea bag) 버림용 접시		– 사용한 티백을 버리는 데 사용 – 작은 접시로 대용할 수 있지만 준비하면 멋진 티 타임을 연출
인퓨저 (infuser)		– 찻잎을 넣어 티 포트나 잔에 직접 넣어 차를 우려내는데 사용하는 용구로 찻잎만 우러나고 찻잎은 밖으로 나오지 않게 작은 구멍으로 이루어진 용기 – 여러 가지 모양이 있음

4. 홍차 만드는 법

맛있는 홍차를 만드는 방법으로 신선한 물, 막 끓기 시작한 순간의 물, 충분히 우려내기, 잘 따르기의 네 가지의 주의사항이 있다. 미리 끓여서 보관한 물이 아니라 반드시 바로 받은 신선한 물을 사용해야 하는 것은 공기가 많이 녹아 있어 홍차의 맛을 돋우는 역할을 하기 때문이다. 미네랄 워터나 팩에 든 물은 경수일 수 있기 때문에 산화칼슘이 적은 것을 사용한다. 사용 전에 물이 담긴 용기를 흔들어 물속에 산소를 포함시킨다. 물은 1잔 분량을 150cc 정도로 한다.

홍차에 철분은 금물이므로 철 주전자에 물을 끓이는 것은 적당하지 않다. 구리, 알루미늄, 유리제품의 주전자를 사용한다. 500원짜리 동전 크기의 거품이 생길 정도로 끓이며 너무 많이 끓이면 차의 색이 검어지고 향도 없어진다. 찻잎을 넣은 티 포트를 물주전자 옆에 놓고 끓인 물을 신속히 붓는다.

찻잎은 완전히 열려 홍차의 맛과 향이 물속에 충분히 녹아 나도록 한다. 이때 티 포트가 이 역할을 하며 끓는 물을 부으면 바로 뚜껑을 덮는다. 찻잎의 크기에 따라 우려내는 시간이 틀리지만 바로 몇 분 만에 탄닌 성분과 카페인 성분이 섞여 부드러운 홍차가 된다. 차거르개로 위에서부터 끓는 물을 붓는 것으로는 '색만 띤 뜨거운 물'에 지나지 않는다. 홍차를 만들기 전에 티 포트와 컵을 데워두면 더 좋다.

홍차는 향, 색, 맛 세 가지가 잘 조화를 이루어야 한다. 따라서 끓일 때 조금 뜸을 들여 우려내는 것이 은은한 맛을 내는 데 좋다. 3인분의 차를 끓일 경우 찻잎 4티스푼에 끓는 물을 부어 우려낸 다음 각각의 잔에 홍차를 따르고, 마지막에 남은 홍차를 골든 드롭golden drop이라 하여 진하게 우려 각각 한 방울씩 더 나누어 즐길 수 있다. 홍차에는 레몬이나 밀크를 같이 준비하여 취향에 따라 즐길 수 있도록 한다.

스트레이트 티 straight tea

설탕과 우유를 넣지 않고 홍차 그 자체의 맛을 즐기는 홍차이다. 티 포트와 잔을 데울 물까지 넉넉하게 끓인다. 물이 끓으면 티 포트와 잔에 물을 부어 데우고 나머지 물은 계속해서 끓인다. 물을 완전히 끓여 동전 크기의 물거품이 생기면

1. 더운물을 부었다가 따뜻해지면 물을 버리고 데운
   티 포트와 찻잔을 준비한다.

2. 찻잔의 양은 찻잎의 종류에 따라 다르지만 한 잔
   당 약 3g 정도 준비한다.

그림 7-7 **스트레이트 티 만드는 법**

3. 완전히 끓인 물을 부어 찻잎을 충분히 점핑(jump-
   ing)시킨다.

4. 작은 찻잎은 2~3분, 큰 찻잎은 3~4분 점핑시켜,
   포트 바닥에 찻잎이 가라앉으면 충분히 우러난 것
   이므로 찻잔에 따른다.

티 포트에 찻잎을 준비하고 약간 높은 위치에서 끓인 물을 힘차게 부어 뚜껑을
바로 덮는다. 티 코지를 씌운 후 은근하게 우려낸다. 찻잎이 큰 OP 타입은 5~6
분, 작은 BOP 타입은 3~4분 정도 둔다. 티 포트를 가볍게 돌려 홍차의 색을 균
일하게 한다. 데우기 위해 잔에 부어 놓았던 더운물을 버리고 티 스트레이너를
세팅한 후 차를 붓는다. 잔의 8부 정도로 많은 듯이 따른다.

레몬 티 lemon tea

홍차의 본고장 영국에서는 밀크 티가 주류이지만 미국에서는 레몬 티를 즐겨
마신다. 만드는 방법의 기본은 스트레이트 티와 같다. 찻잎에 다라 다르지만 우
려내는 시간을 스트레이트 티보다 1분 30초~2분 정도 짧게 한다. 레몬 티의 목
적은 떫은맛을 줄이는 데 있기 때문이다. 그러나 찻잎의 양을 줄이면 엷은 맛의
홍차가 되어 레몬 맛이 두드러지게 되므로 찻잎의 양은 스트레이트 티와 같게

하고 우려내는 시간으로 조절한다. 레몬은 잔 속에 계속 두지 않고 2~3회 저어 꺼내는 정도가 적당하다. 레몬 티에는 세이론, 닐기리, 케냐 등이 적합하다.

밀크 티 milk tea

영국에서의 홍차라 하면 아무것도 넣지 않고 마시는 스트레이트 티 또는 우유를 넣고 마시는 밀크 티를 말한다. 특히 밀크 티는 영국인의 아침에는 없어서는 안 된다. 스트레이트 티와 마찬가지로 끓인 후 밀크 피처가 데워지면 물을 버리고 우유를 넣는다. 우유는 지방분이 많지 않은 보통 우유가 적합하다. 밀크 티에는 아삼, 세이론, 닐기리, 케냐차가 적당하다. 밀크 티의 경우에는 진하게 우려내기 때문에 스트레이트 티보다 30초~1분 정도 길게 우려낸다. 우유의 양은 한 잔에 2~3TS이 표준이지만 취향에 맞게 조절한다. 밀크 티의 경우에는 설탕을 넣으면 깊은 맛이 난다.

아이스 티 ice tea

아이스 티를 혼탁하지 않고 깨끗하게 만들기 위해서는 요령이 필요하다. 온도가 내려가서 홍차에 함유된 탄닌이 결정화되는 현상을 '크림 다운cream down'이라고 하는데, 이것을 막기 위해서 주의해야 한다. 스트레이트 티와 같은 분량의 티를 포트에 넣고, 절반 가량의 물을 붓는다. 차를 우려내는 포트 외에 다른 포트를 준비하는데, 만약 단맛의 아이스티를 즐기려면 이때 여유분으로 준비된 포트에 설탕을 넣는다. 차가 충분히 우려나면, 티 스트레이너에 걸러 준비된 포트에 홍차를 넣는다. 얼음을 가득 채운 글라스에 홍차를 한꺼번에 붓는다. 이때 한순간에 넣는 것이 중요한데, 홍차를 재빨리 차갑게 하는 것이 크림 다운 현상을 방지해 주기 때문이다.

차는 얼음을 넣은 유리잔에 옮겨 담는데, 얼음은 가능하다면 크러쉬트 얼음을 사용한다. 민트 잎을 장식하면 좋다. 탄닌이 적은 세이론, 랩상소총, 케냐, 딤불라, 기문, 얼 그레이Earl Grey 등이 아이스 티에 적당하다.

티백 teabag

티백은 잎차와 비교하여 손쉽게 만들 수 있는 반면 맛이 떨어진다. 가장 좋은 방법은 찻잎으로 만드는 방법과 마찬가지로 티 포트로 만든다. 한 컵에 티백 하나를 기준으로 주전자에 티백을 넣고 완전히 끓은 물을 붓고 뚜껑을 덮는다. 티 코지를 씌우고, CTC차로 만든 티백이라면 40초~1분 30초, 잎이 들어간 티백이라면 1분 30초~2분 정도 우려낸다. 우려냈으면 티백을 꺼내고 데워진 잔에 붓는다. 잔으로 차를 만들 경우에는 우려내는 시간을 잘 맞추면 맛있게 된다. 컵을 데우기 위해서 부어놓았던 물을 버리고 뜨거운 물을 잔에 붓는다. 그 안에 티백을 조용히 넣고 소서 등을 씌우고 우려낸다. 시간은 차 주전자로 만드는 경우와 동일하다.

1. 사용할 티 포트와 찻잔을 따뜻한 물로 데우는 동안 차를 위한 물을 끓인다.

2. 포트에 뜨거운 물을 붓고 티백을 넣는다.

3. 취향과 찻잎의 종류에 따라 뚜껑을 덮고 2분 정도 우린다.

4. 티백을 꺼낼 때는 홍차 방울이 주위에 떨어지지 않도록 조심한다.

5. 찻잔에서 티백으로 홍차를 우려낼 때는 끓인 물을 붓고 티백을 넣은 후 소서의 굽이 위를 향하게 덮어 우려낸 후 티백을 꺼낸다.

그림 7-8 **티백**

여러 가지 차

가향차

가향차^{flavored tea}란 찻잎에 딸기나 사과, 바나나, 난, 허브와 과일이나 꽃 등의 여러 가지 향기를 첨가한 것을 말한다. 가향차 중에서 가장 인기가 있는 케러멜의 짙은 단맛과 향기가 특징인 케러멜 티^{Caramel tea}, 럼주의 향이 독특한 럼티^{Rum tea}, 라즈베리 티^{Raspbery tea}, 스트로베리 티^{Strawbery tea}, 와일드 체리 티^{Wild Cherry tea}, 스피어민트 티^{Spearmint tea}, 영국의 그레이 백작이 즐겼던 홍차로 중국차에 베르가모트를 첨가한 얼 그레이 티^{Earl Grey tea} 등이 있다.

허브차

허브차^{herb tea}는 향초를 뜨거운 물로 우려낸 차로, 향을 즐길 수 있으며 병의 치료나 예방 등의 약효가 있다. 국화과의 식물로 진정, 소화촉진, 숙면 등에 좋으며 해열제로서의 약용효과가 특징인 카모마일 티^{Camomile tea}, 피로감을 풀고 원기 회복에 좋은 라벤더 티^{Lavender tea}, 야생의 장미 열매를 건조시킨 것으로 달콤새콤한 향과 비타민 C가 풍부한 로즈 힙 티^{Rose Hip tea}, 장미의 꽃봉오리 부분만을 사용한 차로서 향이 부드럽고 달콤한 로즈 버드 티^{Rose Bud tea}, 소화를 촉진하고 빈혈에 효과적인 레몬 그래스 티^{Lemon Grass tea}, 상쾌한 맛과 향이 있으며 피로회복에 좋은 페퍼민트 티^{Peppermint tea} 등이 있다.

주

1/　　– OP(orange pekoe) : OP는 일반적으로 위에서 두 번째 잎을 주원료로 한 것으로, 길이가 7~12mm 정도의 바늘모양인데 엷은 새싹(tippy)을 많이 포함하고 있다. 차의 빛깔은 등색으로 연하다. 본래 페코(pekoe)란 백호(白毫, 파이하우)에서 연유한 것으로 차의 원산지인 중국 복건성(福建省) 북부에서 백호종 차나무의 윗부분에서 싹튼 호아(虎牙, 약 3cm)로 만든 녹차 중 '대백호'를 지칭하는 말이다. 은빛으로 빛나는 잔털이 돋아난 페코는 향기가 맑고 신선하며 맛은 부드럽고, 빛깔은 약간 연한 오렌지빛을 띤다.

　　　– BOP(broken orange pekoe) : 차의 원료인 생엽은 원래 일심이엽(一芯二葉)이나, 일심삼엽(一芯三葉)으로 부드러운 잎만을 채취하여, 위조(萎凋)한 후 발효시킨다. 원료의 생엽은 같다 하더라도 유념방식의 차이에 따라 제품이 OP와 BOP 및 BOPF로 나누어진다. BOP는 본래 OP형의 차로 만들 수 있는 찻잎을 기계로 파쇄한 것으로 크기는 보통 2~3mm 정도이나, OP의 경우처럼 나라에 따라 그 크기가 반드시 같지는 않다. 일반적으로 차의 빛깔은 진하고 향미(flavor)도 뚜렷하다.

　　　– BOPF(broken orange pekoe fannings) : BOPF는 BOP보다 더 잘게 자른 것으로 크기가 보통 1~2mm 정도이다. 차의 빛깔은 짙고 향미도 재빨리 추출할 수 있는 이점이 있기 때문에 고급 티백에 많이 사용된다. 한편 BOPF보다도 약간 큰 PF(pekoe Fannings), 약간 작은 F(fannings)도 있다. 이것들은 품질이 BOPF 보다 약간 떨어지며 주로 '티백'에 사용된다.

　　　– D(dust) : 홍차업계의 용어로선 '제다공장에서 만들어진 찻잎 중 가장 작은 크기의 분차(粉茶)'를 지칭한다. 차의 빛깔은 진하고 맛도 강하며 빨리 우러나 중량에 비해 차를 많이 추출할 수 있으므로 경제적이다.

2/　　설탕과 같으나 정제방법에 따라 차이가 난다. 과립형으로 입자가 크며, 설탕보다 정제가 잘되어 순도가 높다. 순도가 높을수록 맛이 단백하기 때문에 다른 재료와 혼합했을 때 재료의 맛을 살리기 쉽다.

NEW TABLE COORDINATE

8 와인
Wine

8 와인
Wine

와인은 포도알 속에 있는 당분이 포도 표피에 있는 효모^{yeast}에 의해 화학작용을 일으켜 알코올, 탄산가스 그리고 에너지로 변하는 발효주이다. 넓은 의미에서의 와인은 과실을 발효시켜 만든 알코올 함유 음료를 말하지만, 일반적으로 신선한 천연과일인 순수한 포도만을 원료로 발효시켜 만든 술인 포도주를 의미하며, 우리나라 주세법에서도 역시 과실주의 일종으로 정의하고 있다.

「와인이 있는 테이블」, 류무희

1. 와인의 역사

메소포타미아 지역에서는 기원전 4000년경에 와인을 담는 데 쓰인 항아리의 마개로 사용된 것으로 추측되는 유물이 발견되기도 하였으며, 고대 이집트의 피라미드벽화의 그림에서 포도의 재배와 발효에 관한 흔적을 볼 수 있다.

와인을 '신의 축복'이라 말하는 그리스는 3000년 전 페니키아인들에 의해 포도와 와인을 전해 받은 유럽 최초의 와인 생산국이며, 로마에 재배기술을 전파하여 와인 발전에 크게 공헌하였다.

로마는 유럽을 점령한 후 프랑스, 독일 등 식민지 국가들에게 포도 재배와 와인 양조를 중요한 농업의 하나로 만들었다. 이 때문에 유럽의 여러 지역으로 포도의 재배가 확산되어 나갔다.

로마제국의 멸망 후 포도원은 수세기 동안 수도원에 의해 전파되었는데, 당시에는 교회가 모든 학문의 중심지였기 때문에 수도사들에 의한 학문적인 포도 재배기술의 연구는 와인의 개량, 발전에 크게 공헌하였다. 이같은 포도 재배와 와인 양조 기술은 그리스도교 복음의 전도방법으로도 이용하였으며, 국가로부터 면세의 혜택 등 정책적인 배려도 있어 이들은 유럽 전 지역에 복음의 역할과 양조사업으로서의 수단도 발휘하여 유럽의 유명 포도원은 거의 교회의 소유가 되었다. 그러나 1789년 프랑스 혁명이 일어나고 이들을 보호하고 있던 왕권이 무너지면서 교회 소유의 포도원들은 소작인들에게 분할, 분배되었으며, 이후 자본가에 의한 포도 재배가 시작되어 유럽은 물론 북미와 남미지역에까지 와인이 전파되어 오늘날 와인의 명산지로 발전하게 되었다.

근대에 들어서는 생활의 향상과 명문 와인의 등장, 병에 넣어 보관하는 방법, 편리한 운반 등으로 인해 와인의 보급은 물론 소비량 역시 크게 늘었다. 또 1679년 프랑스 수도사인 '돔 페리뇽^{Dom Pierre Perignon, 1638~1715}'에 의해 샴페인 제조법이 발견되었고, 와인병의 마개로 코르크의 사용이 일반화되었다. 이 때부터 품질에 따라 등급을 매겼으며, 유럽 전 지역뿐만 아니라 신대륙에서도 와인의 수요가 급증하여 주요한 무역상품이 되었다.

2. 와인의 분류

색에 의한 분류

레드 와인^{red wine}, 로제 와인^{rose wine}은 적포도를 사용하고, 화이트 와인^{white wine}은 주로 청포도^{white grapes}로 제조한다.

화이트 와인

화이트 와인^{white wine}은 잘 익은 청포도를 압착해서 만들거나 적포도를 이용하여 적포도의 껍질과 씨를 제거하고 만드는데, 포도를 으깬 뒤 바로 압착하여 나온 주스를 발효시킨다. 이렇게 만들어진 화이트 와인은 탄닌 성분이 적어서 맛이 순하고 상큼하며, 포도 알맹이에서 우러나오는 색깔로 인해 노란색을 띤다. 일반적인 알코올 농도는 10~13% 정도이며, 8℃ 정도로 차게 해서 마셔야 제 맛이 난다.

레드 와인

적포도로 만드는 레드 와인^{red wine}은 적포도의 씨와 껍질을 그대로 함께 넣어 발효시킴으로써 붉은 색소뿐만 아니라 씨와 껍질에 있는 탄닌 성분까지 함께 추출되므로 떫은맛이 나며, 껍질에서 나오는 붉은 색소 안토시아닌^{anthocyanin}으로 인하여 붉은 빛깔이 난다. 레드 와인의 맛은 이 탄닌의 조화로움에 크게 좌우되며, 포도껍질과 씨를 얼마 동안 발효시키느냐에 따라서, 또는 포도 품종에 따라서 탄닌의 양이 결정된다.

일반적인 알코올 농도는 12~14% 정도이며, 레드 와인의 탄닌 성분은 차가우면 떫은 맛이 강해지므로 약 17~18℃에서 제 맛이 난다.

로제 와인

대체로 적포도로 만드는 로제 와인^{rose wine}의 색은 핑크색을 띠며, 로제 와인의 제조과정은 레드 와인과 비슷하다. 레드 와인과 같이 포도껍질을 같이 넣고 발효시키다가^{레드 와인의 경우 며칠 또는 몇 주 걸리나, 로제 와인은 몇 시간 정도} 어느 정도 시간이 지나서 색이 우러나면 껍질을 제거한 채 과즙만을 가지고 와인을 만들거나, 레드 와인과 화이트 와인을 섞어서 만든다. 맛으로 보면 화이트 와인에 더 가깝다.

성질에 의한 분류

발포성 와인 sparkling wine

거품이 나며 1차 발효가 끝난 다음 2차 발효에서 생긴 탄산가스를 그대로 함유시킨 와인으로 프랑스 상파뉴^{Champangne} 지방에서 생산되는 샴페인이 대표적이다.

프랑스 상파뉴 지방에 있는 오빌레^{Haut Viller} 수도원의 수도승 돔 페리뇽이 발포성 와인을 개발하였다.

비발포성 와인 still wine

포도당이 분해되어 와인이 되는 과정 중에 발생되는 탄산가스를 완전히 제거한 와인으로 대부분의 와인이 여기에 속한다.

맛에 의한 분류

스위트 와인 sweet wine

주로 화이트 와인에 해당되며, 와인을 발효시킬 때 포도 속의 천연 포도당을 완전히 발효시키지 않고 일부 당분이 남아 있는 상태에서 발효를 중지시켜 만든 와인과 당분을 첨가한 것으로, 주로 식후에 디저트와 함께 마신다.

드라이 와인 dry wine

주로 레드 와인에 해당되며 포도 속의 천연 포도당을 거의 다 발효시켜서 단맛이 얼마 남아 있지 않은 상태의 와인이다.

미디엄 드라이 와인 medium dry wine

스위트와 드라이의 중간으로 약간의 단맛이 난다.

알코올 첨가 유무에 의한 분류

주정 강화 와인 fortified wine

와인을 발효시키는 중이거나 발효가 끝난 후 브랜디^{brandy}나 과일 등을 첨가한 것으로서, 알코올 도수를 높이거나 단맛을 더해 보존성을 높였다. 알코올 강화 와인이라고도 하며, 프랑스의 뱅 두 리큐어^{Vin doux liquere}, 스페인의 셰리 와인^{Sherry wine}, 포르투갈의 포트 와인^{Port wine}이나 버무스^{Vermouth}, 뒤보네^{Dubonnet} 등이 대표적인 강화 와인이다.

일반 와인 unfortified wine

보통 일반적인 와인을 말하는 것이며, 다른 증류수를 첨가하지 않고 순수한 포도만을 발효시켜서 만든 와인을 말한다. 알코올 도수는 8~14% 정도이다.

식사 시 용도에 의한 분류

식전용 와인 aperitif wine

식사를 하기 전에 식욕을 돋우기 위해서 마신다. 주로 한두 잔 정도 가볍게 마실 수 있는 강화주나 산뜻하면서 향취가 강한 맛이 나는 와인을 선택한다. 샴페인^{champagne}을 주로 마시지만 달지 않은 드라이 셰리^{Dry Sherry}, 버무스^{Vermouth} 등을 마셔도 좋다.

식사 중 와인 table wine

전채가 끝나고 식사와 곁들여서 마시는 와인으로 테이블 와인은 그냥 마시는 것보다는 음식과 함께 잘 조화를 이루어 마실 때 그 맛이 배가 된다. 음식물에 따라 대체적으로 화이트 와인은 생선류, 레드 와인은 육류에 잘 어울린다.

식후용 와인 dessert wine

식사 후에 마시는 와인으로, 약간 달콤하고 알코올 도수가 높은 디저트 와인을 한 잔 마심으로써 입안을 개운하게 마무리짓는다. 포트 와인^{Port wine}이나 크림 셰리$^{Cream\ Sherry}$, 소테른느^{Sauternes}, 바작^{Barsac}, 독일의 아우스레제^{Auslese}부터 트로켄베에렌아우스레제^{Trockenbeerenauslese}까지가 대표적인 디저트 와인에 속한다.

저장기간에 의한 분류

영 와인 young wine_ 1～2년

발효과정이 끝나면 별도로 숙성기간을 거치지 않고 바로 병에 담겨 판매되거나 장기간 보관이 안 되는 것으로 품질이 낮은 와인이며, 주로 자국 내에서 소비하는 저가의 와인이다.

에이지드 와인 aged wine or old wine_ 5～15년

발효가 끝난 후 지하 창고에서 몇 년 이상의 숙성기간을 거친 것으로 품질이 우수한 와인이다.

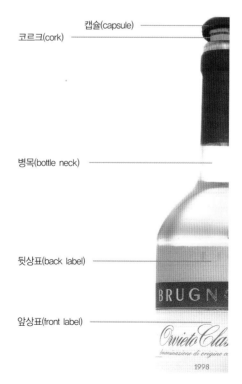

캡슐(capsule)
코르크(cork)
병목(bottle neck)
뒷상표(back label)
앞상표(front label)
BRUGN
Orvieto Cla
denominazione di origine c
1998

그림 8-1 **와인병 부분 명칭**

그레이트 와인 great wine_ 15년 이상

15년 이상을 숙성시킨 와인으로 오래 묵혀서 좋은 와인이다. 모든 와인이 오래 묵힌다고 좋은 것이 아니라 포도품종에 따라, 재배작황에 따라서 전문가에 의해 오래 저장될 것인지, 아닌지 결정된다.

3. 와인 시음하기

이상적인 와인은 조화와 균형이 이루어진 와인이라고 하는데, 이것은 탄닌, 산, 단맛, 과일향과 다른 성분의 적절한 배합을 의미한다. 와인 테스팅^{wine tasting} 순서는 드라이한 것에서 스위트한 것으로, 덜 숙성된 것에서 오래된 것으로 화이트 와인에서 레드 와인으로 한다.

또한 와인을 맛있게 마시고 제대로 된 와인의 맛을 느끼기 위하여 다음과 같은 순서와 내용에 유의하면서 마시는 것이 좋다.

마시는 순서

- 와인은 조용히 따르고 잔의 1/3~1/2 정도 따르며, 이때 받는 사람은 잔을 손에 들어서 받지 않고 테이블 위에 둔 채로 바라본다.
- 와인의 색을 살핀 다음, 글라스를 코에 가까이 대고 살짝 흔들어 향기를 맡는다.
- 한 모금씩, 입안에서 한두 번 굴려가며 천천히 음미하면서 마신다.
- 기름진 음식을 먹다가 와인을 마실 때에는 냅킨으로 입가의 기름기를 닦아내고 마시도록 한다.
- 와인을 마실 때는 와인 글라스의 몸체가 아닌 다리 부분을 잡고 마시는 것이 매너이다.

유의 사항

와인의 색감 appearance

와인이 깨끗하고 선명한지 그리고 어떤 색을 띠는지 살펴본다.

- 선명도clarity, 색도depth of color, 색color, 점도viscosity

와인의 향기

와인의 향기는 그 와인의 품질을 나타낸다.

- 전반적인 향general appeal, 과일향fruit aroma, 방향bouquet

와인의 맛 taste

당도와 산도, 밀도 등의 미묘한 맛을 입 안에서 감지한다.

- 당도sweetness, 탄닌tannin, 산도acidity, 밀도body

와인의 뒷맛 finish

와인을 삼킨 후 목 안을 타고 내려간 와인이 아직 입 안에 남아 있는 맛과 코에 남아 있는 향기와 함께 종합적으로 어떤 느낌을 주는지에 대하여 생각해본다.

- 뒷맛length, 균형balance

4. 와인 보관법

와인 본래의 맛을 간직하기 위해서는 일정한 규정을 지켜야만 오랫동안 보관할 수 있으며, 와인 냉장고나 와인 저장실을 이용하는 방법이 좋다. 보관장소의 온도는 약 12℃ 정도의 일정한 온도가 이상적이며, 와인 속의 찌꺼기가 떠오르는 것을 막고 코르크가 풀어지는 것을 방지하기 위하여 진동은 최소화하여야 한다. 또한 햇볕에 노출되면 병의 온도가 올라가 와인의 맛이 변하므로 어두운 곳을 권장한다. 습도는 65~80% 정도가 병마개를 건조시키지 않으며, 캡슐이나 레이블을 손상시키지 않는다.

그림 8-2 **와인 저장고**

코르크가 와인과 접촉될 수 있도록 옆으로 눕혀 놓는다. 이렇게 함으로써 코르크가 마르고 수축하는 것을 막을 수 있고, 와인에 공기가 유입되는 것을 방지하여 쉽게 상하는 것을 막을 수 있다.

또한 와인은 일단 오픈 후 모두 마시는 것이 가장 좋은 방법이고 그러지 못한 경우라도 2~3일 안에 다 마시는 것이 좋다. 남은 와인은 생선이나 고기를 구울 때 혹은 조림을 할 때 넣어서 사용하기도 한다.

표 8-1 **와인 서비스에 필요한 기구**

명 칭	형 태	용 도
코르크스크루 **(corkscrew)**		- 안전하게 접혀져 있어 호주머니에 휴대하고 다닐 수 있음 - 손잡이를 펼쳐 사용하며 포일 커터도 같이 부착되어 있어 포일 제거를 용이하게 함
		- 종모양 손잡이 타래송곳은 가장 단순한 스크루 - 사용할 때 힘이 너무 많이 들기 때문에 비실용적
		- 천사의 날개라고도 하며 가장 인기 있는 모델 - 코르크를 뽑아 올리는 손잡이가 달려 있어 자연스럽게 내부 압력에 의해 코르크가 밀려 올려질 수 있음

(계속)

명 칭	형 태	용 도
온도계 (thermometer)		– 와인 병에 부착하여 사용 – 포도주의 온도를 확인함
와인 홀더 (wine holder)		– 와인 병을 눕혀서 놓을 수 있도록 되어 있음 – 홀더를 벌려서 와인 병을 끼워 넣음

와인 바구니
(wine basket)
		– 밑이 평평하고 손잡이가 달려 있어 와인 병을 안전
		  하게 담을 수 있음
		– 보통 침전물이 포함된 레드 와인을 따르기 위해
		  사용됨

디캔터 (decanter)		– 와인의 침전물을 가라앉히고 와인을 덜어서 제공 하기 위해 사용함
베이스 커버 (base cover), 글라스 커버 (glass cover)		– 와인잔의 베이스와 와인 잔의 커버로 사용함 – 글라스 커버는 야외 상차림에서 식사 전에 컵에 이물질이 들어가는 것을 막아주는 용도로도 쓰임
글라스 마커 (glass marker)		– 와인잔의 윗분분에 끼워 넣거나 와인잔의 다리 부 분에 끼워 넣어 자신의 와인 잔임을 표시함

실버 포일
(silver foil)
	DROP·STOP	– 원형 은박지로 와인 병에서 와인잔이나 디캔터에
		  따를 때 와인을 흘리지 않으면서 따를 수 있도록
		  도와줌

와인 쿨러와
스탠드
(wine cooler &
stand)
		– 와인쿨러 스탠드는 와인 쿨러를 세워둘 때 사용
		  하는 받침대
		– 화이트 와인을 차게 할 때 사용하는 것으로 물과
		  얼음을 1 : 1로 채워 와인 병이 어깨 높이로 잠길
		  수 있도록 함

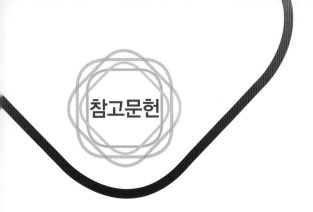

국내

경기도 박물관 편(2001). **유럽 유리 500년 전**. 경기도 박물관.

고광석(2003). **중화요리에 담긴 중국**. 매일경제신문사.

고봉만 외 15인(2001). **프랑스 문화예술. 악의 꽃에서 샤넬 No.5까지**. 한길사.

곽데오도르 지음·임종엽 옮김(2004). **실내디자인론**. 도서출판 서우.

구난숙 외(2001). **세계속의 음식문화**. 교문사.

구천서(1994). **세계의 식생활 문화**. 경문사.

권영걸(2003). **공간디자인 16강**. 도서출판 국제.

권영식(1995). **우리나라 식생활문화의 정립과 식생활 용기**. 한양여자대학 도예연구지 제9권.

김기재 외(2002). **와인을 알면 비즈니스가 즐겁다**. 세종서적.

김동승 외(1989). **웨이팅(Waiting) 프랑스식 서비스 중심**. 기전연구사.

김복래(1999). **서양생활문화사**. 대한교과서.

김복래(1998). **프랑스가 들려주는 이야기**. 대한교과서.

김수인(2004). **푸드 코디네이터 개론**. 한국외식정보.

김원일(1993). **정통 일본요리**. 형설출판사.

김재규(2000). **유혹하는 유럽 도자기**. 한길아트.

김지영(2003). 이미지 분류와 선호도에 관한 연구-디너웨어를 중심으로-. 경기대학교 관광전문대학원 석사학위 논문.

김지영 · 류무희(2004). 빅토리아 시대의 식문화와 테이블 세팅 요소에 관한 연구. **한국식생활 문화학회지,** 19(2).

김진숙 · 김인화 · 최우승(2007). **파티플래닝.** 교문사.

김태정 · 손주영 · 김대성(1999). **음식으로 본 동양문화.** 대한교과서.

김호귀(1994). **현대와 禪.** 불교시대사.

나정기(2000). 수프의 의의와 분류체계에 대한 소고. **외식경영연구,** 3(1).

나정기(1998). **외식산업의 이해.** 백산출판사.

남상민(2003). **예절학.** 박영사.

노버트 엘리엇 지음 · 유희수 옮김(1995). **문명화 과정 : 매너의 역사.** 신서원.

노영희(2001). **맛있는 음식 · 행복한 식탁.** 동아일보사.

동아시아식생활학회연구회(2001). **세계의 음식문화.** 광문각.

류무희(2003). 테이블 세팅과 푸드코디네이션을 위한 내용 분석. 경기대학교 관광전문대학원 석사학위논문.

마귈론 투생-사마 지음 · 이덕환 옮김(2002). **먹거리의 역사(하).** 까치.

막스 폰 뵌 지음 · 잉그리트 로세크 편저 · 이재원 옮김(2002). **패션의 역사** 1. 한길아트.

맛시모 몬타나리 지음 · 주경철 옮김(2001). **유럽의 음식문화.** 새물결.

모란회 편(1981). **플라워 디자인.** 한림출판사.

문영란(2003). 화예디자인에 나타난 아르누보와 아르데코 양식의 조형적 특성 비교연구. **한국 화예디자인학회논문집 제8집.**

문창희 · 홍종숙(2007). **테이블코디네이트.** 수학사.

미셸 뵈르들리 지음 · 김삼대자 옮김(1996). **중국의 가구와 실내장식.** 도암기획.

미스기 다가토시 지음 · 김인규 옮김(1992). **동서도자교류사.** 눌와.

민찬홍 외(1994). **실내 디자인 용어사전.** 디자인하우스.

박광순(2002). **홍차 이야기.** 도서출판 다지리.

박영배(2001). **음료 · 주장관리.** 백산출판사.

박춘란(2006). **식공간 연출.** 백산출판사.

박필제 외(2002). **인테리어 디자인.** 형설출판사.

박혜량(1997). 아르데코 양식을 응용한 복식 디자인 연구. 이화여자대학교 석사학위논문.

박혜원(1997). **플래퍼 패션의 노출미를 중심으로**. 창원대 디자인연구소.

백승국(2003). 맛의 이미지를 창조하는 푸드 코디네이션. **국민영양 제26권 1호 통권 245**. 대한 영양사협회.

베스트 홈 편(1999). **테이블 데코**. 베스트 홈.

변광의 외(2001). **식품, 음식 그리고 식생활**. 교문사.

한국 브리태니커 회사. **브리태니커 세계대백과사전 제23권**.

서성덕(1999). 도자기 접시 세트 개발에 관한 연구. 단국대학교 대학원 석사학위논문.

세계도자기엑스포조직위원회 편 · 정순주 · 박찬희 옮김(2001). **세계도자문명전/서양**. 세계도 자기엑스포 조직위원회.

시노다 오사무 지음 · 윤서석 외 옮김(1995). **중국음식문화사**. 민음사.

신재영 외(2003). **식음료 서비스 관리론**. 대왕사.

쓰지하라 야스오 지음 · 이정환 옮김(2002). **음식, 그 상식을 뒤엎는 역사**. 창해.

아니 위베르 AH. 클레르 부알로 CB 지음 · 변지현 옮김(2000). **미식**. 창해.

앨러스테어 덩컨 지음 · 고영란 옮김(2001). **아르누보**. 시공사.

오영근(1999). **세계가구의 역사**. 기문당.

오인욱(2001). **실내디자인 방법론**. 기문당.

오재복(2003). 식사예절의 변천사에 관한 연구. 경기대학교 관광전문대학원 석사학위논문.

와타나베 미노루 지음 · 윤서석 외 역(1998). **일본식생활사**. 신광출판사.

원융희(1999). **세계의 음식문화**. 도서출판 자작나무.

유택용 외(2003). **일본요리**. 도서출판 효일.

윤복자(1996). **테이블 세팅 디자인**. 다섯수레.

윤석금(2000). **동남아시아 요리**. 웅진닷컴.

이경숙(2001). 첨화기법을 응용한 도자 접시세트 제작에 관한 연구. 단국대학교 대학원 석사 학위논문.

이규백(1997). **패션 숍 실내디자인에서 미니멀리즘적 특성**. 울산대 조형논총.

이석현 외(2002). **현대 칵테일과 음료이론**. 백산출판사.

이선미(2001). 라이프 스타일 연출을 위한 테이블 데커레이션의 구성 원리에 관한 연구 -식음 공간을 중심으로-. 숙명여자대학교 디자인대학원 석사학위논문.

이연숙(1991). **서양의 실내공간과 가구의 역사**. 경춘사.

이연숙(1998). **실내 디자인 양식사**. 연세대학교출판부.

이영순 · 김지영(2003). **외국조리**. 효일출판사.

이유주 · 한경수(2002). 서양 식공간의 문화사적 고찰. **한국식생활문화학회**, 19(1).

이재정(2002). **중국 사람들은 어떻게 살았을까**. 지영사.

이재희(2001). 식기 디자인 개발에 관한 연구. 경희대학교 교육대학원 석사학위논문.

이종문화사 편역(2000). **세계 장식 미술 2**. 이종문화사.

이홍규 편저(1999). **칼라 이미지 사전**. 조형사.

이효지(2001). **한국의 음식문화**. 신광출판사.

이희승(10994). **국어대사전**. 민중서림.

임영상 외 편(1997). **음식으로 본 서양문화**. 대한교과서.

임주환 외(2001). **음료해설론**. 백산출판사.

JENS PRIEWE 지음 · 이순주 역(2004). **와인입문교실**. 백산출판사.

장경림(1993). 아르데코 양식의 현대적 해석과 실내디자인에의 적용 가능성에 관한 연구. 이화여자대학교 석사학위논문.

장보주 · 최옥자(2001). **중국요리**. 효일출판사.

장징 지음 · 박해순 옮김(2002). **공자의 식탁**. 뿌리와 이파리.

장혜진(2003). 커틀러리의 역사적 고찰-유럽의 식탁을 중심으로-. 경기대학교 관광전문대학원 석사학위논문.

정은정(1995). 컵(cup)의 이미지를 표현한 도자 조형 연구. 이화여대 산업미술대학원 석사학위논문.

정현숙 외(2007). **푸드 비즈니즈와 푸드 코디네이터**. 수학사.

정희곤 외(2002). **최신 식품위생학**. 광문각.

조경숙(2000). 한식당 식공간의 시각적 요소의 중요도와 성과도 평가에 관한 연구. 경기대학교 관광전문대학원 석사학위논문.

조리교재발간위원회(2002). **조리체계론**. 한국외식정보.

조우지후아 지음, 정연학 옮김(1998). **중·일 젓가락 습속 비교 연구**. 국제아세아민속학회지.

조은정(1999). **오늘부터 따라할 수 있는 테이블 데코**. 쿠켄.

조은정(2005). **테이블 코디네이션**. 국제.

Siegfried. Giedion 지음·이건호 옮김(1995). **기계문화의 발달사**. 유림문화사.

채용식·박재완·주영환(2001). **매너학**. 학문사.

최송산·최경식·유애경(2002). **중국요리**. 효일출판사.

카를로 페트리니 지음·김종덕·이경남 옮김(2004). **슬로푸드**. 나무심는 사람.

Katie Stewart 지음·이성우 외 옮김(1991). **식과 요리의 세계사**. 동명사.

Franz Sales Meyer(2000). **세계 장식미술 제4권: 장식의 요소**. 이종문화사.

Friedmann, Pile & Wilson 지음·윤도근·유희준 공역(1994). **실내건축 디자인**. 기문당.

피에르 라즐로 지음·김병욱 옮김(2001). **소금의 문화사**. 가람기획.

Peter N. & Lilian Rurst 지음·천승걸 옮김(1986). **Naturalism**. 서울대학교 출판부.

필립 아리에스. 조르주 뒤비 편(2002). **사생활의 역사 3**. 새물결출판사.

Haruyoshi Nagumo. 김상두 옮김(2000). **칼라 이미지 차트**. 조형사.

한국 실내디자인학회 편(1997). **실내디자인 각론**. 기문당.

한국관광식음료학회(1999). **음료학개론**. 백산출판사.

한국식품영양학회 편(1997). **식품영양학사전**. 한국사전연구사.

한복려 외(2002). **한국음식대관 제5권**. 한림출판사.

한영호(2000). **실내 디자인 구성 요소**. 형설출판사.

헨리 페트로스키 지음·이희재 옮김(1995). **포크는 왜 네 갈퀴를 달게 되었나**. 지호.

헬렌 니어링 지음·공경희 옮김(1999). **소박한 밥상**. 디자인하우스.

호텔신라 교육원(2001). **서비스 기본 매뉴얼**. 호텔신라.

호텔신라 서비스 교육센터(2002). **현대인을 위한 국제매너**. 김영사.

황규선(2000). **아름다운 식탁**. 중앙 M&B.

황규선(2007). **테이블 디자인**. 교문사.

황재선(2004). **촬영을 위한 테크닉 푸드 스타일링 & 테이블 데커레이션**. 교문사.

황종례 · 유성웅(1994). **세계도자사**. 한국색채문화사.

황지희 외(2002). **푸드 코디네이터학**. 도서출판 효일.

황지희(2003). 푸드스타일리스트의 교육현황과 학습자의 만족도에 관한 연구. 경기대학교 관
광전문대학원 석사학위논문.

황혜성 외(1990). **한국의 전통음식**. 교문사.

국외   Alastair Duncan(1999). **American Art Deco**. Thames and Hudson.

Barbara Milo Ohrbach(2000). The Well-Dressed tabletop. **Art and Antiques, 23**(1).

Chris Bryant & Paige Gilchrist(2000). **The new of table settings**. Lark Books.

Eric Knowles(1998). **100 years of the decorative arts**. Reed Consumer Book Limited.

Georges et Germaine Blond(1976). **Festins de tous les temps**. Fayard.

Giovanni Rebora, Albert Sonnenfeld trans(2001). **Culture of The Fork: A Brief History of Food in Europe**. Columbia University Press.

Harry L(1997). **Rinker, Dinnerware**. House of collectibles.

Henriette Pariente(1981). **La Cuisine Française**. O.D.I.L.

Henry Petroski(1994). **The Evolution of Useful Things: How Everyday Artifacts-from Forks and Pins to Paper Clips and Zippers-came to be as they are**. New York: Vintage Books.

Jim & Susan Harran(2000). **Cups & Saucers**. Paducah.

Joel Langford(2000). **Silver**. Quantum Books.

Leslie Pina & Paula Ockner(1999). **Art deco glass**. Schiffer.

Margaret Visser(1991). **The Rituals of Dinner: The Origins, Evolution, Eccentricities, And Meaning of Table Manners**. Penguin Book.

Mary Frank Gaston(1997). **Art Deco**. Collector Books.

Mirabel Osler, Simon Dorrell and Shaun Hill(1996). **A Spoon with Every Course: In Search of Legendary Food of France**. Pavilion Books Limited.

Nina Hathway ed. Juidth Miller(2000). **A Closer look at Antiques**. Bullfinch Press.

Peri Wolfman and Charles Gold(1994). *Forks, Knives and Spoons*. Cllarkson Potte.

Sara Paston-Williams(1993). *The Art of Dining: A History of Cooking and Eating*. The National Trust.

Sarah Yates(2000). *Collecting glass*. Octopus Publishing Group Ltd.

Sharon Tyler Herbst(1995). *Food lover's companion*. Barron's.

Suzanne von Drachenfels(2000). *The Art of the Table : A Complete Guide to Table Setting, Table Manners, and Tableware*. Simon and Schuster.

Thomas Schurmann(1998). *Cutlery at the fine table : innovations and use in the nineteenth century*. International commission for research into European Food History.

Tim Forrest, Paul Atterbury consulting ed.(1998). *The Bulfinch Anatomy of Antique China and Silver: An Illustrated Guide to Tableware, Identifying Period, Detail and Design*. Bullfinch Press Book.

Tour d'argent(1985). *Restaurant de la Tour d'argent*. Media france.

丸山洋子(2002). **テ-ブル コデイネ-ト**. 共立速記印刷.

古屋典子(2001). **パりの食卓**. 講談社.

大阪・あべの・調理師専門學校 日本料理研究室(1974). **テ-ブル式料理便覽**. 評論社.

成美堂出版 編輯部(2002). **おいしい紅茶の事典**. 成美堂.

勝田修弘 監修, 東急 エ-ジェンシ(1997). **紅茶大好き**. 東急エ-ゼンシ出版部.

日本 フ-ドコデイネ-タ-協會(1998). **フ-ドコ-デイネ-タ-教本**.

畑耕一郎(1998). **プロのためのわかりやすい日本料理**. 評論社.

인터넷 사이트	www.acehome.co.kr
	www.gantique.com.
	www.britannica.co.kr
	www.slowfoodkorea.com
	www.naver.com

http://absinthegeek.files.wordpress.com/2011/07/topette1.jpg

http://commons.wikimedia.org/wiki/File:Milano_o_praga,_cesto_in_cristallo_di_rocca_
  intagliato_con_manico,_1600-1650_ca._JPG

http://nmscarcheologylab.wordpress.com/2011/11/29/glass-deterioration/

http://www.steveonsteins.com/wp-content/uploads/2010/09/KZ-4301-BEER-GLASS-
  BEAKER-HOLDER.jpg

http://commons.wikimedia.org/wiki/File:BLW_Mug.jpg

http://www.itaggit.com/community/blogs/root/archive/2011/03/15/-Impressions-of-the-
  Depression_3A00_-The-Art-of-Collecting-Depression-Glass.aspx

http://www.google.co.kr/imgres?q=waterford+crystal

http://www.google.co.kr/imgres?q=waterford+crystal

http://www.replacements.com/mfghist/waterford_crystal.htm

http://www.google.co.kr/imgres?q=nefs

http://www.coroflot.com/millerillustration/traditional-media-illustration/26

http://discoveringdesign.wordpress.com/2008/09/24/minimalism-an-introduction/

http://www.homeinfurniture.com/2010/05/extravagant-ultra-modern-house-modern-
  lofthouse-design-luc-binst/ultra-modern-house-design/

http://homeklondike.com/2010/10/12/contemporary-kitchen-ideas-get-the-look/

http://www.123rf.com/photo_8602654_design-interior-of-elegance-modern-living-room-
  minimalism-similar-compositions-available-in-my-portf.html

http://www.aperfectkindofday.com/2011/08/minimalism.html

http://www.nycitycures.com/2010/09/day-philip-johnson-glass-house.html

http://philipjohnsonglasshouse.wordpress.com/2010/08/24/site-spotlight-da-monsta-1995/

http://0.tqn.com/d/worldfilm/1/0/q/Z/18.jpg

http://www.laciudadviva.org/blogs/?p=6196

http://www.look4design.co.uk/l4design/pages/gallery.asp?company_id=65

http://image.search.yahoo.co.jp/search?ei=UTF-8&fr=top_ga1_sa26l&p=%E9%A3%9B%E9%B3%A5%E6%99%82%E4%BB%A3%E3%81%AE%E9%A3%9F%E3%81%B9%E7%89%A9

http://image.search.yahoo.co.jp/search?p=%EF%A4%8C%EF%A5%BC%E6%99%82%E4%BB%A3%E3%81%AE%E9%A3%9F%E3%81%B9%E7%89%A9&rkf=1&oq=&ei=UTF-8&imt=&ctype=&imcolor=&dim=large

http://image.search.yahoo.co.jp/search?p=%E5%B9%B3%E5%AE%89%E6%99%82%E4%BB%A3%E3%81%AE%E9%A3%9F%E4%BA%8B&rkf=1&oq=&ei=UTF-8&imt=&ctype=&imcolor=&dim=large

http://image.search.yahoo.co.jp/search?ei=UTF-8&fr=top_ga1_sa26l&p=%E5%AE%A4%E7%94%BA%E6%99%82%E4%BB%A3%E3%81%AE%E9%A3%9F%E4%BA%8B

http://image.search.yahoo.co.jp/search?p=%E6%98%8E%E6%B2%BB%E6%99%82%E4%BB%A3%E3%81%AE%E3%81%AE%E9%A3%9F%E4%BA%8B+&aq=-1&oq=&ei=UTF-8

http://image.search.yahoo.co.jp/search?p=%E7%B2%BE%E9%80%B2%EF%A6%BE%E7%90%86&ei=UTF-8&rkf=1&imt=&ctype=&imcolor=&dim=large

http://image.search.yahoo.co.jp/search?p=%E6%9C%83%E5%B8%AD%EF%A6%BE%E7%90%86&ei=UTF-8&rkf=1&imt=&ctype=&imcolor=&dim=large

http://image.search.yahoo.co.jp/search?p=%E6%99%AE%EF%A7%BE%EF%A6%BE%E7%90%86&oq=&ei=UTF-8&rkf=1&imt=&ctype=&imcolor=&dim=large

http://en.wikipedia.org/wiki/File:Assiette_Castel_Durante_Lille_130108.jpg

http://en.wikipedia.org/wiki/File:Vase_in_Imari_style.jpg

http://en.wikipedia.org/wiki/File:Rouen_faience_circa_1720.jpg

http://en.wikipedia.org/wiki/File:Meissen-Porcelain-Sign-2.JPG

http://en.wikipedia.org/wiki/File:Meissen-Porcelain-Table.JPG

http://en.wikipedia.org/wiki/File:S%C3%A8vres_Plate_-_1775_-_Victoria_%26_Albert_Museum.jpg

http://en.wikipedia.org/wiki/File:Wedgwood.jpg

http://en.wikipedia.org/wiki/File:Doulton.jpg

http://en.wikipedia.org/wiki/File:BLW_Trencher.jpg

http://en.wikipedia.org/wiki/File:Tankard_(PSF).png

http://absinthegeek.files.wordpress.com/2011/07/topette1.jpg

http://commons.wikimedia.org/wiki/File:Milano_o_praga,_cesto_in_cristallo_di_rocca_
        intagliato_con_manico,_1600-1650_ca..JPG

http://nmscarcheologylab.wordpress.com/2011/11/29/glass-deterioration/

http://www.google.co.kr/imgres?q=waterford+crystal

http://www.google.co.kr/imgres?q=waterford+crystal

http://www.replacements.com/mfghist/waterford_crystal.htm

http://www.google.co.kr/imgres?q=nefs

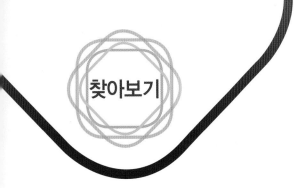

찾아보기

ㄱ

가향차 273
각저총 188
갈란드 154
강조 35
개인공간 32
고 대 115
고딕Gothic양식 125
고딕 양식 155
고배상 194
고블릿 75
고사프 79, 124
고사프라 79
곡선형 23
골든 드롭 269
공간 23
교자상 191
균형 34
그레이비
레이들 66
그레이트 와인 284
그룹짓기 173
그리고 낭트 146

그리스 로마 양식 151
그리스 시대 115
글라스 마커 287
글라스웨어 70
글라스 커버 287
금도금 61
기하학 양식 117
기하학적 구성 178
길드 142
꽃무늬 144
꽃 피라미드 143

ㄴ

나이프 56
나폴레옹 151, 157
난형 모티브 163
난형 문양 164
냅 킨 85
냅킨 링 91
냅킨 홀더 91
네브르 146

네오-로코코 155
네임 카드 91
네임 카드 스탠드 91
네 프 90
네프 128
넬슨 157
노르만(Romanesque&Norman)양식
125
느베르 138
니콜라스 드 본퐁 139

ㄷ

다과상 191
다마스크 린넨 154
다이아몬드형 96
다질링 261
달팽이 포크 65
당초 모티브 163
당초무늬 144, 164
대롱불기법 124
대칭적 균형 34

던컨 파이프 151
데미타스 스푼 63
데미타스 컵 51
데미타스 포트 53
데본포트 157
델프트 41, 140
도기 44
도기 백 80
도널드 주드 176
도일리 85
돌상 193
돔 129
돔 페리뇽 279
돔형 96
동작공간 32
뒷 레이블 283
드라이 셰리 282
드라이 와인 281
드레이프 131
드로-탑 테이블 129
디너 접시 47
디너 테이블 세팅 104
디렉트와르 149, 151
디시 46
디저트 나이프 64
디저트스푼 63
디저트 접시 48
디저트 포크 65
디캔터 77, 287
디켄터 74
딥 그린 172

ㄹ

라인 플라워 94
라타피아 145

램킨 49
러너 83, 85
런천 접시 47
런치 테이블 세팅 102
레드 와인 280
글라스 75
레몬 티 270
레스트 93
레이스 167
레이스 글라스 132
레전시 양식 151
렝게와 받침 199
로마네스크 125
로마시대 121
로마 양식 149
로버트 아담 148
로얄 돌턴 42
로얄돌턴 43
로제 와인 280
로카이유 144
로코코 135, 159
로코코 시대 143
로하스 179
루드비히 미스반데어로에 175
루비 레드 172
루앙 146
루이 14세 136
루이 16세 양식 151
르네 랄리크 166
르네상스 227
르네상스 시대 128
르네상스 양식 129
리나시멘토 128
리듬 35
리차드 지노리 42
리처드 풀러 176
리큐르 글라스 76

리펙토리 테이블 129
린넨 78

ㅁ

마리 앙투아네트 17, 144
마스크 135
마연법 124
마욜리카 41, 130, 159
마욜리카와 파이앙스 45
마이센 42, 143, 146
마케트리 136
마파 124
마프 79
망상 194
매스 플라워 94
매스플라워 173
맹트농(Maintenon, 1635~1719) 부인 143
머그 51
머린 125
멜론 스푼 63
명도 28
모더니즘 173
모던 240
모던 테이블 세팅 174
모래시계 268
모자이크법 124
몬스터 151
무라노 132, 142
무라노 섬 159
문 25
미국 유리 73
미니멀리즘 175
미디엄 드라이 와인 281
미류 드 타블 89
미술공예운동 163

밀크 티 271

밀크 피처 267

ㅂ

바다의 양식 117

바로코 134

바로크 227

바로크 시대 134

바로크풍 139

바릴라 71

바카라 146

박공 150

반발효차 264

반복 35

반상 187, 190

발포성 와인 281

발효차 262, 264

방사선 균형 34

백랍 62

백랍그릇 140

백일 192

버무스 282

스프래더 64

베네치아 132, 142, 159

베르넬리니 160

베리 공작 133

베어글라스 168

베이스 커버 287

베트로 아 필리그라나 132

벽 24

별 151

병의 목 283

보드 클로스 79

본차이나 45

볼트 129

뵈트거 41

부세 145

부이용

컵과 소서 49

분광유리 167

분말 264

불발효차 264

브랙퍼스트 테이블 세팅 101

브랜디 글라스 75

브렉퍼스트 컵 51

브릴리앙 사바랭 55

블랙 바솔트 152

블랙 티 262

비대칭적 균형 34

비례 36

비발포성 와인 281

비잔틴(Byzantine) 글라스 127

비잔틴(Byzantine)양식 125

빅토리아 시대 155

빅토리아 여왕 155

빅토리안 티 262

빈 42

빌라노바(Villanova) 문화 123

빵 접시 48

ㅅ

사과 198

사무엘 맥인타이어 151

사산(sasan) 글라스 127

사선 23

사자 주먹형 발 135, 137

산업혁명 163

산화연 160

살라망제 17

삼신상 192

삼칠일 192

상 례 194

상아 135

상파뉴(Champangne) 지방 281

새들러 152

새틴 146

색상 28

색채 27

샌드위치 서버 66

샌드위치 접시 48

샐러드 서빙 스푼과 포크 65

샐러드 접시 47

생선 나이프 64

생선 포크 64

샴페인

글라스 75

샷 글라스 76

서브용 볼 52

서비스 접시 47

서비에트 81

서빙 스푼 66

석기 44

선 23

선버스트 169

성 루이스 146

세브르 42, 43, 145, 146

센터피스 89

셰리 와인 글라스 76

소금 스푼 67

소서 267

소스와 그레이비 보트 53

소용돌이 무늬 144

소재들의 집단화 173

소조 189

솔트 셀러 92

솔트 셰이커 92

수다리아 79, 124

수박 스푼 63
수송 264
수직선 23
수프 레이들 66
수프 접시 48
쉐라톤 디자인 151
쉐라톤 양식 148
슈가 텅 66
슈거 포트 268
스마일락스 168
스와그 135, 137
스위트 와인 281
스크래머색스 124
스타일 31
스테이크
나이프 64
스테인드글라스 127
스테인리스 스틸 61
스템웨어 73
스템웨어(stemware) 패턴 172
스트레이트 티 269
스티브 라이히 175
스포드 156
스푼 55
스핑크스 151
슬리퍼 172
시길라타 123
시누아즈리 135, 137
시리얼 볼 49
시폰 167
식물 모티브 163
식사 중 와인 282
식전용 와인 282
식탁예술 17
식탁화 94
식후용 와인 282
신고전주의 144, 147

신예술 164
실버볼 158
실버웨어 55
실버 포일 287
실크 146

ㅇ

아담(1760~1793) 151
아담 형제 152
아라베스크 147
아라베스크 모티브 151
아르누보 시대 163
아르데코 172
아르데코 시대 168
아리발로스 120
아방가르드 운동 174
아삼종 261
아우구스투스 139
아이스 크림
스푼 63
아이스 티 271
아이언스톤 155
아일랜드 크리스탈 72
아치 129
아칸서스 137
아칸서스 잎 135, 151
아포마그달리 79
알라바스트론 120
알코올 강화 와인 282
암포라 120
앞 레이블 283
앤 여왕 양식 153
앵테르칼레 166
야수파 169
어든웨어 157

어메니티 15
언더
클로스 84
언더클로스 82
에밀 갈레 166
에스닉 244
에스닉(ethnic) 모티브 172
에스 커브 167
에이지드 와인 283
엘레강스 232
엘리자베스 155
엘리트 177
엠파이어 149
엠파이어 양식(1804~1815) 151
여성미술 177
역사주의 155, 163
연석 204
영국 크리스탈 72
영 와인 283
오간디 167
오렌지 페코 264
오를레앙 146
오빌레(Haut Viller) 수도원 281
오이코노에 120
오후의 홍차 263
온도계 287
올드 패션드
글라스 76
와인 바구니 287
와인쿨러 158
와인 쿨러와
스탠드 287
와인 테스팅 284
와인 홀더 287
우바 261
운남성 261
원주 129

웨일즈 조지 151
웨지우드 42, 43
웰빙 179
윌리엄 모리스 167, 173
윌리엄 호가스 142
은 60
은도금 60
이마리풍 159
이슬람(Islam) 글라스 127
이슬람 글라스 128
이슬람 유리 70
인체치수 32
인퓨저 268
일반 와인 282

ㅈ

자기 44
자몽 스푼 63
장국상 191
재스퍼 웨어 152
쟈코비안 155
저그 76
접시 26, 46, 49, 50, 94, 95, 98, 99,
        193, 196, 206, 210, 214, 216,
        218, 219, 284, 285, 99
제 례 195
조사이어 웨지우드 152
조세핀 151
조셉 팩스톤 161
조지 라벤스크라프트 160
조지안 시대 148
조화 36
좌상 189
주안상 191
주정 강화 와인 282

주조법 124
죽상 191
중상주의 134
중세 시대 125
지구라트 169
지규렛트 169
지그재그 169
직선형 23
질감 24
질그릇 140

ㅊ

차 거르개 267
차이 204
차이나 130, 155
차이딴 204
차이푸 204
창문 25
채도 28
척도 36
천장 25
첩수 187
청화자기 139
첼시 146
초기 기독교(Early Christian)양식 125
초콜릿 포트 52
초현실주의 169
치펜데일 148
칠기 45

ㅋ

카마레스(Kamares) 도기 117
카빙

나이프와 포크 65
카트린느 131
칵테일 글라스 75
칼륨 유리 133
캐비아 스푼 62
캐주얼 236
캐쥬얼 테이블 세팅 174
캔들 93
캔들 스탠드 93
캡슐 283
커버드 베지터블 52
커트 리프 264
커트-카드 135
커튼 25
커틀러리 55
커팅법 124
커피 컵 51
커피 포트 52
컴포트 161
컴포트 티파니 166
케냐 261
케이크 서버 66
코르크 283
코르크스크루 286
코발트 블루 172
코아법 118
코키유 144
콤포트 53
큐비즘 173
크노소스(Knossos) 궁전 117
크레덴자 129, 136
크레센트 접시 47
크레타(Creta)섬 115
크리스탈로 71
크리스털 160
크리스털로 132, 142
크리스티나 136

크리스티앙 154
크림웨어 45
큰상 194
클래식 159, 227
클로스 웨이트 93
클리네 115
클리치 146

ㅌ

탄산칼륨 160
탑 189
탕기와 워머 199
탱커드 50
텀블러 73
텀블러 글라스 76
테리 릴리 175
테이블
나이프 64
테이블 세팅 98
테이블
스푼 63
테이블 코디네이터 15
테이블
클로스 84
테이블클로스 83
테이블 포크 64
토기 44
토토쉘 137
통과의례 192
투아일 81
튜린 53
트라페자 115
트레이 53
트렌처 46, 126
트리클리니움 121

트린 126
트린치안테 136
티 가든 264
티 매저 268
티 매트 268
티백 268
티백 홍차 272
티 스푼 63, 268
티 워머 267
티 캐디 268
티 컵 51
티코지 268
티파니 167
티 포트 52

ㅍ

파상 모티브 163
파상무늬 164
파에트레 듀레(pietre dure) 기법 135
파엔차 131, 173
파이앙스 41, 140
파인애플 디자인 151
팔메트 151
팔선탁자 197
패더럴(federal, 1780~1810) 양식 148
패더럴 양식 151
페디먼트 135, 137
페이스트리
포크 65
페 코 264
페코 수송 264
페퍼밀 92
폐백 194
포스트 모더니즘 176, 178
포스트 미니멀리즘 175

포슬렌 130
포크 57
포타주 139, 145
포틀랜드 화병 125
폼페이 123, 147
폼 플라워 95
퐁파두르 17, 145
프랑스식 서비스 145
프랑스 엠파이어 양식 151
프랑크(frank) 글라스 127
프랭크 스텔라 176
프론트 페이싱형 97
플라워리 오렌지 페코 264
플래터 53, 128
플랫웨어 55
플레이스
매트 84
플레이스 매트 83, 85
플레이트 46
플래터 126
플린트 글라스 72
피기어 90
피라미드형 쌓기 146
피처 74
필러 플라워 94
필립 글라스 175
필스너 76
핑거볼 49
핑거 포인터 172

ㅎ

하이 티 263
합금 60
향연 122
허브차 273

헤플화이트 148, 151

헬레니즘(Hellenism)시대 118

형태 23

호가스 커브 142

호리존탈형 97

호스피탈리티 18

혼 례 194

혼백상 195

홀 리프 264

화염 모티브 163

화염무늬 164

화이트 와인 280

화이트와인

글라스 75

회갑례 194

회전대 197

회혼례 194

후기 조지안 시대 151

휴대용 커틀러리 140

휴머니즘 128

휴먼 스케일 31

흑단 135

흑회식 기법 118

A

acanthus 137

aged wine or old wine 283

aperitif wine 282

B

back label 283

Barocco 134

B.G.M. 27

black basalt 152

blowing 124

bottle neck 283

bowl 49

C

capsule 283

casual 236

Catherine 131

chelsea 146

china 130

chinoiserie 137

Christian 154

Clichy 146

clustering 173

comport 161

coquille 144

cork 283

credenza 136

cristallo 142

crystal 160

crystallo 132

cup 50

'C'의 소용돌이형 141

D

deep green 172

dessert wine 282

diamond style 96

dome style 96

drape 131

Drottning Kristina 136

Dry Sherry 282

dry wine 281

E

Earthenware 157

Empire 149

ethnic 244

F

Faenza 131

fortified wine 282

front facing style 97

front label 283

G

garland 154

gausape 124

great wine 284

grouping 173

guild 142

H

hogath curve 142

horizontal style 97

humanism 128

I

intercalaire 166

J

jasper ware 152

K

kline 115

L

lace glass 132

lion's-paw foot 137

M

marquetry 136

mass flower 173

medium dry wine 281

meissen 146

modern 240

Murano 132, 142

Murrhine 125

N

nef 128

Nevers 138

P

pediment 137, 150

plate 46

platter 128

porcelain 130

portable cutlery 140

Portland Vase 125

potage 139, 145

R

ratafia 145

rinascimento 128

Robert Adam 148

S

satin 146

scramasax 124

sères 146

slipper 172

Smilax 168

sparkling wine 281

still wine 281

swag 137

sweet wine 281

'S'의 커브형 141

T

table wine 282

tortoiseshell 137

treen 126

trencher 126

triclinium 121

trinciante 136

U

unfortified wine 282

W

William Hougarth 142

William Sadler 152

wine tasting 284

Y

young wine 283

저자소개

류무희
경기대학교 대학원 외식조리관리학과 관광학 박사
현재 호원대학교 호텔외식조리학과 교수

김지영
경기대학교 대학원 외식조리관리학과 관광학 박사
현재 한양여자대학교 식품영양과 교수

장혜진
경기대학교 관광전문대학원 식공간연출전공 관광학 박사
현재 한양여자대학교 외식산업과 교수

황지희
성신여자대학교 대학원 식품영양학과 이학박사
현재 청강문화산업대학 팜푸드비즈니스전공 교수

오재복
경기대학교 관광전문대학원 식공간연출전공 관광학 박사
전 경기대학교 식공간연출전공 교수

새로 쓴 **테이블 코디네이트**

2012년 3월 22일 초판 발행 │ 2013년 7월 30일 초판 2쇄 발행 │ 2018년 8월 27일 2판 발행

지은이 류무희 · 김지영 · 장혜진 · 황지희 · 오재복 │ **펴낸이** 류원식 │ **펴낸곳 교문사**

편집부장 모은영 │ **디자인** 다오멀티플라이

제작 김선형 │ **홍보** 이솔아 │ **영업** 이진석 · 정용섭 · 진경민

출력 현대미디어 │ **인쇄** 동화인쇄 │ **제본** 한진제본

주소 (10881) 경기도 파주시 문발로 116 │ **전화** 031-955-6111 │ **팩스** 031-955-0955

홈페이지 www.gyomoon.com │ **E-mail** genie@gyomoon.com

등록 1960. 10. 28. 제406-2006-000035호

ISBN 978-89-363-1773-7(93590) │ 값 22,000원